U0902172

老年动物的治疗与照护

Treatment and Care of the Geriatric Veterinary Patient

主编 ［美］玛丽·加德纳（Mary Gardner）
［美］达尼·麦克维蒂（Dani McVety）

主译 毛军福 谢倩茹 崔丽丽

北方联合出版传媒（集团）股份有限公司
辽宁科学技术出版社

Treatment and Care of the Geriatric Veterinary Patient

Mary Gardner and Dani McVety

ISBN 978-1-1191-8721-9

图书在版编目（CIP）数据

老年动物的治疗与照护 / （美）玛丽·加德纳(Mary Gardner)，（美）达尼·麦克维蒂(Dani McVety)主编；毛军福，谢倩茹，崔丽丽主译. -- 沈阳：辽宁科学技术出版社，2024. 11. -- ISBN 978-7-5591-3949-8

Ⅰ. S85

中国国家版本馆 CIP 数据核字第 2024EG1914 号

出版发行：辽宁科学技术出版社

（地址：沈阳市和平区十一纬路 25 号　邮编：110003）

印 刷 者：河北尚文雅屹印刷有限公司

经 销 者：各地新华书店

幅面尺寸：170mm × 240mm

印　　张：22

字　　数：360 千字

出版时间：2024 年 11 月第 1 版

印刷时间：2024 年 11 月第 1 次印刷

责任编辑：朴海玉

版式设计：夏　雨

封面设计：北农阳光

责任校对：闻　通

书　　号：ISBN 978-7-5591-3949-8

定　　价：218.00 元

译 委 会

主 译 毛军福 谢倩茹 崔丽丽

参 译（按姓氏笔画排序）

于 佳 王 晨 王梦梦

左文君 刘春晖 刘语涵

胡振东 徐 晋

编著者名单

Laura Devlin Bacon, DVM, DABVP

Faith Banks, DVM

Brad Bates, VMD, MS

Cheryl A. Braswell, DVM, DACVECC, CHT–V

Melanie Hasson Cohen, DVM

Shea Cox, DVM, CHPV, CVPP, CPLP

Steve Dale, CABC

Mary Gardner, DVM

Amanda Grant, DVM

Heidi B. Lobprise, DVM, DAVDC

Dani McVety, DVM

Tammy Perkins Johnson, DVM, CCRP, CERP, CVA, cVSMT

Michael Petty, DVM, CVPP, CMAV, CCRT, DAAPM

Sheilah Robertson, BVMS (Hons), PhD, DACVA, DECVA, CVA, MRCVS

Carlo Siracusa, DVM, MS, PhD, Dip. ACVB, Dip. ECAWBM

Meredith Voyles, DVM, DACVO, MS

Kayla Waler, DVM

Dawnetta Woodruff, DVM

译者序

随着国内物质生活水平的提高，宠物逐渐成为人们精神生活的一部分，它们可以给宠主带来快乐，减轻宠主的压力和焦虑，并在互相陪伴的过程中，与宠主之间建立日益密切的关系，成为家庭中不可或缺的一分子。但宠主也不得不面对一个不可逃避的问题，即在宠物进入老年阶段后，需要花费更多的时间和精力去关注它们，帮助它们，理解它们的衰老行为，缓解它们的病痛，提高它们的生活福利，并最终面对它们的离开或不得不去决定“放手”，这是自然界所有生命的必经过程，宠物带给我们欢乐，也需要我们回报和付出。

该书用浅显易懂的语言和大量的实际案例指导我们如何更好地治疗和照护老年宠物，以保障它们晚年的生活质量。本书不仅适用于宠物医生，也适用于广大宠主，是我们面临宠物衰老时必读的参考书之一。

毛军福　博士

2024 年 9 月 23 日

目录

第一部分　夕阳无限好，只是近黄昏

“多么矛盾啊，长生不老是人人所愿，而岁月的痕迹却无人喜欢。”

——Andy Rooney

第1章　引言

Mary Gardner

当我看着 Serissa 晚餐后高兴地喝着自己碗里的水，而她那像“意大利面条”般纤细的腿颤抖着，我的心便紧绷起来。今晚的菜单是……“算了，她想吃什么就吃什么。”我和 Serissa 的故事即将结束，与我如影随形，陪伴我 14 年半的伙伴终将离开。这个念头让我泪眼婆娑、如鲠在喉。

“嘿，宝贝女儿，你想出去吗？”我用尽量温柔的声音说，她摇着那被毛稀疏的尾巴，用崇拜的目光看着我，发出虚弱而沙哑的声音，仿佛在说“当然了！”Serissa 走过我为她铺设的浴室地垫，像走秀模特一般昂首阔步走向门口。曾经，她是一只威严美丽的萨摩耶犬，甚至在养老院里担任过治疗犬（图 1.1）。而现在，她变成了一只瘦骨嶙峋、被毛稀疏、带有口臭并且身体虚弱的“老太太”。

我们还没来得及走到门口，她便迅速地蹲下，尿在了浴室地垫上。在过去，这是件令人头疼的事情，但今天，我根本不在乎了！她的腿越发颤抖，几乎要跌倒。她找到平衡，迅速地尿完，Serissa 的思绪又回到了和妈妈一起出去玩这件事上。没有什么比看到她那可爱的脸转向我，仿佛在说“你来吗？”能让我更加喜悦的了（图 1.2）。

图 1.1　Serissa，2 岁，她穿着治疗犬背心，等待着去养老院拜访居民

图 1.2　Serissa, 14 岁，试图将一根棍子穿过为了她的安全而设置的婴儿门

在兽医学校我学到了很多东西，但在课堂讲座中并没有包含如何护理衰老和疾病终末期宠物的内容。事实上，我们阅读的大多数教科书和听过的讲座并没有涉及衰老和死亡的过程。相反，我们被教导的信条是“年老不是一种病！”但是，衰老确实改变了宠物和宠主的生活质量。我们确实讨论过老年宠物健康和预防医学，但并未真正深入了解身体衰老的原因，并未对身体机能崩溃时的变化做出详细说明。当时，甚至安乐死的教育也仅限于 2 h 的讨论。幸运的是，现在我的母校佛罗里达大学（Go Gators）提供了一个全面的“生命末期”课程。

伴侣动物的寿命不断延长。几十年前，活到 10 岁的宠物并不常见，这并“不正常”。但随着科技的进步、宠物与宠主之间的联系变得越来越牢固和亲密，以及人们对伴侣动物的社会观念发生转变，我们看到越来越多的宠物拥有更长的寿命，许多动物的“晚年”更具有活力。但是，我们所对抗的“不正常”状态依然存在——不管我们做了多少补救措施，它们的身体最终还是会衰竭。

我清楚地记得在我还是一名新晋兽医时，我的同事看着一只 15 岁猫的 X 线片说道："嗯！老年猫的肺就这样。"他关掉了灯，大步走进房间去传达"好消息"。我坐在那里想："但这不是什么好事……这对猫来说一定有问题，肺部的纤维化区域意味着什么？"不过我的下一个患者 Abagail，一只 13 岁的 FBD ["佛罗里达棕狗"(Florida Brown Dog)，或者像其他人称呼的"混血品种"] 的到来打断了我的沉思。她有 3 个月的呆滞病史，表现得像迷路了一样，经常在奇怪的地方被发现。我暗自叹息，因为我知道认知障碍有多令人沮丧，而目前我们的治疗方案是多么有限。但是，我仍然迫不及待地想见到 Abagail 和她的主人。

虽然抚摸幼猫和幼犬的肚皮让人喜爱，但老年时期那灰白的鼻尖，也同样让人爱不释手，充满了别样的欢喜。我喜欢倾听关于它们如何成为家庭的一员、一同见证的回忆，以及当说再见的时刻到来时令宠主悲痛欲绝的故事。2010 年我放弃了成为一名全科医生，那时起我专门帮助提供基于家庭的宠物临终关怀、老年咨询和生命末期护理。在我的工作中，我坐过许多沙发，躺过数百张宠主的床铺，曾蜷缩在猫砂盆后面，也攀爬过无数猫爬架，我很喜欢这一切。我所看到的情况可能从有活动能力到器官衰竭或仅仅是"年老"，但有一件事始终不变，那就是家庭对他们衰老宠物的深厚情谊。很荣幸能帮助这些家庭度过宠物衰老、疾病进展，以及最终说再见的时刻。

这本书的灵感来自我想在实践层面上了解宠物为什么会衰老，衰老过程如何影响每个身体系统，以及宠主和兽医团队如何对待这些变化。有很多关于各个身体系统及其罹患疾病的精彩教科书，但这本书旨在针对衰老过程、老年宠物护理，并指导读者如何珍惜与宠物共度的最宝贵的时光。

当我躺在 Serissa 旁边，最后一次紧紧拥抱她，她平静地进入梦乡，14 年半的时间似乎飞逝而过。她在我心中永远不会消失。我会想念她的微笑、她的气味，她在睡梦中奔跑时留在墙上的爪痕，甚至是因为认知障碍导致的思维混乱而在半夜发出的呜咽声。能有这样一位美妙的伴侣陪伴我度过兽医学校的日子，并给我带来快乐，我是多么幸福。随着 Serissa 年龄增长，照顾她在经济上、身体上和情感上对我来说都极其困难，但如果可能的话，我愿意再照顾她 20 年。虽深感思念难舍，但如今提及，唇角仍不禁上扬(图 1.3)。

图 1.3　Serissa 和 Mary

Serissa 的故事贯穿我整个职业生涯，她的状况和经历帮助我进一步研究并深入探讨身体系统。我确信，她也在微笑，与她的老年同伴一起，因为他们知道他们的经历将使兽医从业者能更深入了解老年宠物，并在宠主应对宠物的暮年时帮助它们减轻痛苦。

第 2 章　维护人与动物的情感纽带

Dani McVety

兽医学行业的起点与我们今天所面对的情况大不相同，兽医最初是作为技术工开始的。在一个马和牛作为主要交通工具的时代，维持这些动物的健康很重要。随着动物种群逐渐进入家庭，甚至与人们相拥而睡，维持这些宠物健康的责任与儿科医生有着更多相似之处，而非医学的其他方面。

宠物不仅仅是以友好的方式与人类共存，对超过一半的人口来说，宠物是家庭成员。美国兽医协会（2012 年）进行的一项调查发现，63.2% 的人认为他们的宠物是家庭成员。另外，35.8% 的人认为他们的宠物是宠物或伴侣，只有剩下的 1% 的人认为他们的宠物是财产。此外，与人类照顾模式相似，女性通常是宠物的主要照护者。该研究显示，74.5% 的宠主中承担主要责任的是女性。不难看出，我们的行业经历了从照顾农场动物到与它们的"妈妈"或"爸爸"共享房屋和床铺的家庭成员这一巨大变化。

在宠物生命末期维护人与动物的情感纽带与任何其他时候一样重要。在 2012 年 Lap of Love 宠物临终关怀医院的一项调查中，超过 1000 名受访者中约 25% 的受访者拒绝回到给他们的宠物安乐死的医院，主要是因为"简直太难以回想"。同样，每位兽医专业人员都经历过客户档案上写着"不要让他去 2 号诊室"，因为他们的一只宠物在那个房间被实施了安乐死。

失去任何家庭成员都可能是创伤性的、令人心碎的。当然，我们通常不能选择我们生命中的人类家庭成员（除了配偶），也不能在失去一个家庭成员后选择增加另一个。然而，我们确实能主动选择，将一只宠物带入我们的心灵和家园，但在前一只宠物去世后备感压力和痛苦的情况下，再次做出这一选择的可能性显著降低。因此，鉴于我们知道宠主可能会因为失去宠物而受伤，并且这种创伤可能导致他们与宠物医院疏远，我们的职业自然应当在整个生命末期对老年患者及爱护它们的人给予极大的关怀，这是合情合理的。从致力于实施周到的老年宠物护理（这也是本书的核心宗旨）开始，一直到确保宠物能安详离世的过程结束，通过宠物离世后的支持来强化人与动物之间的情感联系，将确保当时机成熟时，这些家庭会再次向其他动物敞开他们的心房和家门。

作为宠物临终关怀专业人员，我们可以给你讲述一个又一个关于宠物离世引发的深刻情感冲击的故事。而对我们大多数人来说，我们在某个时刻意识到，这种失去在他们生命中代表着一些非常重要的东西：那位一年前失去妻子的老人，现在随着他们爱犬的离世，他失去了与她的最后联系；那位儿子几个月前在摩托车事故中丧命，现在必须告别他的猫的母亲；那位 7 年前在一场房屋火灾中被她的犬叫醒，从而得救，而现在因为犬年老，她觉得对其实施安乐死的决定就像是没有回报这份恩情的女士。他们的宠物在他们的生活中有着重要的意义，也许这等同于我们在生活中感受到的离别之痛。

在家中，我们常听到以下这些话语：

"失去宠物的悲痛不亚于失去父母的悲痛。"

"失去了我的宠物，我感觉自己没有活下去的理由。"

"他是我人生那个阶段唯一的陪伴。"

"她是我唯一信任的伙伴。"

"这是我经历过的最艰难的事情。"

很显然，对于在兽医或宠物行业的任何人来说，人与动物之间的情感纽带推动了我们的行业发展。在很大程度上，这是我们向消费者销售的产品。他们之所以来到我们的医院，是因为他们与宠物之间的情感纽带。如果没有这种情感纽带，就没有理由维持宠物的健康，为它们购买好的食物、玩具，或为它们购置衣物!

只需花几分钟时间走过一家大型宠物店的走廊，就能意识到支持这种人与动物之间的情感纽带有多种不同的方式。对有些人而言，是镶有水钻的项圈；对另一些人来说，是能够提供心智刺激的玩具；还有一些则是在与主人一起狩猎时穿着的安全夹克。重要的是，所有人都爱着他们的宠物。正如我们选择给动物"娱乐"和"打扮"的方式各不相同，我们的客户也会选择不同的方式来照护他们的宠物。农场里的犬或猫可能无法获得我们为自己的宠物提供的那种持续性的兽医护理，但这并不意味着这只宠物不被爱，他只是以不同的方式被爱着。

本书的另一个核心主题是如何在老年阶段支持每一个家庭和宠物。读者将找到许多有用的提示、想法、练习、医疗协议等，帮助读者在这个重要时刻与客户建立联系并给予他们更多帮助。这可能表现为在诊室内花费额外的时间，以解释他们年迈的老猫为什么再也听不见他们摇晃食盆的声音（参见“第 5 章 听力减退”）或者为什么他们的犬的叫声发生了改变（参见“第 13 章 呼吸系统”）。使用这些建议与您的客户建立联系，并找到新的方法来支持他们与自己宠物之间的联系。

就像一些兽医在为自己的宠物做医疗决定时会感到迷茫一样，我们的客户在这类知识上本来就是从零开始的。而在面对老年宠物时，一些人忘记了这只 12 岁、30 kg（80 lb）的混种犬更像是一位 85 岁的老年人。我们倾向于更容易理解我们的人类同伴为何会衰老以及他们正在经历什么，但我们并不那么容易与宠物的自然衰老过程建立起联系（或者我们根本就不想接受它）。

让这本书成为您和客户的指南。使用这些内容来帮助我们与这些家庭建立联系，并协助他们，在他们对其宠物家庭成员的福祉感到最困惑时给予帮助。我们希望它能为所有相关方提供额外的支持。

延伸阅读

American Veterinary Medical Association. US Pet Ownership and Demographics Sourcebook. Schaumburg, IL: 2012.

第 3 章　老年医学与衰弱

Mary Gardner（研究助理 Stacy Glass）

介绍

确定谁将在感恩节那天去接 89 岁的 Gardner 家族女族长 Margaret 通常比我们那年要烤什么类型的馅饼更具争议。Gardner 奶奶很虚弱，我们经常把她比作一个鸡蛋，她生活中的许多方面都需要特别的帮助。她仍然独自居住在佛罗里达南部的一间小公寓里，但这位从新泽西州移民来的老人并不能独自生活。Gardner 奶奶已不再是年轻的样子，她肌肉萎缩，手和脸上点缀着老年斑，戴着厚重的眼镜，皮肤薄弱，走路摇摇晃晃。她需要帮助才能从椅子上起来，上车时需要协助，而且只能举起大约 1.36 kg（3 lb）的物品，和她在一起，每件事都需要额外考虑，甚至是购买牛奶。我们必须买 1 夸脱[a]而不是 1 加仑[b]，因为 1 加仑对她来说太重了，不借助他人的力量无法举起。我们还得帮助她把食物切成更小的块，因为她的吞咽能力变差了，而且我们不能在她吃东西时讲太多笑话，因为她常大笑，这让她容易吸入异物！尽管如此，她的头脑依然十分敏锐。说实话，与她相处简直是一种乐趣，她是家中最安分守己、建议最中肯的成员！

接送 Gardner 奶奶外出绝非易事。被指派此任务的人必须有一辆合适的车：足够大以放下她的助行器，在前座有足够的空间让她伸展，同时高度和大小都刚好能使她轻松坐上车，当然，需要有一个强壮的手臂供她搀扶。她还必须足够舒适，以妥善处理她珍藏的自制苹果蛋糕（一个她严格保密的家传秘方）。接她的时候，记得带上她的毛衣是至关重要的，即便在温度为 29.4℃（85°F）和湿度为 90% 的天气下，她还是很容易感到寒冷。此外，这个人必须愿意提早带她回家，以免她比其他人先感到疲惫。

我总是被指定的那个人，因为我有一辆完美的车。坦白说，我真的很享受接她的机会。我喜欢待在她的公寓里，看着她珍视的照片（尤其是她和我已故的祖父的照片，图 3.1），听着落地钟的声音，以及那种独特但令人愉悦

a. 夸脱为非法定计量单位，1 夸脱（英制）=1.136 L。

b. 加仑为非法定计量单位，1 加仑（英制）=4.546 L。

图 3.1 Margaret 和 Edward Gardner 在 20 世纪 70 年代跳舞

的气味。我不知道那是什么，但奶奶家的味道是我最喜欢的。当然，她家里茶几上的糖果碟里总是备满了糖果，这也是一个加分项！

Gardner 奶奶（图 3.2）的健康状况并不好。她患的大多数疾病都是生命自然衰老过程中难以管理的。尽管如此，她也绝不愿意接受临终关怀。除非发生一些剧烈的变化，否则她还可以活很多年，可以肯定地说，她也不是“正常”的老年人，或者说，老年公民。在我看来，她是一位老年病患者（geriatric），这是一个经常令人混淆的术语，有几个问题：老年病患者到底是什么？是什么让某人从高龄人士（senior）晋升为老年病患者？这两个术语在技术上有区别吗？老年病患者是否需要更多护理、面临更多困难有关，或者它仅仅是一旦某人达到一定年龄就使用的术语？

作为一名专注于老年宠物、临终关怀和安乐死的兽医，我可以看到我们的伴侣动物在成熟、衰老且不可避免地衰退是与人类的相似之处。一只 9 岁的拉布拉多猎犬可能符合高龄动物的标准，在家中还能完全正常地活动。但一只 12 岁尚未患终末期疾病的拉布拉多猎犬可能会难以应对影响高龄宠物的疾病。因此，家庭必须以不同的方式照顾这些年长的宠物。回想一下接 Gardner 奶奶（在她 80 多岁时）的情况，这种经历与接我那稍微年轻一些，60 多岁的中年父亲完全不同。正如 Gardner 奶奶需要额外的帮助一样，高龄的拉布拉多猎犬也可能需要同类型的考虑。例如，食盆可能需要抬高，地板上需要铺满浴室地垫，在黑暗的走廊里添加夜灯，以及安装坡道以便走上后门台阶

图 3.2 Gardner 奶奶和她最小的儿子（我的父亲，Allan）在 1995 年的感恩节晚宴上拍摄的照片

或进入汽车。尽管更年老的拉布拉多猎犬显而易见地需要更多的照顾，但问题出现了：在技术上高龄宠物和老年病患宠之间有区别吗？在兽医学方面，它们是否被不同对待？不管如何定义，我相信它们应该被不同对待，因为它们确实是不同的。

高龄或老年这只是个名称问题吗？

我对老年医学的探索之旅始于对老年人的关注，并且相对基础，目标是回答诸如高龄是什么意思，以及人类和兽医学是如何定义它的这样的广泛问题。单词高龄（senior）源于 13 世纪晚期拉丁语词汇“*seniores*”，意为“较老的”。其在英语中的最初使用可以追溯到 16 世纪 10 年代，当时其作为一个等级的定义，表明“职位较高，服务时间较长”。当时还用它来作为个人名字的附加说明，当父子俩名字相同时，指“父亲”（例如，Allan Senior 和 Allan Junior）。术语退休者（senior citizen）首次记录于 1938 年，用以定义一位老年人，指的是超过退休年龄的人。然而，这个术语与个体的医疗状态无关。

美国老年协会（American Society of Aging，ASA; 2007）的一份时事通讯中的一篇题为“语言中的年龄歧视”的文章向读者提出了以下问题：“您认为提到 65 岁以上人群时，哪些术语是合适的？”最常用的表达方式及认为每个术语“合适”的个体百分比如下：

- 老年人（older adults）= 80%。

- 长者（elders）= 41%。
- 高龄人士（seniors）= 33%。
- 退休者（senior citizens）= 11%。
- 老年人（elderly）= 10%。

基于这些统计数据，高龄（senior）这个词是否已经成为一个过去时的词汇？是否有更多人开始使用老年人（older adult）这个术语来定义 65 岁以上的人群？我们作为兽医，是不是应该说老年宠物（older pet）而不是高龄宠物（senior pet）呢？这个概念引导我研究美国兽医协会如何使用高龄（senior）这个词。在我的研究中，我没有找到一个实际的定义；然而，AVMA 确实在其网站上提供了一个页面，回答了“宠物何时变‘老’？”的问题。他们的回答如下：

> 虽然不尽相同，但是通常认为猫和小型犬在 7 岁时被视为“高龄”。大型犬种相比于小型犬种寿命较短，经常在它们 5 ~ 6 岁时就被视为高龄。与流行观点相反，犬每经历 1 年，并不等同于人的 7 年。
>
> （AVMA, 2017）

AVMA 和 ASA 都没有对“高龄”给出一个清晰的定义。然而，我了解到这个术语与“生物学”的关联并没有我原本认为的那样密切，这让我好奇，“老年病患者”是什么意思呢？

人类的老年医学

美国老年人口预计在未来几十年将显著增加（老年宠物数量同样如此），因此，医生需要更加关注老年医学。由于人类医学的进步往往先于兽医学，我决定研究人类老年医学的历史，以了解它是如何实现的，老年科医生做什么，以及我们是否可以在兽医学中找到相似之处。由此发现，人类的老年科医生必须首先是一名家庭医生或内科医生，才能有资格获得老年医学的认证。这个认证被称为附加资质证书（certificate of added qualifications，CAQ）。美国 120 000 名执业的普通内科医生和家庭医生中，不到 10 000 人获得了老年医学的 CAQ（Warshaw et al., 2003）。为了获得 CAQ，医生必须首先完成一个奖学金项目，然后参加考试。提供老年医学奖学金项目的五所最有声望的学校如下：

（1）约翰斯·霍普金斯大学。

（2）加利福尼亚大学洛杉矶分校。

（3）西奈山伊坎医学院。

（4）杜克大学。

（5）哈佛医学院教学医院。

虽然老年医学关注的是老年人口，但这个专业本身是相当年轻的。专栏 3.1 展示了人类老年医学发展的时间线（Forciea, 2014）。

2016 年 5 月，我参加了在加利福尼亚州长滩举行的一次人类老年医学会议。这次会议在许多层面上都令人大开眼界，主要强调了两个主题。首先，照护人自身健康是照护老年病患者时的一个关键考虑。在会议上，特别强调了照护人的心理和身体健康。认识到家庭成员构成了大部分的照护团队，人类老年医学的一个主要目标是寻找新的方法来教育和支持这个团队，并减轻照护人的疲劳。

专栏 3.1	人类老年医学的发展
1943 年	美国老年医学会成立并举行了首次年会
1945 年	美国成立了老年学会
1965 年	Lyndon Johnson 总统签署了建立美国医疗保险的法案，这是一个为老年人提供的健康保险计划
1966 年	Leslie Libow 医生在纽约市医院中心开发了第一个老年医学奖学金培训项目
1974 年	成立了国家老龄化研究所，赞助了多个层次的培训
1976 年	国会授权成立了第一个老年研究、教育和临床中心（Geriatric Research, Education, and Clinical Center，GRECC）
1976 年	退伍军人管理局开始通过其老年研究和教育临床中心资助对老年人护理的创新
1977 年	在美国康奈尔大学设立了第一个老年医学教授职位
1982 年	在一个主要教学中心，即西奈山伊坎医学院（Libow 医生的机构）建立了第一个老年医学系
1988 年	美国内科与家庭医疗委员会联合提供了老年医学附加资质证书（Certificate of Added Qualifications in Geriatric Medicine，CAQGM）的认证考试。当时，内科有 62 个奖学金项目，家庭医疗有 16 个
1995 年	最初的老年医学奖学金项目要求两年，但在 1995 年缩短到一年。虽然有少数机构提供第二年和第三年的额外老年医学培训，但大多数老年医学的学员更倾向于一年的奖学金项目

其次，痴呆是人类健康中一个普遍且严重的问题。这个问题在我们社会中的严重性让我极度震惊，因此，对提供护理的团队来说这是一项十分艰难的挑战。我的叔叔最近因早发性阿尔茨海默病去世，我亲眼目睹了他给我阿姨带来多么沉重的负担。虽然她是一名护士，但这并不能改变她首先是一位妻子的事实。仅仅看到她如何全身心投入地照顾 Gene 叔叔，就令我感到精疲力尽。

我在会议上和一位心理健康顾问聊天，她对我们的家庭是如何处理他们衰老的宠物非常感兴趣。我和她谈论了预期性悲伤、照护人疲劳和失去宠物的悲伤，这些在我们各自的世界里都非常相似。当我们早晨小酌咖啡时，我告诉她我仍然对“老年医学家”到底做什么感到困惑，并询问她是否能帮忙解答。我知道他们“照护老年人”，但这和家庭医生有什么不同呢？幸运的是，她为我简单地解释了。首先，家庭医生将患者推荐给老年医学家。然后老年医学家有两个主要角色：①监测患者所服用的所有药物（由于许多人会看多个专科医生，多药治疗是一个巨大的难题）；②照护痴呆患者——又一次提及这个可怕的疾病！

> 老年医学（geriatrics），来自 *geras*（老年）和 *iatrikos*（与医生相关），我建议将其作为我们的词汇中新增加的一个术语，用以涵盖老年阶段，与儿科学（pediatrics）涵盖童年时期的用途相同，强调必须将衰老及其疾病与成熟区别对待，并在医学中赋予它一个独立的位置。
>
> （Forciea, 2014）

在兽医学中设立一个老年医学的专业是否有意义？我们是否也面临多药治疗的问题？我们的许多患者是否遭受某种形式的痴呆？对于第三个问题，我只能回答“是”，因为我见到超过 50% 的患者表现出这一症状，但我觉得初级保健医师（以及内科医生、肿瘤学家、心脏病学家和神经科医生）都擅长处理伴侣动物的这种疾病。

兽医专业的许多路径都是以人类专业为模型，往往在人类医学项目之后几十年才实现。基于此，我不认为兽医学并不总是需要以人类医学为标准。虽然这两者经常有相似之处且基本原则一致，但两个职业不必以完全相同的方式运作。兽医学没有儿科专业，那么我们为什么需要一个老年医学专业呢？目前来看，我认为似乎尚不迫切。然而，随着兽医学持续发展，技术变得更加先进，老年宠物群体将继续扩大。对兽医、技术人员和学生来说，了解衰老过程，理解老年症状意味着什么，如何管理这些症状，以及我们作为兽医如何向家庭提供支持，这些都非常重要。这些方面需要更好的教育，并应该从兽医学校开始。在联系了美国所有的兽医学校后，我没有找到一个学校提供专门针对老年医学的课程。兽医课程在许多课上都纳入了“高龄”内容，但专门针对老年医学的课程可能还在遥远的未来。

衰弱

不论我们使用哪个说法（高龄或老年病患者），我主要关心的是那些衰弱且需要额外关照的宠物，就像我的奶奶——“易碎的鸡蛋”。衰弱是一个复杂的术语，包含了众多的定义、含义和标准。这个概念本身就“很衰弱”！

衰弱是一种综合征，在这种状态下，个体的易受伤害性增加，而身体功能下降。因此，增加了不良结果的可能性。在人类中，老年人群（65 岁及以上）的衰弱流行率约为 9.9%，而在 85 岁及以上的人群中则为 25% ~ 50%（Liu et al., 2012）。那么，什么使某人被归类为“衰弱”呢？

人类衰弱综合征的分类标准包括以下各种指征的组合：

- 虚弱（包括握力）。
- 疲劳 / 疲惫。
- 体重减轻。
- 平衡能力受损。
- 身体活动性下降。
- 运动表现减慢（步速）。
- 不再参加社交。
- 轻度认知功能障碍。
- 更易受生理压力的影响。

有人提出，要被归类为老年状态，必须至少具有以下标准中的 3 个：

- 虚弱。
- 体重减轻。
- 活动速度减慢。
- 疲劳。
- 活动水平低。

我可以轻易地将这与众多出现至少三种上述条件的老龄宠物联系起来，从而提出一个问题：当宠物（或人类）被认为是“衰弱”的时候，他们也是老年病患者吗？答案仍然不明确。

“活动速度减慢”这一标准引起了我的兴趣，因为我总以为我的老年患者，以及 Gardner 奶奶，之所以行动迟缓是因为某些潜在疾病，如关节炎或肌肉萎缩。然而，我的奶奶走路时从未表达过疼痛或虚弱。我参加的一个老年医学会议上的一场讲座讨论了步速（一个人正常行走的速度）与衰弱以及痴呆症的关系。为了更好地阐明这一现象，我之后与演讲者（Manuel Montero-Odasso, MD）交谈。他解释说，根据研究，在没有导致步态障碍的病理问题的情况下，随着年龄的增长，步速可能会减慢，而这并无身体上的原因。经历这种移动缓慢的个体完全没有意识到速度的减慢。此外，他描述了一个理论，即大脑中控制我们正常步速的区域与许多痴呆症患者大脑中的病理位置相同，这意味着，痴呆症患者可能并未意识到自己的步速变慢了。因此，他得出结论，步速变慢不仅表明跌倒风险增加，而且还可能是发生痴呆症的预测因素（Montero-Odasso et al., 2012）。

了解到这些后，我急忙赶往下一场讲座，速度快到没人能跟上！在快速奔向下一场讲座后我感到疲惫不堪，我坐在后面急切地等待着学习更多关于老龄人口的知识。说到疲惫，它也恰好是衰弱的一个标准。疲惫是感觉到能量水平不足以满足人的需求。衡量人类疲惫水平的方法各不相同。一些研究会提出诸如“你有多少次感到难以开始做事？”以及“你有多少次觉得一切都需要努力？”的问题。回答“大多数时间”或“相当多的时间”将把该个体归类为疲惫。疲惫的问题在于它是自我报告的，因此这是一个在伴侣动物中难以评估的标准。

有趣的是，观察数据表明，疲惫和体重减轻往往比衰弱的其他标准更晚出现，并且可能识别出那些有更大风险发生快速衰退的人（Whitson et al., 2011）。不是要拟人化，但根据我自己的观察，那些无法解释的体重减轻且似乎缺乏活力的宠物比那些没有表现出这些问题的动物衰退得更快。

遗憾的是，易受伤和衰弱的过程并没有一个明确的定义，而且关于动物衰弱的研究很少——大部分已进行的研究是在老鼠身上，以帮助确定衰弱对人类的影响。然而，考虑并将某些高龄宠物视为衰弱个体，可能为预防、促进健康和改善宠物及家庭单位的护理提供新的机会。

犬和猫的老年生命阶段

如前所述，美国兽医协会没有一套明确的规则来将宠物归入老年类别。此外，他们也没有提供关于老年生命阶段的分类。实际上，他们经常将这两个术语互换使用。虽然我还没有找到两者之间明确的区别，但我相信，从理论上讲，它们是不同的，我们应该对每只宠物进行个体化的照护。如果存在衰老、衰弱和易受伤的迹象，我们应该采取不同的方式来治疗和照护宠物。

如果宠主感受到我们这个行业理解他们的宠物所经历的变化以及他们在宠物晚年在身体和情感上面临的挑战，他们可能会更愿意接受帮助。表 3.1 可帮助他们了解他们的宠物可能处于哪个生命阶段，并为更好地讨论护理打开了大门。本书第 22 章中包含大量信息，讲述了如何在诊所中营销、管理、处理和治疗老年宠物。

表 3.1　年龄表

年龄（岁）	1	2	3	4	5	6	7	8	9	10	11	12	13	14	15	16	17	18	19	20
小型犬 / 猫［0.5 ～ 9 kg（1 ～ 20 lb）］	7	13	20	26	33	40	44	48	52	56	60	64	68	72	76	80	84	88	92	96
中型犬［9 ～ 23 kg（20 ～ 50 lb）］	7	14	21	27	34	42	47	51	56	60	68	69	74	78	83	87	92	96	101	105
大型犬［23 ～ 41 kg（50 ～ 90 lb）］	8	16	24	31	38	45	50	55	61	66	72	77	82	88	93	99	104	109	115	120
超大型犬［＞ 41 kg（＞ 90 lb）］	9	18	26	34	41	49	56	64	71	78	86	93	101	108	115	123	131	139		
				成年			高龄							老年						

由 Fred L. Metzger, DVM, DABVP 提供。

总结

在为本书及我自己的个人成长和教育进行的研究中，我学到了大量关于衰老过程的知识，这不仅仅是从生物学角度，也包括了社会层面。人们可能会随着自己年龄的增长而开始更多地思考衰退问题，但我并不认为这就是我如此着迷的原因。我自己的死亡并不是我最关心的事。我的深切愿望是，不仅帮助衰老、衰弱的老年宠物，也帮助那些非常爱它们的家庭。他们想知道为什么他们的宠物只能活到一定的年龄，而其他物种的寿命可能比其长 4 倍。他们想知道为什么他们的宠物大部分时间都在睡觉，为什么它们的叫声改变了，为什么它们的腿开始更频繁地颤抖，为什么它们会盯着房间的角落发呆并且容易被惊吓。最重要的是，我的客户会询问如何管理这些症状的问题。

这些症状单独来看都不是很难处理，但当它们开始累积时，就成了整个家庭的挑战。没有人想放弃他们的宠物。他们在领养它们的那一天就承诺，要尽自己最大的能力来照顾它们。作为兽医团队成员，我们如何帮助他们兑现这个承诺呢？理解老年宠物的衰弱性，使我们能够支持家庭作为主要的护理单元，并为他们提供成功照顾老年宠物的教育和工具。本书提供了许多关于老年宠物方面的见解。虽然严格来说老年不是一种疾病，但如果宠物衰老，它的生活质量肯定会降低。简而言之，大多数人都认为自己的宠物寿命不够长，但我们可以让最后的生命阶段变得更舒适，并且很可能帮助它们过上更长久、更美好的生活。

延伸阅读

American Society on Aging. (2007) “Ageism in Language.” ASA Connection, June.

American Veterinary Medical Association. Senior Pets. (2017) Available at www.avma.org/public/PetCare/Pages/Senior-Pets.aspx.

Forciea, M. A. (2014) “Geriatric Medicine: History of a Young Specialty.” AMA Journal of Ethics, 16(5): 385–389.

Liu, H., Graber, T. G., Ferguson-Stegall, L., Thompson, L. V. (2012) “Gait and Cognition:A Complementary Approach to Understanding Brain Function and the Risk of Falling.” Journal of the American Geriatric Society, 60(11): 2127–2136.

Montero-Odasso, M., Verghese, J., Beauchet, O., Hausdorff, J. M. (2012) “Gait and Cognition: A Complementary Approach to Understanding Brain Function and the Risk of Falling.” Journal of the American Geriatric Society, 60(11): 2127–2136.

Warshaw, G. A., Thomas, D. C., Callahan, E. H., Bragg, E. J., Shaull, R. W., Lindsell, C. J., and Goldenhar, L. M. (2003) “A National Survey on the Current Status of General Internal Medicine Residency Education in Geriatric Medicine” Journal of General Internal Medicine, 18: 679–684.

Whitson, H. E., Thielke, S., Diehr, R., O’Hare, A. M., Chaves, P. H., Zakai, N. A., Arnold, A., Chaudhry, S., Ives, D., Newman, A. B. (2011) “Patterns and Predictors of Recovery from Exhaustion in Older Adults: The Cardiovascular Health Study.” Journal of the American Geriatric Society, 59(2): 207–213.

第二部分　衰老的身体系统

“莫逗弄年迈之犬，它尚存一击之力。”

——Robert A. Heinlein

第 4 章　视觉变化

Kayla Waler 和 Meredith Voyles

介绍和说明

视觉是一种基础的感觉，在患者的生活中起着至关重要的作用。无论在室外玩球，还是在屋内追逐激光，视觉在患者的生活质量，以及宠物和宠主之间的关系中发挥着重要作用。眼睛是一个复杂的器官，需要许多因素才能正常发挥作用，以达到预期的结果：视觉。对于所有物种来说视觉都是一种生存优势，大多数动物都依靠视觉来帮助它们交流、寻找食物和躲避捕食者。眼睛由以下三层组成：

（1）外层是纤维层（角膜和巩膜）。

（2）中间层是葡萄膜层（虹膜、睫状体、脉络膜）。

（3）内层是神经层（视网膜和视神经）。

眼睛由三个房室组成：前房、后房和玻璃体（图 4.1）。在这些结构中每一个都是特殊设计的，在眼睛功能和视觉中发挥独特的作用。在衰老过程中，眼睛的不同结构会像身体的其他部分一样衰老并失去功能。幸运的是，衰老的宠物并不都会失明，仅由年龄引起的眼部变化通常不会影响视力功能。因此，如果患者出现视力障碍，应考虑并排除其他病理疾病。本章讨论了老年动物中出现的与年龄相关的“正常”眼部疾病。这些变化许多都与病理疾病过程表现相似，所以鉴别区分很重要。鉴别诊断可能较困难，因此结合病史和体征进行全面的眼部检查至关重要。

核 / 晶状体硬化

核硬化是所有犬类常见的衰老变化，在 6 ～ 7 岁时出现。晶状体由内核和包裹外囊的皮质组成。由大约 65% 的水和 35% 的蛋白质组成，这两种物质都随着年龄的增长而减少。不溶性蛋白质的比例在老化的晶状体中增加，在核（晶状体的老化部分）中的占比更大。随着晶状体老化，蛋白质更紧密地聚集，导致晶状体纤维失去弹性和改变形状的能力（Samuelson, 2013）。这种弹性的丧失使人类无法适应，需要使用老花眼镜。晶状体的成熟与晶状体中

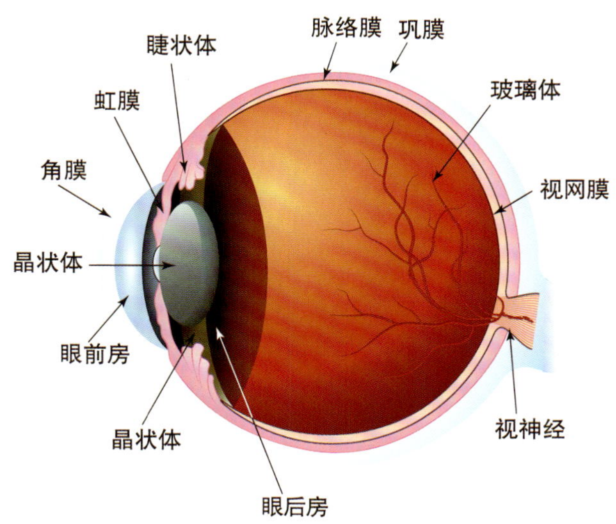

图 4.1　正常眼部解剖结构

（经 John Wiley & Sons, Inc. 许可转载。）

蛋白质的变化相结合，导致晶状体核的密度和光的反射增加（Martin, 2010a）。晶状体的成熟类似洋葱表皮的生长。随着新的蛋白质层的添加，旧的内层会紧密地结合在一起，随着年龄的增长而变得更坚硬。这会在晶状体中心产生一种模糊、发白的、蓝灰色的外观，常与白内障相混淆。

只有通过检查晶状体才能鉴别核硬化和白内障。瞳孔扩张在这个过程中很重要，可通过使用短效散瞳剂［如局部使用托吡卡胺（0.5% 或 1%）］来完成。使用一滴，然后在 5 ~ 10 min 后重复一次。这可使瞳孔充分扩张，以清晰地看到晶状体，来区分核硬化和白内障。核硬化时，可以看到被描述为“晶状体中的晶状体”的晶状体核的轮廓（图 4.2）。光线能够穿透晶状体，从而可以进行眼底检查，而白内障患者的晶状体将无法被光线穿透，因此，无法进行眼底检查（Maggs et al., 2013a）。此外，评估晶状体密度的经验甚至可以像牙齿检查一样准确地评估动物的年龄（Martin, 2010a）。用这种技术确定具体年龄可能很困难。然而，如果在晶状体检查中确定存在核硬化，则可以评估患者至少为 8 ~ 9 岁。值得注意的是，如果怀疑晶状体脱位或眼压升高（青光眼），则不应进行瞳孔扩张。除最严重的病例外，大多数动物的视力不会因核硬化而受到影响，因此患者不用手术治疗，也不需要药物治疗。然而，患有核硬化的老年犬后续也可能会患上白内障（Bromberg, n.d.）。

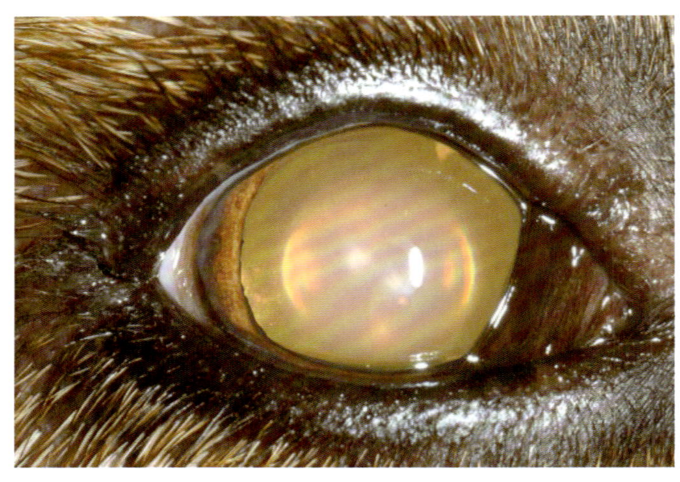

图 4.2 **犬核硬化。注意晶状体核的轮廓，通常被描述为“晶状体中的晶状体”。该犬没有视力缺陷**（由伊利诺伊大学眼科系提供。）

老年性白内障

白内障是指晶状体或其囊膜的透明度丧失（Maggs et al., 2013a）。浑浊程度、在晶状体内的位置、病因、发展速度和发病年龄可能各不相同。老年性白内障是衰老过程的一部分，发生在 8 岁或 9 岁以上的动物。一项研究报告称，到 13.5 岁时，所有犬都有不同程度的白内障形成。然而，值得注意的是，不同品种的动物可能在不同的年龄阶段出现与年龄增长相关的白内障（Gelatt, 2014a）。很难确定白内障是否真的与年龄有关，也很难区分非遗传性和遗传性白内障。遗传性白内障常发生于年轻犬或中年犬上，并累及晶状体的皮质或囊膜区域。在猫上，大多数白内障是继发于眼内炎症，但在猫的高龄阶段发展的老年性白内障也被重视起来。老年性白内障最常影响晶状体的内部，称为晶状体核，通常在致密性核硬化之前发生。老年性白内障的发病机制不明，然而，发生在人体上被认为，继发于太阳和紫外线辐射的晶状体氧化损伤起一定作用（Gelatt, 2014a）。白内障形成的位置和阶段可用于帮助确定白内障的病因。白内障形成的阶段包括初期（<10% 的晶状体受累）、未成熟（10% ~ 100% 的晶状体受累）、成熟（100% 的晶状体受累）和过成熟（100% 或更少的晶状体受累合并囊膜皱缩）。

白内障的评估可以通过散瞳后观察晶状体来进行。这可以通过应用短效散瞳剂（如托吡卡胺），然后进行直接照明或逆向照明来实现。在直接照明的情况下，光线直接位于晶状体上方，白内障呈白色（图 4.3）。相反，逆向照

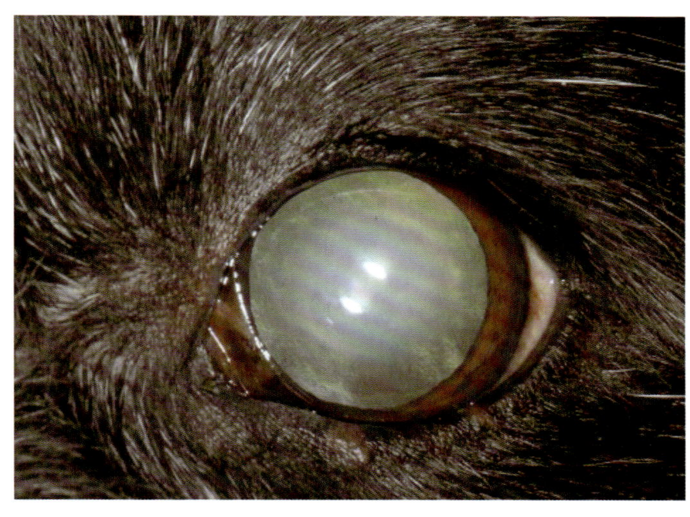

图 4.3 老年性白内障患犬的直接照明检查。注意晶状体致密性核硬化和皮质多灶性混浊（由伊利诺伊大学眼科系提供。）

明将光线从远处射向眼睛后部，白内障看起来发暗。这不仅有助于区分白内障的不同阶段，而且有助于区分白内障和核硬化。成熟的白内障会导致视力完全丧失，因此在检查时不会出现脉络膜折射。相比之下，在初期和未成熟的白内障中会出现脉络膜折射，因为它们不会导致 100% 的视力丧失。对于患有白内障或有视力缺陷的患者，应用威胁性手势来评估视力。重要的是，在执行此手势时不要产生气流，否则可能会产生错误的反应。还可以在检查室进行障碍测试，以评估患者在陌生地方的导向能力。在昏暗和明亮的光线下评估患者通过障碍的能力可能是有帮助的。棉球试验也可用于评估视力，即在动物视野前方扔下一个棉球，然后观察棉球下落时患者的视线是否跟随。通常，老年性白内障进展缓慢，需要数年才能完全成熟。然而，随着时间的推移，白内障在眼睛内部会产生炎症，称为晶状体诱导性葡萄膜炎。因此，对每一个白内障患者进行眼压测量是眼科检查的重要组成部分。重要的是要了解其他系统性疾病也会导致白内障，尤其是糖尿病。因此，在将白内障的病因完全归因于年龄之前，必须对其进行鉴别。

白内障可以通过药物治疗、外科超声乳化术和定期复查观察来进行管理；然而，其管理取决于几个因素。如果白内障引起明显的晶状体诱导性葡萄膜炎，可选择局部非甾体抗炎药如酮咯酸、双氯芬酸或氟比洛芬进行药物治疗。手术的选择也要考虑多种因素，取决于视力丧失程度、白内障分期、晶状体诱导性葡萄膜炎的存在和控制、视网膜的健康状况和功能、麻醉风险以及宠主的依从性（Maggs et al., 2013a）。重要的是要考虑手术相关的麻醉风险，尤其是老年患者。如果麻醉风险很高，不进行手术可能会比手术纠正视力缺陷更有益。如果白内障对视力没有显著影响，并且不存在晶状体诱导性葡萄膜炎，则连续复查观察发展速度可能是最佳选择。

目前没有治疗药物能解决或减轻白内障。然而，一种名为 Ocu-Glo ™的抗氧化营养补充剂可用于支持白内障诊断后的晶状体健康。该产品由经委员会认证的眼科医生配制，主要目标是保障犬的眼部健康。包含三种主要成分，分别为葡萄籽提取物、叶黄素和 ω-3 脂肪酸，其中叶黄素对晶状体健康很重要。使用该产品不会消除现有白内障，但可以防止白内障进展，同时保障现有晶状体的健康。值得注意的是，虽然 Ocu-Glo 被推荐作为白内障诊断后的眼部健康补充剂，但它不能用于预防白内障形成。

建议和教育宠主认识白内障及其管理是非常重要的。一些与认知功能障碍相关的症状，如踱步、转圈和喘气，通常被宠主误认为是由失明所致。因此，对于老年患者，兽医应向宠主提供关于老年痴呆和认知功能障碍的相关知识（Maggs et al., 2013a）。同时应该讨论，虽然白内障手术可能成功，但由于与年龄增长相关的并发疾病也可能出现，白内障手术可能不会达到预期效果。还应讨论白内障手术以及与手术成功相关的时间、成本、努力和依从性。白内障手术并不是每个患者或每个宠主的最佳选择，也并非没有风险。应与宠主讨论术后青光眼、葡萄膜炎和视网膜脱离等风险因素。为了确保白内障手术的成功，还需要大量的术后护理、用药和时间付出。因此，应与宠主共同做出白内障手术的决定，并考虑到他们的期望和能力。

虹膜萎缩

虹膜萎缩的特征是虹膜基质或瞳孔边缘变薄，发生在所有物种的老年阶段中。尽管任何品种均可以发生，但通常出现在玩具犬、迷你贵宾犬、迷你雪纳瑞和吉娃娃犬上（Maggs et al., 2013b）。虹膜萎缩最常见于犬，而蓝眼睛的猫会随着年龄的增长表现出先天性虹膜发育不全和萎缩（Martin, 2010b）。虹膜萎缩有多种不同的形式，可能出现虫蛀和扇形形状，甚至在虹膜上形成孔洞，称为基质虹膜萎缩。虹膜萎缩最常见的部位是虹膜括约肌，涉及瞳孔边缘（图 4.4）。该边缘决定了瞳孔的形状，因此虹膜萎缩会导致瞳孔功能障

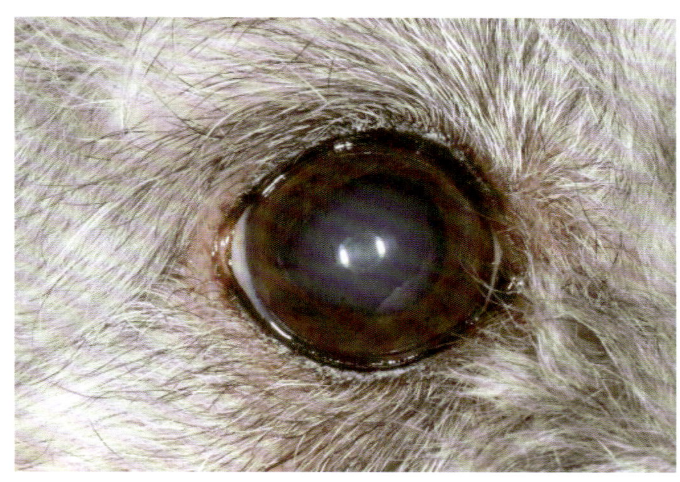

图 4.4　老年犬瞳孔边缘的虹膜萎缩及随后的瞳孔变形（不成形的瞳孔）（由伊利诺伊大学眼科系提供。）

碍（瞳孔形状异常）或散瞳（瞳孔放大；图 4.4）。尽管视力不受影响，但这可能导致正常瞳孔对光反应减弱或消失（Gelatt, 2014b）。瞳孔对光反应是通过用强光照射眼睛来测试的，例如折射仪。然后关注瞳孔收缩的完整性和敏捷性。光源所照射眼睛的反应被称为直接反射，而另一只眼睛的反应被称为间接反射。正常瞳孔对光反应的缺失导致眼睛无法控制进入的光线，并可能让受影响的动物对强光敏感（Bromberg，n.d.）。

两只眼睛中的萎缩可能不对称，并且可能会呈现瞳孔大小不等（不同的瞳孔大小）。这种正常的衰老变化应与病理性疾病过程区分开来，如青光眼、霍纳综合征、葡萄膜炎和其他可导致正常瞳孔大小改变的脑神经异常（Bromberg，n.d.）。其他眼科检查，如眼压测量和神经系统检查，可以帮助区分正常衰老变化和病理性疾病过程。目前还没有虹膜萎缩的药物疗法，一般这种正常的衰老变化不会影响患者或宠主的生活质量。然而，如果患者对光线极其敏感，则建议宠主避免将宠物暴露在明亮的阳光下。建议宠主在黄昏或晚上带宠物散步，以防暴露在明亮的光线下。

视网膜退化

视网膜负责将光线转化为电信号，这些信号通过大脑中的视觉皮层被感知形成视觉图像。因此，视网膜是视觉的重要结构。犬猫视网膜中的感光细胞由视杆细胞和视锥细胞组成，它们的功能各不相同。视杆细胞比视锥细胞对弱光更敏感，在昏暗的环境和夜间发挥作用（暗视觉）。视锥细胞对光线水平的微小变化不太敏感，主要在明亮的光线下发挥作用（亮视觉）（Maggs et al., 2013c）。犬猫的视网膜主要由视杆细胞组成，因此，衰老动物的视网膜变薄，可能会导致夜视能力下降。这种与年龄相关的视网膜变薄的主要鉴别疾病是进行性视网膜萎缩，一种最常见于贵宾犬的遗传性疾病，可导致失明（Bromberg，n.d.）。进行性视网膜萎缩可以通过视网膜电位图明确诊断，类似于心脏的超声心动图。随着视网膜变薄，它吸收的光越来越少，反射回来的光越来越多。因此，在眼底检查时可能会发现高反射率。宠主可能会注意到他们的宠物在晚上外出或在房子的黑暗区域行走时犹豫不决，因此建议在房子里开更多的灯或在整个房子里增加夜灯，以帮助宠物识别环境和导向。

目前对于年龄引起的视网膜变化尚无治疗方法，但 Ocu-Glo 抗氧化营养补充剂可能对此有益。Ocu-Glo 含有对视网膜健康很重要的叶黄素，以及丰富视网膜光感受器正常功能的 ω-3 脂肪酸。尽管这种补充剂不能纠正或逆转已经存在的变化，但它会起到保障视网膜当前健康和防止进一步恶化的作用。通常，视网膜衰老变化不会发展到完全失明，患者的生活质量也不会受到显著影响。

玻璃体变性 / 星状玻璃体变性

玻璃体是位于眼睛后部的透明凝胶状物质。玻璃体能维持眼球体积，并有助于将晶状体和视网膜保持在正确的位置（Maggs et al., 2013d）。玻璃体变性是用来描述与玻璃体破裂一致变化的术语。玻璃体变性的迹象包括液化（称为脱水皱缩）和浑浊（称为星状玻璃体变性）（Gelatt, 2014c）。当玻璃体变性时，会失去果冻状的稠度，在性质上变得更加液化。由于玻璃体对于支撑视网膜并保持其正确的解剖位置至关重要，因此，玻璃体变性后可能会引起视网膜脱离的担忧。玻璃体变性很难诊断，最常见的情况是要进行白内障手术的患者在术前筛查过程中通过眼部超声来诊断（Maggs et al., 2013d）。视网膜固定术是一种可行的预防性手术，以防止继发于玻璃体变性的视网膜脱离。在手术过程中，使用激光将视网膜"点焊"或融合到下面的组织上。该手术需要全身麻醉，因此对老年患者来说，视网膜固定术可能不是最佳选择。应对每个患者进行单独评估，并与客户详细讨论实施手术的风险。如果选择了这种手术，建议转诊给兽医眼科医生。

星状玻璃体变性是玻璃体变性的另一种表现，其发生频率随着年龄的增长而增加。50% 的患者是双侧发病，其特征是出现大量分散在整个玻璃体中的细小钙质和脂质混浊（图 4.5；Martin, 2010c）。这种外观经常被描述为类似于摇晃水晶球时看到的雪花。玻璃体检查通常是通过在瞳孔扩张后用强光照射，或用强光手电筒或透射镜进行间接照明后用检眼镜检查进行的。在间接光照下，玻璃体在脉络膜反射下呈现暗色（Moore, 2001）。还应注意的是，星状玻璃体变性可继发于炎症，最常见于老年动物（Townsend, 2009）。发病机制尚不清楚，据推测，由于玻璃体中钙含量高，随着年龄增长钙沉淀会导致所见的变化（Bromberg, n.d.）。一般来说，除了视力有些模糊外，玻璃体变性不会导致严重的视力丧失。对于这种与年龄相关的玻璃体病变，目前尚无治疗或管理方案，患者的生活质量也不受影响。

角膜内皮变性 / 营养不良

角膜位于眼睛外纤维层的前部，是一层透明、无血管的结构。由外层上皮细胞、内层内皮细胞和由胶原蛋白组成的中间孔组成。内皮细胞是控制角膜基质液的主要结构，因为它含有钠钾三磷酸腺苷酶相关的泵机制（Cook et al., 2009），用于调节液体保持角膜的透明度及相对脱水状态。控制水分进入角膜并保持脱水状态对角膜透明度和视力至关重要。随着年龄的增长，老年性退化会导致内皮细胞增大和数量减少。在大多数物种中，内皮细胞的复制能力有限，因此随着年龄的增长，内皮细胞数量会减少（Maggs et al., 2013e）。这会进而导致泵输送不足，引起泄漏。导致不透明、蓝灰色、弥漫性角膜水肿，这种水肿是缓慢进展的，从单眼开始，最终双眼受累（图 4.6；Martin, 2010d）。

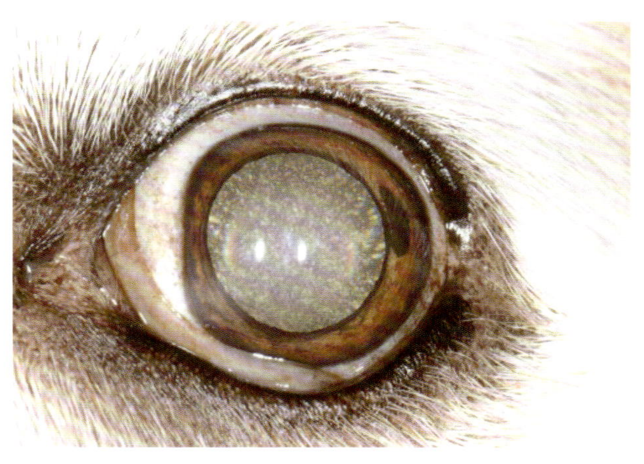

图 4.5　一例犬的星状玻璃体变性（玻璃体变性的一种）

（由伊利诺伊大学眼科系提供。）

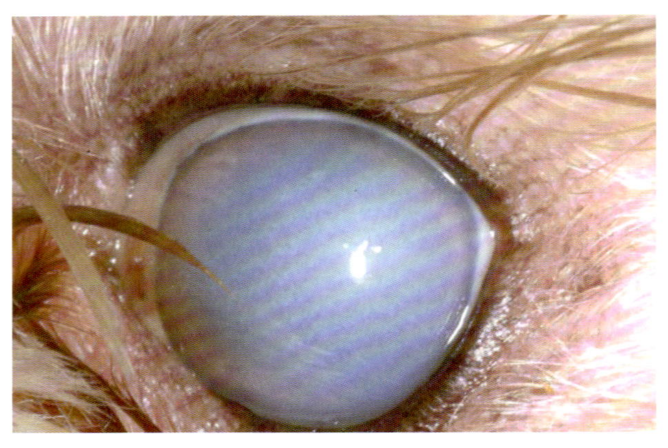

图 4.6 一例犬角膜内皮变性晚期的弥漫性角膜水肿。注意角膜因弥漫性水肿而呈蓝色

（由伊利诺伊大学眼科系提供。）

水肿始于颞侧部位，最终覆盖整个角膜表面。当液体积聚在基质层和上皮层之间时，可能会形成小泡，随后破裂并导致浅表角膜溃疡。这种情况被称为大疱性角膜病变，会给患者带来严重的不适。角膜内皮变性可能在任何品种中发生，其中波士顿㹴、吉娃娃犬、贵宾犬、巴塞特猎犬、松狮犬和大麦町犬都是易感品种（Martin, 2010d）。

值得注意的是，内皮细胞受损可继发于创伤、晶状体脱位、青光眼和葡萄膜炎（Maggs et al., 2013e）。因此，每个角膜水肿的患者都应该进行眼压测量。当患者出现角膜水肿时，可以遵循以下流程来确定病因。先评估水肿是弥漫性还是局灶性。弥漫性角膜水肿通常较明显，荧光素染色不会保留。而角膜溃疡继发的上皮细胞缺失，局灶性角膜水肿较轻，荧光素染色会保留（Maggs et al., 2013e）。如果发现局灶性水肿，必须找出溃疡的原因。如果存在弥漫性水肿，则必须区分潜在的原因。评估患者的不适和疼痛程度，并测量眼压。明显弥漫性水肿、眼压正常且无疼痛很可能存在内皮变性或营养不良。如果患者疼痛明显且眼压异常，则必须排查青光眼、葡萄膜炎和晶状体脱位等原因。全面的眼内检查和眼压评估有助于确定病因。然而值得注意的是，如果水肿严重，可能很难评估眼睛内部的结构，眼内检查受限。犬正常眼压为（20 ± 5）mmHg。葡萄膜炎患犬的眼压低于正常值，青光眼或晶状体前脱位患犬的眼压高于正常值。也可以通过瞳孔大小来区分青光眼和葡萄膜炎。青光眼通常伴有瞳孔扩张，而瞳孔缩小通常与葡萄膜炎有关。评估老年患者的瞳孔大小时，也应考虑虹膜萎缩的存在。眼部检查结果将有助于区分衰老相关表现或病理性疾病。如果诊断出内皮变性，必须监测患者的角膜大疱形成和继发性溃疡。这些病变可能会非常痛苦，并影响患者的生活质量，以及患者和宠主之间的关系。

因为严重角膜内皮变性的最终结果是失明，所以治疗只是姑息性的。高渗盐溶液（如 5% 氯化钠软膏）可用于排出角膜中的水分，尽管其效果已被证明是微小的（Martin, 2010d）。如果水疱破裂导致继发性溃疡，应使用局部抗生素。结膜瓣遮盖术以及角膜热成形术已被用于预防和减少大疱的形成（Maggs et al., 2013e）。在角膜热成形术中，灼烧造成多处小的浅表基质损伤，以防止复发性溃疡（Martin, 2010d）。患者应被转诊给兽医眼科医生进行操作。

由于这种情况无法治愈，治疗的目标应该是防止病情恶化，以及提高患者的舒适度和生活质量。应告知宠主做好视力受损的准备，严重者最终会失明。然后，应与客户讨论宠物失明的应对策略，这个消息对他来说可能令人震惊和意外。

宠物失明应对策略

对于宠主来说，宠物失明可能会让他们不知所措、出乎意料、伤心欲绝。因此，客户咨询如何应对失明宠物的问题非常重要。宠主可以采用几种应对技巧和策略来帮助失明宠物适应新的生活方式。例如，使用气味标记，如 Tracerz®（Innovet），贴在墙壁、家具、地板和电器上，可以帮助宠物找到重要的位置并避开屋内的障碍物。诸如 Optivizor 等伊丽莎白圈和护目镜是可定制的产品，用于保护失明犬避免撞到墙壁和物体。家里其他宠物的项圈上也可以挂上小铃铛，提醒失明的宠物注意它们的行踪。

重要的是，要封锁游泳池、台阶、楼梯和房子的任何其他不安全区域，防止失明动物伤到自己。还应避免重新布置家具，因为失明的宠物会适应家中的当前布局，作为安全导航。如果要重新布置家具，建议逐步进行。失明宠物可以很好地利用它们的听觉和嗅觉适应活动，当接近台阶、角落，或其他可能不安全的区域时，语言提示可以当作警告，如“当心”“等待”或“减速”。失明宠物仍可以继续做失明前喜欢的活动，如扔球和接球游戏。选择有声音和气味的球和玩具可以帮助失明宠物更容易地找到它们。装满花生酱等香味食物的 KONG 玩具是失明宠物的另一个很好的玩具。建立时间表和习惯也可能有帮助，如每次在同一时间和地点喂食。Caroline Levin 编写的 *Living With Blind Dogs* 是一本著名的书籍和训练指南，可以推荐给失明宠物的主人，在这过程中能帮助到他们。

动物适应失明的成功率极高，大多数动物都能够过上正常快乐的生活，也能让主人放心。与新失明患者的宠主分享成功故事可能会提供情感支持和安慰，让他们知道这个过程并不孤单。令人欣慰的是，影响老龄患者与年龄相关的眼部状况通常并不会让其痛苦，也不会导致重大疾病或死亡。虽然失明通常无法逆转，但上述生活方式的改变有助于失明宠物更轻松地适应和过渡，减轻压力。重要的是要与客户讨论，仅仅是失明并不需要对他们的宠物实施安乐死。应该提醒宠主，视觉不是宠物的主要感官，失明的宠物仍然可以从容应对，它们可以通过听觉和嗅觉等其他感觉进行调节。然而，老年动物除了失明外，还可能存在并发疾病，可能明显影响生活质量。必须对每个患者及其生活质量进行个体化评估，且必须根据患者的整体情况做出关于生命终结的决定。请参考第 23 章，了解更多关于生命终结决定的信息。

延伸阅读

Bromberg, N. M. (n.d.) "'Your Dog Needs Bifocals' Geriatric Changes in the Eyes of Dogs and Cats." Meridian, ID: American College of Veterinary Ophthalmology.

Cook, C. S., Peiffer, R. L., Jr., and Landis, M. L. (2009). "Clinical Basic Science." In Peiffer, R., and Petersen-Jones, S. Small Animal Ophthalmology: A Problem-Oriented Approach. 4th ed., pp. 1–12. St Louis, MO: Elsevier Saunders.

Gelatt, K. N. (2014a) "Canine Lens: Cataract, Luxation and Surgery." In Essentials of Veterinary Ophthalmology. 3rd ed., p. 312. Hoboken, NJ: John Wiley & Sons, Inc.

Gelatt, K. N. (2014b) "Canine Anterior Uvea: Diseases and Surgery." In Essentials of Veterinary Ophthalmology. 3rd ed., p. 279. Hoboken, NJ: John Wiley & Sons, Inc.

Gelatt, K. N. (2014c) "Canine Posterior Segment: Diseases and Surgery." In Essentials of Veterinary Ophthalmology. 3rd ed., pp. 329–330. Hoboken, NJ: John Wiley & Sons, Inc.

Levine, C. D. (2003) Living With Blind Dogs: A Resource Book and Training Guide for the Owners of Blind and Low-Vision Dogs. 2nd ed. Lantern Publications.

Maggs, D. J., Miller, P. E., and Ofri, R. (2013a) "Lens." In Slatter's Fundamentals of Veterinary Ophthalmology. 5th ed., pp. 276–287. St Louis, MO: Elsevier Saunders.

Maggs, D. J., Miller, P. E., and Ofri, R. (2013b) "Uvea." In Slatter's Fundamentals of Veterinary Ophthalmology. 5th ed., p. 246. St Louis, MO: Elsevier Saunders.

Maggs, D. J., Miller, P. E., and Ofri, R. (2013c) "Retina." In Slatter's Fundamentals of Veterinary Ophthalmology. 5th ed., p. 303. St Louis, MO: Elsevier Saunders.

Maggs, D. J., Miller, P. E., and Ofri, R. (2013d) "Vitreous." In Slatter's Fundamentals of Veterinary Ophthalmology. 5th ed., pp 291–294. St Louis, MO: Elsevier Saunders.

Maggs, D. J., Miller, P. E., and Ofri, R. (2013e) "Cornea and Sclera." In Slatter's Fundamentals of

Veterinary Ophthalmology. 5th ed., pp. 184–189. St Louis, MO: Elsevier Saunders.

Martin, C. L. (2010a) "Lens." In Ophthalmic Disease in Veterinary Medicine, pp. 369–395.Boca Raton, FL: CRC Press.

Martin, C. L. (2010b) "Anterior Uvea and Anterior Chamber." In Ophthalmic Disease in Veterinary Medicine, pp. 298–336. Boca Raton, FL: CRC Press.

Martin, C. L. (2010c) "Vitreous and Ocular Fundus." In Ophthalmic Disease in Veterinary Medicine, p. 404. Boca Raton, FL: CRC Press.

Martin, C. L. (2010d) "Cornea and Sclera." In Ophthalmic Disease in Veterinary Medicine, pp. 251–252. Boca Raton, FL: CRC Press.

Moore, P. A. (2001) "Examination Technique and Interpretation of Ophthalmic Findings." Clinical Techniques in Small Animal Practice, 16(1): 1–12.

Samuelson, D. A. (2013) "Ophthalmic Anatomy." In Gelatt, K. N., Gilger, B. C., and Kern, T. J. (eds) Veterinary Ophthalmology, 5th ed., pp.124–125. Ames, IA: Wiley-Blackwell.

Townsend, W. M., Bedford, P. G. C., and Jones, R. G. (2009). "Abnormal Appearance." In Peiffer, R. and Petersen-Jones S. (eds). Small Animal Ophthalmology: A Problem-Oriented Approach. 4th ed., pp 67–115. St Louis, MO: Elsevier Saunders.

Williams, D. L., Heath, M. F., and Wallis, C. (2004) "Prevalence of Canine Cataract: Preliminary Results of a Cross-Sectional Study." Veterinary Ophthalmology, 7(1): 29–35.

第5章　听力减退

Brad Bates

听力减退是老年宠物最常见的临床症状之一。虽然还有其他导致听力减退的原因，但年龄相关的听力减退（也称为老年性失聪）是宠物失聪的最常见原因（Kay, 2015）。其他已知原因包括耳毒性药物和先天性失聪（Cunningham 和 Klein, 2007）。本章简要讨论了噪声如何转化为声音，听力减退的原因，监控和测试老年宠物的听力减退迹象，并讨论了提高听力减退老年宠物生活质量的管理技术。

什么是声音?

许多物种都有特别敏锐的听觉，尤其是与人类相比。尽管其他物种的听觉敏感度可能远超人类，但哺乳动物的声音解读基本机制是相似的。要听到声音，声波必须从环境中通过鼓膜传递到内耳的耳蜗，那里有毛细胞受体。这些毛细胞介导声波转化为电活动，然后传递至大脑，随后被解读为我们感知到的声音（Cunningham 和 Klein, 2007）。对声音解读生理学的全面描述超出了本章的范围。

宠物听力减退的原因

与年龄相关的听力减退是宠物失聪的最常见原因。通常从听到中高频声音的能力受损开始，逐渐发展为影响整个音频范围（Kay, 2015）。随着其发展，许多宠主错误地将宠物的部分听力减退当作一种行为问题，类似于一些人认为的“选择性听力”。这就是为什么许多宠主直到宠物听力减退相当严重时才会意识到这一点（Kay, 2015）。实际上，动物的失聪通常只有在双侧听力完全或接近完全减退时才能被发现（Cunningham 和 Klein, 2007）。

失聪可分为传导性、感觉性、神经性、中枢性或混合性听力减退。此外，失聪可分为先天性或获得性，获得性失聪主要与医源性、创伤性或退行性改变有关（Cunningham 和 Klein, 2007; Scheifele et al., 2012）。

传导性失聪是由从环境到内耳的声音传输途径丧失引起的。任何影响环境声音传播的因素都可以被归类为传导性听力减退。包括外耳炎、中耳炎、中耳听小骨骨折或听小骨退化（称为耳硬化症），导致听小骨振动减弱和声波传导受损。虽然中耳炎可能容易被诊断，但宠物听小骨损伤的识别和诊断通常很困难（Scheifele et al., 2012）。

正常耳蜗结构的任何破坏都会导致感觉性听力减退。这些可能是先天性或获得性的，最常见的原因是医源性的耳毒性药物、过度噪声暴露或老年性失聪等（Scheifele et al., 2012）。

神经性失聪是由耳蜗和脑干之间的耳蜗神经纤维功能障碍引起的（Cunningham 和 Klein, 2007; Scheifele et al., 2012）。导致这些神经纤维损伤的疾病包括听神经瘤、听神经炎和多发性硬化症（Scheifele et al., 2012）。宠物也可能出现类似的疾病，尽管诊断可能比人类更受限。由于难以对宠物进行具体诊断，通常将感觉和神经原因归为一组疾病，称为感觉神经性失聪（Scheifele et al., 2012）。

中枢性（或皮质性）失聪是指在听力敏感度未受损的情况下听觉功能下降，是脑干或听觉皮质改变的结果。这些情况在人类中经常被漏诊或误诊。考虑到诊断的困难，这些情况很可能也发生在宠物身上，但通过常规基础检查不太可能确定原因（Scheifele et al., 2012）。

动物先天性失聪通常是由于耳蜗先天缺陷，这种情况通常与某些毛色有关（Cunningham 和 Klein, 2007）。先天性失聪在白色、陨石色或花斑色的宠物中尤为常见。失聪也与某些品种和品种特征有关。例如，虹膜异色症（一种虹膜色素沉着不完全的疾病）的犬已被证明易患病（McDonnell, 2015）。资料显示，几乎 25% 的大麦町犬先天单耳失聪，8% 的大麦町犬先天双耳失聪（Deaf Websites, 2013）。这些宠物失聪通常是由双侧耳蜗部分或完全缺失引起的。不太常见的是，它是由耳蜗下游神经元缺失引起的（神经性失聪）。患有先天性失聪的宠物可以正常生活，但可能需要额外的关注，尤其是在户外环境中（Cunningham 和 Klein, 2007）。对这些宠物的训练将更多地依赖于视觉提示（见下文“老年宠物听力减退的管理”）。

获得性失聪可能是医源性的。例如，失聪可能是由耳毒性药物引起的，包括某些抗生素、利尿剂和抗肿瘤药物（Cunningham 和 Klein, 2007）。可导致耳毒性的常见抗生素包括氨基糖苷类、红霉素和多黏菌素 B。髓袢利尿剂可增强某些药物的耳毒性，尤其是氨基糖苷类抗生素。耳毒性药物通过结合或破坏毛细胞受体导致失聪。探测高频声音的细胞通常最先受到耳毒性药物的损害。早期发现听力损伤很重要，因为一些损伤可能是可逆的（Pickrell et al., 1993）。另一个较少被讨论能导致宠物（尤其是犬）听力损伤的获得性原因是犬舍过度噪声引起的听力减退。在一些犬舍，根据职业健康和安全管理局（Occupational Health 和 Safety Administration，OSHA）指南可能要求工人佩戴听力保护装置（Scheifele 和 Clark, 2012），但其对犬舍里宠物的影响可能被忽略了。

监测宠物的听力减退

与其他健康状况一样，行为变化通常是宠物听力减退的第一个迹象。与年龄相关的听力减退具有渐进性，因此识别听觉功能的变化可能很困难。一些迹象包括在通常会引起反应的声音中睡觉或休息，即使给予口头提示后也容易因触摸而惊吓或“猛咬”，对口头提示没有反应，与先前训练的指令混淆，睡觉或休息时间增加，睡眠期间醒来困难，定向障碍和意识错乱，过度吠叫或嘶喊，发声改变，甚至焦虑等（Scheifele et al., 2012）。

听力损伤是老年宠物检查时应考虑的一个重要临床体征，因为它会对宠物的生活质量以及宠物与宠主之间的关系产生重大影响。在检查过程中，兽医可以检测与年龄相关的听力减退的迹象，并评估宠物的耳道是否存在疾病。耳道疾病可能包括各种增生（包括某些癌症）、感染、过敏性炎症以及与进入耳道的异物相关的并发症。这些疾病可能导致、诱发或加速失聪的发展。耳道疾病的治疗可以恢复一些受损的听力，也可以限制听力损伤的进一步发展（Kay, 2015）。可以使用与患者相关的不同频率和位置的听觉信号来测试听力（例如，对吱吱响的玩具、拍手、打响指、门铃的反应）。

对听力损伤的高级筛查

目前已发现 90 多个品种有先天性失聪，因此听力评估是常见的先天性失聪品种的重要筛查方法。此外，应该对工作犬和服务犬进行筛查，以确保它们能够对听觉线索做出适当的反应（Scheifele 和 Clark, 2012）。诊断为听力减退的宠物不应再进行繁育。此外，其父母也不应再继续繁育，因为它们很可能携带导致失聪的异常基因。

高级诊断评估犬的听觉功能是有可能实现的。在人类中，听觉脑干反应是检测婴儿听觉异常的主要筛查测试。与这项测试类似，脑干听觉诱发反应（Brainstem Auditory Evoked Response，BAER）在兽医中已被应用于患者。BAER 测试可用于 5 周龄及以上的宠物（McDonnell, 2015）。另外两种电生理测试也可对兽医患者进行评估：耳声发射和听觉稳态反应（Auditory Steady State Response，ASSR；Scheifele 和 Clark, 2012）。

BAER 测试会记录对受控的声音刺激产生的神经活动。该测试能独立评估每只耳朵，因此可用于评估单侧听力减退。在人类中，BAER 结合耳声发射结果会更准确，这可能在未来应用于兽医患者。ASSR 可用于测试听力灵敏度（Scheifele 和 Clark, 2012）。动物矫形基金会（Orthopedic Foundation for Animals，OFA）认为 BAER 测试是诊断犬类失聪的唯一可接受的测试方式。因此，BAER 测试已被常规用于兽医患者，筛选患有先天性失聪的品种，评估工作犬和服务犬。耳声发射和 ASSR 正在作为宠物听觉功能的潜在辅助测试被研究（Scheifele 和 Clark, 2012）。

年龄相关性听力减退有治疗方法吗？

遗憾的是，没有标准的方法可以广泛用于恢复年龄相关性听力减退宠物的听力。有一些关于中耳植入物和助听器在动物中使用的研究，但总体而言，对年龄相关性听力减退宠物的护理侧重于管理技术，以改善年龄相关性听力减退宠物的沟通、互动和生活质量（Kay, 2015）。

如上所述，预防和治疗并发疾病（包括耳道感染）的方法和管理可以限制宠物失聪的发展和恶化（Kay, 2015）。先天性失聪无法通过助听器或手术等方法进行治疗（McDonnell, 2015）。

老年宠物听力减退的管理

当宠物听力减退时，可能需要常规护理之外的管理。当诊断出失聪时，有几个问题需要考虑。兽医可以在重点访问期间与客户讨论这些问题和管理技术。宠主可能会注意到他们的宠物正在应对与听力减退患者相似的社会和情感影响。宠主与宠物互动的影响，宠物与宠主之间沟通的优化，以及因宠物无法听到周围环境声音而产生的安全问题都应进行讨论（Scheifele et al., 2012）。这旨在改善宠物和宠主之间的沟通和互动，并改善部分或完全听力减退的宠物的生活质量（Kay, 2015）。

我们应该考虑宠物是否会经历与人类听力减退患者相似的社会和情感变化。这有待研究和全面解答。然而，很有可能，一些宠物和一个特定物种的某些成员可能会经历与人类相似（虽然不完全相同）的变化。也有可能宠主会把他们对听力减退的恐惧和焦虑强加给宠物，并把它们的感受拟人化。宠物听力减退的影响可能不如人类听力减退的影响大，因为许多宠物（尤其是家养的犬猫）更依赖嗅觉而不是听觉（Scheifele et al., 2012）。重要的是要确定宠主关注的问题的深度，并讨论哪些问题是他们的宠物真正面临的。最重要的是，应该讨论管理的技术。

我们可能无法像在人类中一样评估听力减退对宠物心理的影响，但有些宠物的焦虑很容易被识别，而且很常见，足以证明有必要讨论这种焦虑的管理技术。例如，听力减退的宠物通常很容易受到惊吓，尤其是在休息时。宠物在听力减退后焦虑症状加剧并不少见，这可能与害怕受到惊吓有关。因此，最好教导宠主在听力减退宠物的视野范围内接近它们。触摸正在休息或睡觉的宠物或与之互动之前，最好先伸手让它们闻闻。许多宠物即便年纪大了，嗅觉依然灵敏。使用它们熟悉和喜爱的气味可能有助于唤醒失聪的宠物。当宠物没有因闻到附近的手而醒来时，可轻轻触摸它们身体的非疼痛区域。重要的是要特别注意避免疼痛区域和面部。唤醒失聪宠物或在休息一段时间后与它们互动时要小心。为了避免受伤，访客和陌生人在熟悉失聪宠物之前，应避免与失聪动物互动（Kay, 2015）。

由于宠物比人更依赖其他感官（尤其是嗅觉），当它们的听力减退或消失时，它们可能会依靠这些感官。因此，听力减退对宠物的心理影响可能不如听力减退对宠主的影响那么显著。记住这一点，我们应该意识到宠物的听力减退可能会影响人与动物的关系。宠主在与失聪宠物交流时可能会感到沮丧，尤其是当宠物经过严格训练并习惯于许多声音命令时（如工作犬和服务犬）。这些宠物的失聪甚至可能会导致它们提前退休（Scheifele et al., 2012）。

失聪的宠物应该只能用牵引绳牵着散步，或在允许它们进入有围栏的院子时进行看护。建议使用项圈、标签和/或衣服表明宠物失聪来向陌生人告知宠物状况。尤其是当失聪宠物从牵引绳或院子里挣脱出来时会很有帮助（Kay, 2015）。

宠物失聪以及本章提出的管理理念，应与所有家庭成员和所有宠物照护人进行讨论。教会宠主如何与失聪宠物有效沟通很重要。这不仅是出于安全考虑，也有助于维持人与动物之间的关系。训练宠物理解手、手臂和身体信号是一种简单有效的技术。一些宠物，尤其是犬，往往能很快学会这些信号。更明智的做法是尽早教育宠主，让他们在宠物听力减退之前开始使用语言提示及身体信号和手势来训练。许多老年宠物仍然可以接受训练学习新的指令，但重要的是鼓励宠主在实施这些新信号、技巧和指令时保持活力和一致。在训练年轻或老年宠物时，使用正面奖励强化和避免负面惩罚也很重要（Kay, 2015）。此外，可以采用刺激其他感官的提示。用有吸引力的气味诱导宠物或引起它们注意是很简单的技术，可以教给家庭的所有成员。用手电筒来引起仍有视力的老年宠物的注意也是有效的。灯光甚至可以用来引导宠物移动到宠主希望它们行走的地方。一些听力受损的宠物实际上仍然可以感觉到振动。通过跺脚、拍手或敲击罐子来产生振动可以有效地与一些失聪宠物交流（Kay, 2015）。

听力减退宠物的生活质量评估

听力减退通常被认为不是什么“坏事”，是宠物可以应对的疾病。但听力减退肯定会降低老年宠物的生活质量，还可能影响人与动物的关系。如果管理技巧和非语言提示训练不足以保证宠物和宠主之间的充分沟通和互动，宠主可能会变得非常沮丧。这不仅会影响宠物的生活质量，还会对宠主与宠物的情感纽带产生强烈影响。

重要的是尽可能地给宠主提供支持，告知管理和训练失聪宠物可能会出现一定程度的失败。尽早讨论，像大多事情一样，成功就在于设定适当的期望。有些宠物的听力减退是有一些好处的，尤其是那些有噪声和风暴恐惧症的宠物。宠物与主人之间的互动也可以加强他们的关系。

人们可能认为听力减退不是一种痛苦的疾病，但是会导致焦虑，对一些人来说，这种焦虑甚至比疼痛更糟糕。再加上老年宠物正在遭受其他疾病（认知功能障碍、视力下降等），这对宠物和家人来说往往是沉重的打击。进行听力减退管理的教育是对家庭和宠物都有好处的最佳办法，大多数家庭都能一起过上相对正常和幸福的生活。

延伸阅读

Cunningham, J., and Klein, B. (2007) “Hearing.” In Textbook of Veterinary Physiology. 4th ed., pp. 169–175. St Louis, MO: Elsevier Saunders.

Deaf Websites. (2013) A Guide to Deaf Dogs. Available from www.deafwebsites.com/ hearing-loss/deaf-dogs.html.

Kay, N. (2015) Eight Tips for Coping with Your Dog's Age-Related Hearing Loss. Pet Health Network. Available from http://www.pethealthnetwork.com/dog-health/dog-diseases-conditions-a-z/eight-tips-coping-your-dogs-age-related-hearing-loss.

McDonnell, J. (2015) Deafness (Hearing Loss) in Dogs. Pet Place. Available from www.petplace.com/article/dogs/diseases-conditions-of-dogs/symptoms/deafness-in-dogs.

Pickrell, J. A., Oehme, F. W., and Cash, W. C. (1993) "Ototoxicity in Dogs and Cats." Seminars in Veterinary Medicine and Surgery (Small Animal), 8(1): 42–49.

Scheifele, M. and Clark, J. G. (2012) "Electrodiagnostic Evaluation of Auditory Function in the Dog." Veterinary Clinics of North America Small Animal Practice, 42(6): 1241–1257.

Scheifele, L., Clark, J. G., Scheifele, P. M. (2012) "Canine Hearing Loss Management." Veterinary Clinics of North America Small Animal Practice, 42(6): 1225–1239.

第 6 章　牙齿和口腔

Heidi B. Lobprise

介绍

在兽医诊所的许多病例中，口腔并没有得到太多关注，直到出现问题：口腔气味臭，宠物食欲差，有明显的肿胀或出血。遗憾的是，当症状严重到足以被主人注意到时，疾病已经在口腔内不知不觉地进展了。当这种情况发生在老年患者身上时，完全解决这一问题可能非常具有挑战性，因为全面评估和治疗通常需要全身麻醉。

当宠物停止进食或表现不适时，口腔无疑是诊断的重点。医生必须记住，从胃肠道疾病到骨关节炎等许多疾病都可能导致患者厌食，因此诊断应考虑到所有身体系统。恢复口腔正常功能（进食、饮水和梳理被毛）对宠物的整体健康和福祉至关重要，因此应尽一切努力避免口腔疼痛和功能障碍。

疾病

牙周病

牙周病是宠物群体中最常见的问题之一，尤其是老年动物。研究表明，随着宠物年龄的增长，牙周病患犬的患病率和严重程度都会增加（Harvey, 1994）。这项研究还表明，牙周病与宠物的体型成反比——犬越小，牙周病越严重。应考虑“相对年龄”评估中的一个因素——体型较小的犬往往寿命更长，这使得牙科疾病成为许多体型较小的老年犬的一个重要疾病。

小型犬牙周病发病率高的主要因素是牙槽骨与牙齿 / 牙根大小的比例：例如，一只大丹犬牙齿周围 2 ~ 3 mm 的骨质流失比一只吉娃娃犬切齿或前臼齿周围相同程度的骨质流失更加不明显。由于小型（和短头）犬的牙齿通常较为拥挤，牙齿周围的骨质更少，感染从一颗牙齿传播到另一颗牙齿，可能会发生多米诺骨牌效应。在决定治疗策略时，可以拔除一颗较小的、不太重要的牙齿，来改善邻近的更重要的牙齿（下犬齿或第一臼齿）健康。

尽管牙周病实际上是可以预防的，但很少有患者能从终身的良好口腔护理中受益，因此许多宠物在成年或老年发现症状时就已处于疾病晚期阶段。

晚期牙周感染会破坏牙齿周围的重要附着组织（牙龈、骨骼），拔牙可能是唯一的选择。有时骨质流失可能非常严重，可能会导致下颌骨病理性骨折，通常发生在第一臼齿区域（图 6.1）。在所有牙科病例中，通过口腔内 X 线检查进行全面评估至关重要。

然而，牙病不仅仅是口腔和牙齿的问题。牙周病和口腔疾病感染会对身体的其他系统产生负面影响，研究表明牙周病与多个器官的组织学病变有关（DeBowes et al., 1996），以及口腔这一慢性感染的“伤口”会产生全身影响（Pavlica et al., 2008）。研究还表明，牙周病的日益严重可能与炎症标志物浓度的增加有关，而炎症标志物浓度可以通过适当的牙周治疗来降低（Rawlinson et al., 2011）。

未经治疗的牙周病对全身系统的影响，最大的担忧并非细菌直接感染患病的心脏瓣膜或肾单位，而是感染组织的长期存在，持续的炎症反应以及宿主反应对身体其他系统的严重破坏。当然，任何糖尿病、肾病、肝病或心脏病的患者都会从控制口腔感染中受益。

最大的挑战是判断麻醉手术的风险何时可能超过适当牙科护理的益处。在大多数情况下，通过充分的术前病史调查、诊断检查和全面的体格检查，可以识别出任何潜在的问题并得到充分解决，以稳定患者体况，最大限度地降低潜在风险。如果医生对老年患者的麻醉预期、监测和恢复期的护理感到不安，应转诊至兽医牙科专家或具有先进麻醉能力的机构。

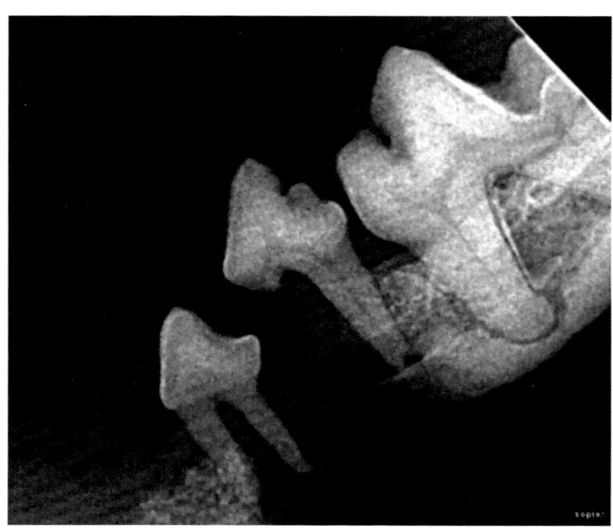

图 6.1　一只老年犬严重的牙周骨质流失导致的下颌骨病理性骨折

虽然各种形式的牙周病几乎可能在任何年龄发生，但一些特殊情况常发生在老年宠物中。在年龄较大、体型较小的犬中，因牙周病导致的晚期骨质流失可能会引起下颌联合松动或下颌骨病理性骨折，常见于下颌第一臼齿附近。猫可能表现出慢性骨炎和牙槽炎的迹象，上颌犬齿（有时还有下颌犬齿）似乎过度突出，周围骨组织呈膨胀性增大（图 6.2）。如果疾病严重，这些犬齿会变得松动并导致不适。

有时口腔疾病会非常痛苦和不适，以至于宠主愿意承担更大的风险，即使他们知道麻醉对他们的宠物来说可能无法承受。然而，通过适当的护理也可能会缓解不适以更显著地改善，不仅是口腔，乃至患者的整体健康状况。我们一次又一次地听到，“他就像一只新生的幼犬！”虽然这样的转折很棒，但宠物最好永远不经历这种疾病，这种疾病很大程度上是可以预防的。

牙周病治疗

使用抗生素和止痛药对牙周病进行保守治疗可能会改善患者的口腔状况，可能会表现好转，但一旦药物治疗结束，疾病的程度就会再次加重。间歇性抗生素治疗（脉冲治疗）仅适用于那些无法进行麻醉手术的患者，这既是为了患者的利益，也是为了适当的抗生素管理（American Veterinary Dental College, 2005）。用药的目的之一也是让宠主了解到感染和疼痛确实影响了宠物，强化了明确治疗疾病是对宠物最好的帮助。

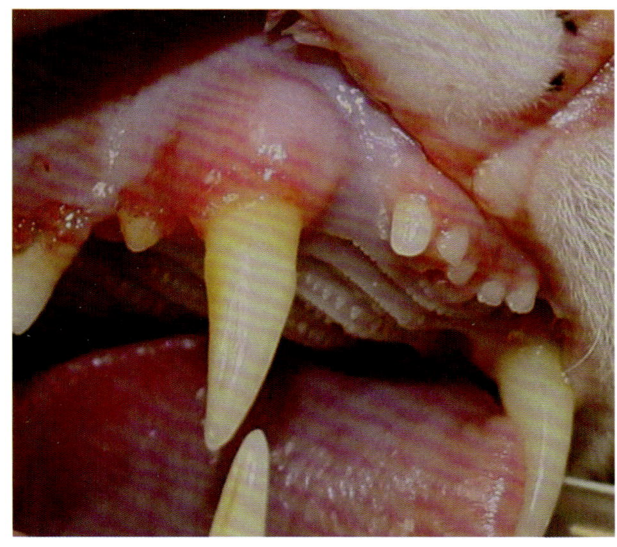

图 6.2　一只老年猫的慢性骨炎 / 牙槽炎。上颌犬齿周围骨组织膨胀、增生，牙齿突出明显

患者麻醉准备包括术前评估和诊断，可能包括（但不限于）全面的血液学检查、尿液分析、胸部X线片和心电图（尤其是心脏病患者）以及全面检查。应仔细审查所有药物和营养品，因为长期使用鱼油会影响凝血，因此应提前一周停止服用。大多数药物可以在前一天晚上服用，而一些心脏药物可以在手术当天早上服用。大多数老年患者在前往医院之前都可以饮水。

特殊情况需要特殊说明，兽医麻醉和镇痛支持小组（www.vasg.org）为具有挑战性的麻醉患者提供了良好的资源。糖尿病患者应接受平时早上胰岛素剂量的一半，当天早上禁食，并在手术前、手术中和手术后监测血糖，必要时补充营养。肾病患者术前调整水合是有益的——提前一两天以及手术前后补液。心脏病患者术前缓慢补液和维持氧合是有益的。

有许多镇痛和麻醉方案可供选择，可以根据患者的需求定制方案。牙科手术需要全面的镇痛方案，包括术前药物选择、区域和局部阻滞、恒速输注和术后药物治疗。这不仅为患者提供了最佳的舒适度，还可以减少诱导药物和吸入麻醉药的用量。

在为所有患者提供牙科护理时，口腔内X线检查是绝对必要的，尤其是老年患者。骨质流失的程度可能非常严重，使得颌骨（尤其是下颌骨）脆弱化，在拔牙过程中容易骨折。与标准治疗（www.avmaplit.com）相比，在没有向AVMA职业责任保险信托基金提交X线片的情况下报告病例拔牙过程中下颌骨骨折是不予采用的。

为老年患者提供牙科护理的目标是尽快清除碎片和感染源，最大限度地减少麻醉时间，同时密切监测患者。体温、血压、心率和脉搏质量应保持在合理的范围内，如果应对上述参数下降的传统方法没有帮助（升温、减少吸入麻醉、增加液体流速），患者应在手术结束前停止麻醉。提前准备好所有物品，包括急救药物，放在手边。在手术开始时进行快速评估，以确定主要问题并对其进行分类或排序。尽早获取X线片来识别问题，并及时进行区域和局部阻滞。拔除病变牙齿并消除大部分牙菌斑和牙结石是主要目标，而不是只注重精心清洁牙冠，却在牙龈下留下隐藏的疾病。

如前所述，老年宠物更容易出现牙周问题。如果下颌联合松动，应在图表上注明，并仔细评估犬齿周围的骨残留程度。通过稳定该侧下颌骨并对犬齿轻微施加压力来评估犬齿的活动能力。如果牙齿确实是可活动的，可能需要拔除，但应格外小心，以避免对该区域造成进一步损伤。

如果需要拔除双侧下颌犬齿，最好根据患者的病情分为两个阶段进行治疗。下颌骨的吻侧可能会保持相当大的活动性，后臼齿有效咀嚼会减少，但大多数患者都能很好地适应，尽管舌头有时可能会伸出来。

下颌第一臼齿的病理性骨折更难处理。通常情况下，由于骨质流失非常严重，需要拔除骨折部位的第一臼齿。此时，往往没有足够的健康骨骼为骨间连接提供材料，复杂的骨移植材料和微型钢板对这些患者都不合适。对于姑息治疗，有时最容易的方法是切除受损侧的剩余下颌部分，这包括结扎骨折远端的血管，分离联合释放该侧，并从下颌骨的颊侧和舌侧切除牙龈和黏膜以将其移除。尽管可以进行唇角缝合术（在转角处将上唇与下唇缝合在一起）来提供额外的支撑，但通常颊黏膜与舌下组织简单缝合就足够。对于双侧骨折，去除下唇 / 下颌的楔形物（唇成形术）以收紧剩余组织可以提供更好的美容效果。

慢性骨炎或牙槽炎的患猫通常需要拔除受影响的牙齿。由于覆盖在扩张颊侧骨上的牙龈变得非常薄，通常很难在不撕裂组织的情况下抬起牙龈瓣。由于猫科动物的犬齿是圆柱形的，且大多数已经过度生长，甚至松动，因此简单地铤起牙齿更容易而不用做皮瓣。一旦牙齿被拔除，就可以对牙槽进行刮治，轻柔地充分地清理牙槽骨的内缘，以释放足够的牙龈和腭黏膜，从而进行十字形缝合以对合创口边缘。对侧牙齿（下颌犬齿）可以用高速手柄上的白石钻轻轻磨钝，尽量减少拔牙后下颌犬齿对上颌组织造成损伤。

任何口腔或牙科治疗的后期护理都至关重要。保证足够的水合、营养支持和疼痛管理对患者尽快恢复正常功能是必需的。可能需要补充液体、控制恶心、刺激食欲、适当的抗生素和疼痛管理，甚至营养补充。虽然大多数牙科手术患者不需要放置饲管，但手术后几天至两周内吃软食有助于保护愈合组织。有些患者（猫）可能无法适应食物的变化,所以如果它们只会吃硬食物，那就让它们吃吧。

口腔肿瘤

老年宠物的肿瘤相当常见，但其治疗也尤为复杂。由于很少有宠物定期接受详细检查，口腔中的肿瘤通常会在被发现前就已经长到相当大了。食欲不振、口腔出血和面部肿胀可能是最先注意到的症状。在猫中，不梳理被毛和被毛蓬乱可能是口腔或舌头肿瘤的最初迹象。遗憾的是，除了一些良性肿瘤外，口腔中的许多肿瘤一旦大到足以引起上述症状，预后就不会良好。在犬中，恶性黑色素瘤、鳞状细胞癌和纤维肉瘤是最常见的恶性肿瘤。在猫中，鳞状细胞癌是迄今为止发现的最常见的肿瘤，其位置各不相同，包括牙龈、舌下和扁桃体。

早期发现口腔唇侧部的小肿瘤通常预后良好，因为大多数患者可以耐受下颌骨切除术和上颌骨切除术。完整的分期，包括淋巴结和肺部评估，同时结合组织病理学及活检边界处是否存在肿瘤细胞等信息，可以提供完整的治疗信息。肿瘤晚期，无论大小和转移程度如何，都可以选择化疗和放疗，但这些选择可能很困难。在做出相关决定时，应当重视对宠物生活质量的评估。

口腔疼痛

许多兽医专业人员在手术过程中能合理地为患者提供足够的疼痛管理，这对所有接受口腔和牙科治疗的老年动物来说都非常重要。然而，除手术之外，长期的疼痛管理对于牙周病的炎症，以及潜在的神经性疼痛也是必要的。虽然牙周病的初步治疗侧重于消除感染（手术或抗生素），但在人类牙科中，关注宿主对牙周病原体的炎症反应也是管理的重要部分。对于那些不得不推迟麻醉手术的患者，提供镇痛支持可能会有所帮助。一些患者可能会从手术中受益，还有一些患者具有与慢性口腔疾病或炎症相关的慢性神经性疼痛，可能需要使用加巴喷丁等止痛药物来提供额外的疼痛管理。关于老年宠物疼痛管理的更多详细信息请参阅第 18 章。提供足够的护理使患者能够舒适地进食是牙科治疗的主要目标。

临终决定

对患者的全面评估包括其能否摄取、咀嚼和吞咽足够的食物以维持生命功能。生活质量评估将扩展到包括患者在饮食方面的舒适度和仪容，甚至包括对饮食的热情和享受程度。当患者无法长时间保持舒适的饮食方式时，这可能会影响个体的决定。

客户教育

客户教育是支持患者口腔护理的最重要组成部分之一，整个临床团队必须传达一致的信息。通过讨论良好口腔健康的好处及其对全身健康的影响可以减轻宠主对麻醉费用和风险的担忧。这种教育应该从新生幼犬和幼猫开始，尽量减少其一生中的疾病发生，但即使是老年宠物，通过全面的检查和麻醉前诊断，以及个性化的麻醉方案和监护也可以为几乎所有患者提供最佳的口腔护理。

对一些宠物来说，实行家庭护理方案可能具有挑战性，但在任何情况下都应该鼓励进行。每天使用软毛牙刷和兽用牙膏刷牙仍然是护理的金标准（在两周复查时尝试牙膏味道测试），但护理方案通常应针对特定的患者－宠主组合进行定制。如果刷牙对宠物来说太刺激，则可以使用口腔凝胶，或者给犬提供一个合适的咀嚼玩具。指导宠主不要提供任何坚硬且不可压缩的咀嚼产品：如果您无法折弯它，或者您的拇指指甲无法按下其表面，它很可能是很坚硬的产品，并可能会折断宠物的牙齿。某些水添加剂可能有所帮助，但在牙菌斑硬化为牙垢或牙结石之前，它们不如机械方法去除更有效。兽医口腔健康委员会网站（www.vohc.org）上的产品列表是一个有用的指南，网站还包括宠物家长的牙周病信息。

延伸阅读

American Veterinary Dental College. (2005) The Use of Antibiotics in Veterinary Dentistry. (AVDC Position Statement). Meridien, ID: AVDC.

DeBowes, L. J., Mosier, D., Logan, E., Harvey, C. E., Lowry, S., and Richardson, D. C. (1996) "Association of Periodontal Disease and Histologic Lesions in Multiple Organs from 45 Dogs." Journal of Veterinary Dentistry, 13(2): 57–60.

Harvey, C. E., Shofer, F. S., Laster, L. (1994) "Association of Age and Weight with Periodontal Disease in North American Dogs." Journal of Veterinary Dentistry, 11(3): 94–105.

Pavlica, Z., Petelin, M., Juntes, P., Erzen, D., Crossley, D. A., and Skaleric, U. (2008) "Periodontal Disease Burden and Pathological Changes in Organs of Dogs." Journal of Veterinary Dentistry, 25(2): 97–105.

Rawlinson, J. E., Goldstein, R. E., Reiter, A. M., Attwater, D. Z., and Harvey, C. E. (2011) "Association of Periodontal Disease with Systemic Health Indices in Dogs and the Systemic Response to Treatment of Periodontal Disease." Journal of the American Veterinary Medical Association, 238(5): 601–609.

第 7 章　鼻子和嗅觉

Faith Banks

“鼻子全都知道”。这在年轻犬猫身上可能是非常正确的，但随着年龄的增长，嗅闻周围环境的能力可能会不够敏锐。人们对老年人嗅觉功能障碍知之甚少，对老年犬猫的嗅觉功能障碍的了解就更少了。

嗅闻味道的感觉，被称为嗅觉，对宠物来说是一种非常重要的感觉。有证据表明，猫鼻子有 8000 万个嗅觉感受器，犬有 3 亿个。相比之下，人类只有 500 万个嗅觉感受器（Trumps, 2015）。

鼻腔中有带有纤毛的感觉细胞。每个纤毛中含有许多嗅觉感受器。当气味被这些嗅觉感受器捕捉到，它们会被感觉细胞处理，然后信号通过轴突传递，经过筛板（鼻腔尾部）直接传递到大脑的嗅球。当气味信号到达嗅球后，再被传送到额叶皮质进行分析，然后传送到大脑的其他中枢进行进一步解读（Kidd, 2004）。据推测，犬大脑约有 1/3 与嗅觉相关，犬嗅觉比人类高出多达 10 万倍（Kidd, 2004）。

嗅觉减退

对于老年犬的嗅觉减退的实际情况了解甚少，但人类的研究表明，嗅觉功能障碍相当常见（图 7.1）。65 岁以上人群的患病率增加到 13.9%，65 ~ 80 岁人群的患病率超过 50%，80 岁以上人群的患病率高达 80%（Attems et al., 2015）。

随着宠物年龄增长，并没有什么特定的疾病会影响它们的嗅觉。但神经和脑组织内的细胞容易受到氧化损伤的影响。它们可能会发生变化，导致患者的嗅觉减退或完全消失（Roberts, 2015）。宠物鼻子神经末梢缺失会导致黏液分泌减少，而黏液通常有助于捕获气味。黏液少意味着气味不会停留足够长的时间让宠物识别。

宠物嗅觉减退可能是部分的（嗅觉减退）或完全的（嗅觉丧失），并可能会导致食欲下降、营养不良或体重减轻，因为嗅觉和味觉都与“品尝”食物有关。目前，还没有诊断宠物嗅觉减退的金标准。它们对气味感知的变化实

图 7.1　老年患者 Smudge

际上更多是鼻子内部变化的结果，而不是味蕾数量减少或功能的降低，尽管这也可能起了一定作用。许多人把宠物的食欲当作它们整体健康状况的标志（图 7.2）。食欲下降可能会让宠主有一种宠物身体不好的印象，但这可能只是因为食物对它们而言不再像它们年轻时那样美味了。老年宠物对食物香味感知的减弱，可能需要添加剂或美味小食来刺激它们的兴趣，从而提高整体食欲。用手喂食和加热食物（有助于散发食物的香气）也可能会增加宠物的进食兴趣，这是一个应该向宠主们提及的简单护理建议。

影响因素

导致嗅觉减退的因素有很多。患有阿尔茨海默病的人常见嗅觉减退，所以患有认知功能障碍综合征的宠物可能也会经历类似的变化。能引起持续过敏性鼻窦炎或鼻炎的刺激因素可能会有影响，并伴有季节性变化。其他环境刺激物，如香烟烟雾、灰尘、霉菌和异常气味，可能都会对鼻腔健康产生负面的累积效应。病毒性鼻炎或继发性细菌感染会改变鼻腔内的黏液，从而对宠物的嗅觉产生负面影响。犬急性鼻炎或鼻窦炎的最常见病因是犬瘟热病毒、腺病毒 1 型和 2 型以及副流感病毒（Kidd, 2004）。

老年宠物的其他嗅觉问题可能与牙科疾病、异物或真菌感染有关。鼻部纹理或鼻部溃疡可能是潜在疾病的征兆。鼻角化过度是一种常见于老年犬或某些品种（可卡犬、拉布拉多猎犬）的疾病，由于角蛋白过量产生而导致鼻

图 7.2 老年患者 Serissa，她的色素改变比她的嗅觉减退更让主人惊慌

部干燥，呈现鳞状的外观（Mahaney, 2013）。鼻平面的这些变化可能不会导致嗅觉显著减退，但可能是其中的一个影响因素。根据鼻部的解剖结构，某些品种的鼻孔狭窄可能也会导致嗅觉减退。

老年宠物中涉及鼻部和嗅觉最常见的疾病是肿瘤。宠主可能首先观察到鼻涕、鼻衄、呼吸音异常，甚至宠物面部外观的变化。老年犬鼻腔最常见的肿瘤是鼻腺癌（Roberts, 2015），而鼻平面肿瘤中最常见的是肥大细胞瘤（图 7.3）。在猫中，鳞状细胞癌最常见，通常是由暴露在阳光下引起的。可以通过 X 线片或计算机断层扫描（CT），对病变的鼻部组织进行活检和组织病理学检查来诊断。目前，犬鼻腺癌的最佳治疗方法是放射治疗。猫鼻鳞状细胞癌的治疗方法可能包括外科手术、放射治疗、冷冻术、光动力疗法、瘤内化疗或免疫疗法，具体取决于病灶的大小和侵袭性。兽医肿瘤外科学会（2011）有一个信息丰富的网站，可以根据不同类型肿瘤的位置提供治疗建议。

最初，宠物嗅觉能力的下降可能不会引起老年宠物照护人的关注。然而，如果嗅觉减退，宠物可能会失去品尝食物的能力，因为味觉与鼻子有关。而这导致的食欲下降可能就是照护人所关心的问题了。兽医经常建议添加更可口的食物 / 零食，同时这些食物 / 零食可能会更香，从而增加它们的吸引力。如果存在潜在疾病（肿瘤、感染、炎症、其他），解决和改善潜在疾病将是改善宠物嗅觉减退的唯一方法。

图 7.3　Chase，12 岁，患有侵袭性鼻肿瘤并继发鼻衄

治疗

与年龄相关的嗅觉减退无法逆转，也不需要特殊治疗，尤其是当宠物仍在进食并对食物感兴趣时。鼻肿瘤导致嗅觉减退可能是宠物因嗅觉原因而被安乐死的原因，但这是由于肿瘤本身而不是其对嗅觉的影响。

目前，还没有已知的治疗方法来改善老年宠物逐渐减退的嗅觉。控制潜在问题（与肿瘤或感染相关）或缓解症状（食欲下降或对食物的兴趣下降）是唯一可行的选择。没有能直接提高宠物嗅觉的方法。然而，知道这是老年宠物的一个常见问题后，应该提醒临床医生监测老年宠物食欲下降或体重减轻的情况，并通过增加食物的香气和适口性来改变饮食，以激发患者的兴趣和食欲。

延伸阅读

Attems, J., Walker, L., and Jellinger, K. A. (2015) “Olfaction and Aging: A Mini-Review.” Gerontology, 61(6): 485–490.

Geiger, T. (2014) “Nasal Planum Neoplasia.” Veterinary Information Network. Available at http//:www.vin.com/Members/Associate/Associate.plx?from=GetDzInfo&DiseaseId=1057.

Kidd, R. (2004) “The Canine Sense of Smell, Getting to the Source of the Dog’s Ability to Smell.” The Whole Dog Journal, November. Available at http://www.whole-dog-journal. com/

issues/7_11/features/Canine-Sense-of-Smell_15668-1.html.

Mahaney, P. (2016) "What your Dog's Nose Can Tell You." Animal Wellness Magazine. Available at http://animalwellnessmagazine.com/what-her-nose-can-tell-you.

Roberts, B. (2015) "The Effects of Age on a Senior Dog's Eyes, Ears and Nose." petcha.com. Available at http://www.petcha.com/the-effects-of-age-on-a-senior-dogs-eyes-ears-and-nose.

Trumps, V. (2015) "Who Has a Stronger Sense of Smell, Cats or Dogs?" Pet360. Available from: http://www.pet360.com/dog/lifestyle/who-has-a-stronger-sense-of-smell-cats-or-dogs.

Veterinary Society of Surgical Oncology (2011) Welcome to the Veterinary Society of Surgical Oncology (VSSO). Available at www.vsso.org.

第 8 章　认知功能障碍及相关的睡眠障碍

Dawnetta Woodruff

介绍和背景

大脑内的病理学可能导致一系列疾病，每种疾病都有自己的一套鉴别诊断和适当的治疗方法。在本章中，我们重点关注老年宠物中常见的认知功能障碍和睡眠障碍。当大脑的病理学变化导致心理功能和认知能力发生变化时，宠物的行为举止通常都会受到影响。虽然一开始症状轻微，但明显的记忆减退和性格变化本质上往往是渐进性的。这种疾病的发展会导致宠物的整体生活质量逐渐且显著下降。本章讨论认知功能障碍的原因、最佳诊断方法以及可提高老年患者及其照护人生活质量的众多治疗方案。

现代兽医学注意到伴侣动物种群发生了变化。越来越多的家庭拥有属于“老年”或“高龄”的宠物。此外，“在宠物群体中高龄通常与严重的行为和认知功能障碍有关”（Head 和 Zicker, 2004）。认知功能障碍综合征的症状在老年宠物群体中相当普遍，引起了兽医和宠主的担忧。2001 年的一项研究对 180 只犬进行了评估，没有发现明显的健康问题。在 11 ~ 12 岁组中，28% 的宠主表述存在一种类型的认知功能障碍，10% 的宠主表述存在两种或更多类型的认知功能障碍。在 15 岁和 16 岁组中，这一比例分别上升至 68% 和 36%（Nielson et al., 2001）。当然认知功能障碍也是猫科动物患者的宠主所关心的问题。2010 年对 154 只 11 岁及以上的猫进行的一项研究表明，35% 的猫被诊断出可能患有认知功能障碍综合征，并且发现该比例随着年龄的增长而增加。11 ~ 15 岁的猫中有 28% 受到影响，而 15 岁以上的猫中有 50% 出现临床症状（Landsberg et al., 2010）。

认知功能障碍的诊断和治疗的一个问题是，症状最初很轻微，可以被认为是宠物“刚刚变老”。宠主可能不会将这些早期或轻微症状告知兽医并引起注意。尽管如此，这些症状可能仍然会给宠物及其家长带来问题。随着时间的推移，症状的进展，疾病会影响生活质量，并开始影响人与动物之间的关系。最终，这些症状变得令人烦扰，以至于如果没有宠主的干预，进食和排便等日常活动都无法进行。此时，许多人会专门出于认知问题将宠物带到兽医诊所。

然而，当疾病进展到晚期并且人与动物的关系已经破裂时，此时的治疗往往只能有限地提升宠物的生活质量，安乐死常常成为考虑的选项。因此，整个兽医团队必须积极主动地问询，并在疾病早期告知宠主并推荐适当的治疗方案，此时治疗最有可能获得积极结果。

认知功能障碍的常见症状

认知功能障碍的症状分为几大类。宠物可能会表现出任何或所有类别的症状，症状的数量和严重程度通常随着年龄和疾病进展而增加（图 8.1）。在对这些症状进行分类时，首字母缩略词“DISHA”很有帮助，并且可以作为与客户交谈时确定是否存在认知功能障碍的指南。DISHA 代表定向障碍（disorientation）、互动（interactions）、睡眠－觉醒周期紊乱（sleep-wake cycle disturbances）、随地排泄（house-soiling）和活动行为的改变（activitylevel alterations）（表 8.1）。

在老年健康动物就诊期间与客户交谈时，兽医团队必须提及一些认知功能障碍症状的例子。仅仅询问客户他们的宠物是否有任何痴呆症迹象是不够的。一些客户熟悉人类痴呆症和阿尔茨海默病，但可能无法将他们的宠物正在经历的症状与他们熟悉的疾病联系起来。其他客户可能没有个人经验，因此没有框架来评估宠物的精神状态。图 8.2 和图 8.3 分别展示了犬科动物和猫

图 8.1　A，Nevada，一只具有认知问题的 13 岁拉布拉多猎犬，正在享受片刻的放松。B，Nevada 气喘吁吁、踱步。宠主表述，它每天清醒时 75% 的时间都处于这种状态。眼睛睁得大大的，耳朵向后，气喘吁吁，流着口水，在每个房间里进进出出

表 8.1　DISHA 缩写 *

缩写	代表	解释
D	定向障碍	精神混乱，在各个房间徘徊，发声异常（有时在白天出现，但在晚上尤其明显），踱步，在正常环境中迷失，对自己的名字没有反应，头“卡”在角落里，茫然地凝视着空中
I	互动	对家庭成员缺乏兴趣，无法认出家庭成员，躲藏或睡在不寻常的地方，与其他伙伴的玩耍方式发生变化，对人类家庭成员有攻击性，与其他伙伴打架，变得黏人或冷漠（相较于以前的行为发生改变）
S	睡眠 – 觉醒周期紊乱	白天一直睡觉，夜里一直醒着，夜间踱步，睡不着，正常睡眠时烦躁不安
H	随地排泄，无法控制排泄行为	在家中（猫砂盆外）发现尿液和 / 或粪便，宠主不在时无法控制尿液 / 粪便，在家庭成员在场时排尿或排便，似乎在没有意识的情况下排尿 / 排便
A	活动行为改变	不停地踱步（通常伴有喘息），拒绝参加以往令它们愉快的活动（散步、玩耍、刷牙等），不再梳理被毛，对简单的命令不做出反应，对玩具失去兴趣

* 摘自 Landsberg et al., 2010, 2012。

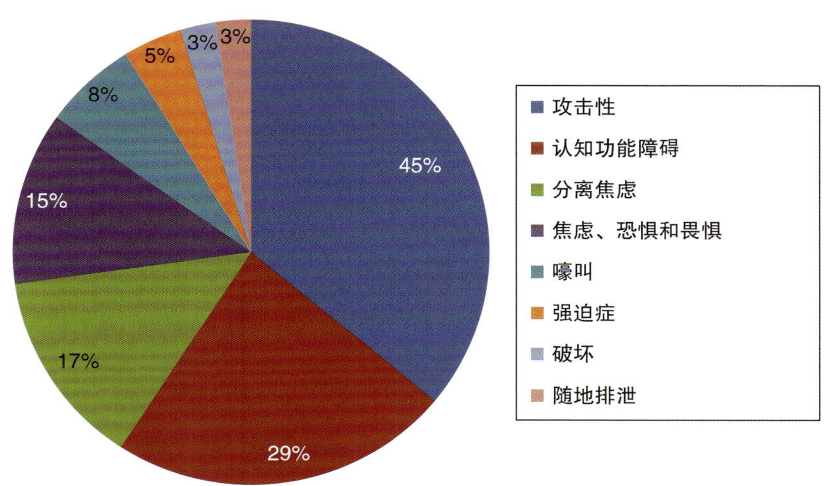

图 8.2　老年犬宠主描述的症状发生率。害怕和恐惧包括广泛性焦虑；强迫症包括重复和刻板行为；认知功能障碍包括定向障碍、徘徊、夜间苏醒和焦虑。行为迹象来自 3 项研究：西班牙的一项对 270 只 7 岁以上犬出现行为问题进行的研究；一项兽医行为学家对 103 只犬进行的研究；一项兽医信息网对 50 只 9 ~ 17 岁犬进行的研究

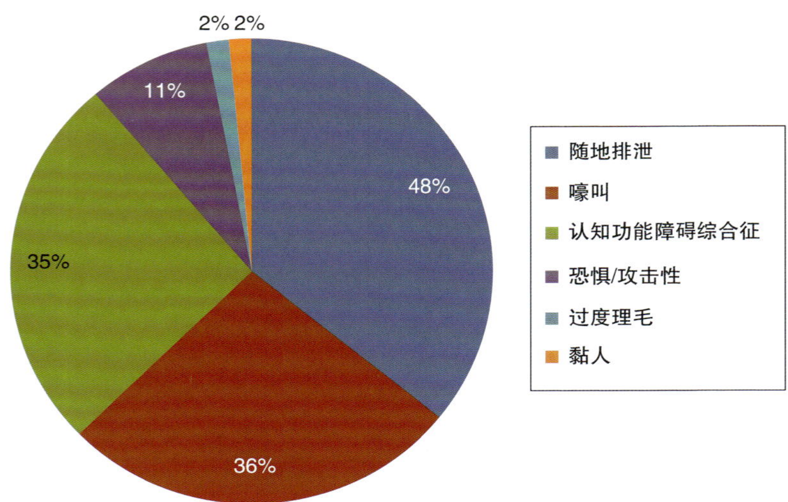

图 8.3　老年猫宠主描述的症状发生率。随地排泄包括标记行为；认知功能障碍包括定向障碍、徘徊和夜间苏醒；恐惧 / 攻击性包括恐惧和隐藏。行为迹象是根据兽医信息网络数据搜索得出的，该数据来自 100 只 12 ~ 22 岁的猫和 3 种不同行为转换实验的 83 只猫

科动物宠主最常描述的行为症状（Landsberg et al., 2012）。通常，客户不会意识到这些症状是认知疾病的早期征兆，直到症状显著恶化。为了更容易讨论，可以在老年动物就诊期间使用“认知健康检查表”（图 8.4）。客户可以填写检查表，然后与兽医团队一起讨论结果。根据临床医生的问诊和家人的回答，可以在症状恶化到对治疗无反应之前制订治疗计划。这为成功治疗提供了最佳机会，并延长宠物与家人一起享受优质时光的时间。鼓励兽医团队使用图 8.4 对自己的患者进行评估，网上和文献中还提供了其他几种行为问卷和评分方法（Dog Dementia, 2016; PetSci, 2016; Salvin et al., 2010）。2010 年的一项研究对一种评分方法（犬认知功能障碍评定量表）进行了评估，该研究分析了其在正确诊断犬认知疾病方面的作用（Salvin et al., 2010）。研究表明，该方法成功用于评估 27 种行为，是一个有用的工具，也许在临床环境中也是如此。

讨论犬类认知疾病症状时最重要的一点是早期与宠主进行沟通。如前所述，客户通常会注意到最初的症状，但是会认为“只是变老了”。他们可能不知道这些症状是相互关联的，或者他们可能不觉得能做什么。这可能导致宠主感到绝望，因为在他们开始探索治疗方案之前，疾病已经发展到了最后阶段。会让疾病在宠主开始寻找治疗方案之前进入末期并让宠主感到绝望。那时，

认知健康检查表（适用于犬科动物和猫科动物）

宠主姓名		日期	
动物姓名		动物年龄	

症状类别	症状名称 / 描述	每天发生频次	每周发生频次	每月发生频次
定向障碍	无目的行为			
	屋内游荡			
	异常嚎叫（白天或晚上）			
	踱步 / 没有方向感			
	茫然地盯着某处			
	困在角落			
互动性	无视家庭成员			
	无法识别家人			
	在不常见的地方睡觉 / 躲藏			
	不与其他动物伙伴互动			
	与其他动物伙伴打架			
	表现得黏人或冷漠			
睡眠问题	白天睡眠时间延长			
	晚上不睡觉			
	晚上来回踱步			
	该睡觉的时间焦躁不安			
随地排泄	在家中排尿			
	在家中排便			
	在宠主面前排尿			
	在宠主面前排便			
	尿失禁			
	大便失禁			
行为异常	对玩耍失去兴趣			
	对理毛失去兴趣			
	对散步失去兴趣			
	对指令无反应			
	对玩具失去兴趣			

特别关注：

图 8.4　**犬科动物和猫科动物的认知健康检查表**

他们要么意识到为时已晚，要么开始治疗，但由于疾病的晚期性质，治疗不可避免地会失败。这是一种“太晚发现以至于能做的太少”的情况，可能会加剧客户的悲伤和内疚感。宠主常常认为，如果他们早点知道治疗方案，他们就能给宠物带来更多美好的时光，或者更长、更高质量的生活。通过在病程早期开启医患沟通对话，不仅可以提高患者的舒适度和生活质量，还可以减少宠主的长期负罪感，从而加快他们的恢复并帮助他们渡过悲伤期。

发展和病理生理学

为了更好地诊断和治疗认知功能障碍，讨论目前对疾病过程病理生理学的理解非常重要。这种疾病与人类阿尔茨海默病有许多相似之处，是大脑内与年龄相关的生理和化学变化的结果。随着时间的推移，老年犬的大脑会经历神经元丧失和进行性萎缩，导致神经退行性变化，包括以下内容（Araujo et al., 2005; Head et al., 2008; Landsberg et al., 2011; DePorter, 2014）：

- 脑质量减少（和额叶体积减小）。
- 脑室扩张。
- 皮质萎缩。
- 脑膜钙化。
- 脱髓鞘作用。
- 乙酰胆碱酯酶减少。
- 浦肯野细胞减少。
- 脂褐素和凋亡小体增加。
- 神经轴突变性。
- 神经元减少。
- 伴有血管周围浸润的弥散性 β－淀粉样蛋白斑块增加（类似于阿尔茨海默病患者大脑中所见的情况）。
- 儿茶酚胺消耗和单胺氧化酶 B 活性增加，导致胆碱能系统功能下降。
- 大脑内多巴胺减少和氧化应激因子的存在。
- 血管周围变化，包括微出血。

猫科动物的大脑也经历了类似的变化（尽管没有得到充分研究或定义），包括以下内容（Landsberg et al., 2010, 2011）：

- 神经元损失。

- 浦肯野细胞树突数量减少。
- 脑萎缩。
- 脑沟扩大。
- 脑室增大。
- 血管周围变化，包括微出血。
- 大脑内多巴胺减少和氧化应激因子的存在。
- 高血压和心脏病等因素导致的血流量减少和缺氧。

大量研究表明形态老化变化与认知功能障碍症状之间存在相关性（Head et al., 2008）。β－淀粉样蛋白斑块的存在受到广泛关注并成为研究焦点。这是因为蛋白质斑块的存在与人类阿尔茨海默病的发展有关，并且这些斑块的主要成分（β－淀粉样肽）在犬和人类中具有相同的氨基酸序列（Head et al., 2008）。"从 8 岁左右开始，通过免疫染色观察到犬皮质灰质各层中弥漫性 β－淀粉样蛋白斑块的形成和成熟，呈特征性的 4 阶段分布"（Bosch et al., 2015）。这些斑块的存在和严重程度，以及它们在大脑中的位置，与认知功能障碍症状的存在和严重程度有明显的相关性。"脑部顶叶的 β－淀粉样蛋白斑块与老年伴侣动物的行为变化相关，这些行为变化涉及食欲、饮水、失禁、昼夜节律、社交行为（如与宠主和其他宠物的互动、性格）、定向、知觉和记忆"（Head et al., 2008）。该领域的其他研究表明有希望增加人们对该疾病的了解，以及开发更有效的疗法的可能性。

虽然 β－淀粉样蛋白斑块很重要，但它们本身并不能完全解释认知功能障碍综合征。其他神经化学因素（如氧化损伤）也存在，并在认知功能障碍的发展中发挥重要作用（Opii et al., 2008）。年轻的大脑有多重保护措施，保护其免受自由基和氧化损伤。然而，随着年龄的增长，这些保护措施会减弱或变得不那么有效（Head et al., 2008）。超氧化物歧化酶就是此类保护酶中的一种。它存在于正常、健康的大脑中，通过将反应性超氧离子转化为过氧化氢，以减少有害自由基的数量。然而，老年犬大脑中超氧化物歧化酶的浓度下降，可能导致老年宠物的大脑更容易受到自由基的损害。"有证据表明，老年犬大脑中 DNA 或 RNA 的氧化损伤增加，并且这种损伤也可能与行为能力下降有关。Rofina 和合作者发现，老年犬脑中氧化终产物的增加与认知功能障碍导致的行为变化的严重程度相关"（Head et al., 2008）。氧化损伤导致脱髓鞘和细胞因子的产生，这反过来可能在 β－淀粉样蛋白斑块的产生中发挥作用（Head et al., 2008)。因此，预防或减少大脑内的氧化损伤可能会减缓认知功能障碍综合征的进展。

与人类的阿尔茨海默病类似，人们认识到宠物认知功能障碍综合征的发展是多因素的。人们怀疑某些动物容易出现遗传性认知功能障碍，但环境和营养因素也发挥了作用。多种因素的结合会导致大脑正常功能的崩溃，并导致出现认知功能障碍综合征临床症状。我们逐渐深入理解这种疾病，但尚未完全理清为何有些犬在年轻时就会罹患认知功能障碍，而有些犬在老年时才出现轻微症状。随着研究的继续，我们希望能更好地了解疾病过程本身，才能更好地了解其诱发因素。这最终可能使我们能够治愈甚至预防认知功能障碍。

鉴别诊断

认知功能障碍产生的许多症状在疾病早期很容易被忽视。这些症状经常与老年人群中常见的其他疾病的症状重叠。此外，认知功能障碍综合征没有明确的诊断手段。由于这些原因，我们意识到该综合征的诊断和报道不足。兽医专业人员（医生、技术人员和支持人员）必须有意地努力识别患者的认知功能障碍。进行完整的病史调查是此过程的第一步。了解最初出现的症状对于确定其是医学问题还是由认知功能障碍引起的至关重要。通常，临床医生会根据提供的病史强烈怀疑认知功能障碍。然而，认知功能障碍综合征是一种排除诊断。因此，在确诊之前，有必要进行医学诊断以排除其他潜在的健康问题。这些诊断因患者而异，具体取决于观察到的症状、患者的相关病史和客户的预算。一般来说，它们可能包括生化检查（包括电解质）、甲状腺检查、尿液分析和/或尿液培养、膀胱影像检查（X线检查和/或超声检查）、神经系统检查以及关节炎和疼痛检查（完整的体格检查、骨科检查、X线检查等）。在确定特定患者需要进行哪些检查时，临床医生应全面且审慎。当检测结果出来时，它们可能会揭示一种或多种疾病过程的存在，需要医疗或手术干预。与认知功能障碍症状相似的临床疾病有很多。类似的症状可能是由感觉功能障碍（视力、听力、嗅觉丧失）、泌尿道疾病（尿路感染、膀胱结石、膀胱肿瘤）、全身性疼痛（神经疾病、骨关节炎）、内分泌失调（甲状腺功能亢进或减退、肾上腺皮质功能减退、垂体疾病、糖尿病、胰岛素瘤）或神经系统疾病（原发性或继发性颅内肿瘤、癫痫发作）等引起的。这些疾病的症

表 8.2　与认知功能障碍综合征症状相似或重叠的疾病症状 *

鉴别诊断	举例	行为表现示例
神经疾病	中枢（颅内或颅外），特别是影响前脑、边缘 / 颞叶和下丘脑；快速眼动睡眠障碍	意识改变、对刺激的反应改变、习得行为丧失、随地排泄、定向障碍、精神混乱、活动水平改变、暂时定向障碍、嚎叫、排泄污染、性格改变（恐惧、焦虑）、食欲改变、睡眠周期紊乱、睡眠中断
局灶性癫痫	颞叶癫痫	重复行为、自损、空嚼、凝视、性格改变（如间歇性的恐惧或攻击性状态）、震颤、发抖、睡眠中断
感觉功能障碍	视力、听力、嗅觉或综合感觉丧失	对刺激的反应改变、精神混乱、定向障碍、易怒 / 攻击性、嚎叫、随地排泄、睡眠周期紊乱
内分泌疾病	甲状腺功能亢进或减退、肾上腺皮质功能亢进或减退、胰岛素瘤、糖尿病、睾丸或肾上腺癌	情绪状态改变、易怒 / 攻击性、嗜睡、对刺激的反应减弱、焦虑、随地排泄 / 标记、夜间苏醒、活动减少或增加、食欲改变、体重增加
代谢紊乱	肝、肾	与病变器官相关的体征：焦虑、易怒、攻击性、睡眠改变、随地排泄、精神迟钝、活动减少、烦躁不安、睡眠增加、精神混乱

* 摘自 Landsberg et al., 2011。

状可能与认知功能障碍综合征的症状相似或重叠，列于表 8.2。

当进行了检查并且对其他疾病进行了适当治疗后，症状仍然存在，表明可能存在认知功能障碍综合征。此时，或者当检查结果显示没有其他疾病可以解释所观察到的认知变化时，可排除性诊断来诊断认知功能障碍综合征。虽然这是最常见的诊断方法，但治疗性诊断是另一种可以根据患者需求、宠主财务状况和开始治疗的紧迫性来选择的方法。此方法会省略上文列出的部分（或全部）检查。其根据患者对治疗的反应做出诊断。虽然排除性诊断在医学上是必要的，但有时将费用集中在治疗上而不是诊断检查上更合理。在这种情况下，重要的是要告知宠主可能会错过另一种疾病（可能是可治疗的），如果宠物对认知功能障碍综合征的治疗没有适当的反应，则仍可能需要进行检查。如果宠主了解反应的治疗方法的风险，它可能是一种有效的诊断和治疗途径。

在研究中，有多种神经心理学学习测试可以更客观地衡量犬的认知功能。这些测试包括旷场测试、好奇心测试、自发活动测试、食物搜索任务、问题解决任务、各种学习测试和各种记忆测试（Rosado et al., 2012; Landsberg et al., 2011, 2012; Gonzalez-Martinez et al., 2013）。这些测试对于人们更好地了解和识别这种疾病具有重要价值。作为 DVM、MRCVS 的 Gary Landsberg 表示："总的来说，这些测试为犬认知功能障碍的诊断和治疗提供了宝贵的新见解。例如，临床病例的典型发病年龄通常为 11 岁或以上，而这些测试证明了早在 7 岁时认知能力就开始下降了……"这与人类的神经退行性疾病类似，如阿尔茨海默病，在日常环境中出现临床症状之前，定期进行认知测试的患者可以被检测到异常。实验室测试还为对照研究提供了客观的衡量标准，可以预测宠物犬认知功能障碍治疗干预的效果（Landsberg et al., 2005）。然而，这些测试是耗时的，且在实际临床应用中可能存在局限性。我们希望在未来的认知功能障碍领域取得进展，可以提供明确的诊断方法。与此同时，结合客户问卷、临床印象、排除性诊断和治疗反应的方法是最具临床相关性且实用的。

治疗选择

一旦确定可以治疗认知功能障碍综合征患者，就有许多治疗选择。遗憾的是，治疗并不简单。它需要足够的耐心和奉献精神。而在许多情况下，这是值得付出努力，可以带来积极结果的治疗。美国兽医行为学院的外交官 Marsha Reich 博士有一句极好的评论，可以适用于认知功能障碍综合征患者。

> "我们不应该仅仅因为他只是在变老，就袖手旁观任他变老。我们可以采取一些措施来干预和改善宠物的功能并提高其生活质量。"
>
> （Neutricks, 2017）

认知功能障碍综合征的治疗不是一个治愈的过程。相反，我们的目标是尽量减少疾病对宠物日常活动的影响，从而提高它们的生活质量。治疗过程对于家庭和兽医团队来说都是一个巨大的挑战，因为没有任何一种方法或一套疗法在所有情况下都会成功。应该使用各种治疗方法、药物治疗和营养补充剂。由客户和兽医团队决定实施多少种治疗方法以及采用哪些方法。该决定应始终考虑与宠主讨论他们执行此类治疗和疗法的经济能力和心理承受力。

治疗方案分为三大类：传统医学疗法、替代医学疗法和环境管理。虽然我们无法提供所有可用选项的详尽列表，但我们会更深入地讨论每种选择的具体示例。

传统医学疗法

司来吉兰

截至本书出版时，司来吉兰仍是美国唯一一种经美国食品和药品监督管理局批准用于减缓犬类认知功能障碍进展的药物。它是单胺氧化酶 B 的选择性不可逆抑制剂，在人类医学中用于治疗阿尔茨海默病、帕金森病和库欣病。据制造商称，该药物在下丘脑 – 垂体水平发挥作用，使多巴胺水平正常化（Zoetis Inc., 2017）。目前尚不完全清楚该药是如何使患有认知功能障碍综合征的犬产生临床改善，但皮质和海马体中多巴胺和其他儿茶酚胺的增加被认为是一个重要因素（Landsberg, 2005）。一般来说，尽早开始服用司来吉兰可能会很有帮助，但当疾病已经处于更晚期阶段时似乎效果较差。对于犬科动物，司来吉兰的剂量为 0.5 ～ 1.0 mg/kg，每天 1 次，通常在早上服用。如果 30 d 后改善仍不明显，则可将剂量再增加 1 倍，再持续 30 d。美国猫科动物从业者协会也支持在标签外使用这种药物，剂量为 0.25 ～ 1.0 mg/kg，每天 1 次（Herron, 2012）。其他剂量信息和药物相互作用警告可查阅产品说明书。

抗焦虑药物

抗焦虑药物（如阿普唑仑、阿米替林、氯米帕明、氟西汀和曲唑酮）可能是治疗与认知功能障碍综合征相关的焦虑行为所必需的。如果患者正在接受司来吉兰治疗，则在使用这些药物时应谨慎，因为有些药物可能与单胺氧化酶抑制剂相互作用。当需要使用抗焦虑药物时，有很多选择，找到最适合的药物可能需要一个反复试验的过程。临床医生在第一次开抗焦虑药物时应与客户讨论这一点。应告知客户，虽然他们可能会立即发现一些效果，但大多数抗焦虑药物会随着时间的推移产生累积效应。鼓励客户必须进行足够长的药物试验（通常为 2 ～ 6 周）以评估其全部疗效，这一点很重要。他们还应该意识到，过了一段时间后，如果反应不明显，可能需要改变剂量、更换药物或添加另一种药物才能达到预期的结果。寻找合适抗焦虑药物的过程可能会令人沮丧。然而，如果兽医帮助客户带着现实的期望开始这个过程，他们就更有可能坚持下去，直到找到适合他们宠物的药物。

苯二氮䓬类药物

苯二氮䓬类药物可能有助于治疗躁动和夜间苏醒。据俄亥俄州立大学称，奥沙西泮可能是老年宠物（经常并发肝病）最安全的选择，因为它不具有活性肝脏代谢物。对于犬科动物和猫科动物，可以按 0.04 ~ 0.5 mg/kg 的剂量在睡前服用（请注意，该剂量低于已公布的用于治疗害怕和恐惧的剂量）。建议从低剂量开始，然后根据需要逐步增加剂量。另一种保护肝脏的替代品是劳拉西泮，给犬类服用 0.1 ~ 0.5 mg/kg，也应在睡前服用。对于猫，建议从 0.5 mg 片剂的 1/4 或 1/2（每只猫 0.125 ~ 0.25 mg）开始，如有必要，可逐渐增加剂量（Herron, 2012）。

免疫疗法

免疫疗法是治疗认知功能障碍综合征、阿尔茨海默病和相关认知能力下降的一个新兴研究领域。研究人员正在研究一种可以改变大脑内 β－淀粉样蛋白斑块存在的活性疫苗。2015 年发表的一项研究表明，抗 β－淀粉样蛋白免疫疗法确实可以改变 β－淀粉样蛋白斑块的形状和密度。同一作者此前曾表明，该疫苗使所有接受治疗的 CDS 患犬的认知能力得到非常迅速的改善，且没有明显的副作用（Bosch et al., 2015）。详细信息超出了本文的范围，但它们作为未来的治疗选择似乎很有希望。

替代医学疗法（包括营养和补充支持）

针灸

根据医疗保健医学研究所（2014）的说法，研究证据表明针灸对患有阿尔茨海默病的人类有益。它可能会增加海马体中乙酰胆碱酯酶的反应性，也可能会增加超氧化物歧化酶等抗氧化剂的活性（Leung et al., 2013）。需要更多的研究（在人类和动物模型中）来充分了解针灸对认知功能障碍的益处。有关认知功能障碍综合征的适当针灸治疗的更多信息，建议咨询您所在地区经过认证的兽医针灸师。

L- 茶氨酸

虽然不能直接治疗 CDS，但 L- 茶氨酸（Anxitane®）是一种由绿茶叶制成的产品，有助于治疗 CDS 相关的焦虑。根据产品资料，一项公开试验显示，30 d 内观察到焦虑症状减少了 62.1%。它本身可能不足以缓解 CDS 患者的焦虑，但它可以增强其他治疗和行为矫正技术的效果（Virbac US, 2017）。

特殊饮食

据报道，大脑老化护理 B/D™ 希尔斯 ® 处方食品希尔斯 ® 宠物营养品之所以有效，是因为它含有高含量的 ω–3 脂肪酸。这种饮食的功效得到了很好的评价和经验证据。临床研究也支持这样的观点，即富含抗氧化剂和线粒体酶辅助因子的饮食有助于最大限度地减少认知能力下降的影响（Head, 2009; Head et al., 2008）。一项研究表明，饲喂辅助食物的动物，与年龄相关的衰弱有所减少，特别是在执行更困难的任务时。这些结果表明，坚持食用含有复杂抗氧化剂混合物的食物可以抵消衰老对认知的部分有害影响（Milgram et al., 2002）。

普瑞纳 ®Pro Plan® 的 Bright Mind ™饮食是一种专有的饮食混合物，富含精氨酸（一种必需氨基酸）、抗氧化剂（包括维生素 E 和维生素 C）、二十二碳六烯酸和二十碳五烯酸（来自鱼油）以及维生素 B（包括叶酸和吡哆醇）。据制造商介绍，该食品的独特配方侧重于提供来自棕榈仁油和椰子油等植物油的中链甘油三酯，作为给老年犬大脑提供有效能量来源的燃料。一项研究表明，采用这种饮食可以显著提高多项认知任务的表现（Landsberg et al., 2012）。这种饮食的功效也有很好的评价和经验证据证明（Purina Pro Plan, n.d.）。

γ – 氨基丁酸

γ – 氨基丁酸（Gamma–aminobutyric acid，GABA）因其对患有严重精神疾病的患者有益而被用于人类。2005 年的一项研究评估了犬类患者接受 GABA 治疗的情况，剂量为 30 mg/kg，每天 1 次，持续 2 周（Inagawa et al., 2005）。宠主报告说，CDS 症状明显改善，包括夜间频繁呻吟和吠叫、独处时呻吟和吠叫、白天和晚上持续睡眠、无特定意图地走来走去以及呼吸急促。虽然缺乏总体统计数据，但 Inagawa 研究明确提出给予 GABA 对老年犬的生活质量具有有益作用（并改善）（Inagawa et al., 2005）。

银杏

欧洲的一项临床试验表明，老年犬服用银杏后行为障碍减少（Robinson, 2009）。据说银杏可以改善大脑的血液流动并充当抗氧化剂，可以单独使用，但经常出现在组合产品中（如 Senilife®，如下所述）。

褪黑素

褪黑素专门用于治疗 CDS 相关的睡眠障碍。单剂量为 0.1 mg/kg（或者每只犬 1 ~ 9 mg，或每只猫 1.5 ~ 6 mg，具体取决于体型），最好在睡前约 30 min 服用，如果按照可预测的就寝时间服用，效果会更佳。谨慎使用苯二氮䓬类药物，因为褪黑素可能会增强其作用（Landsberg et al., 2011）。

水母发光蛋白

Neutricks 食品补充剂（提供犬科动物和猫科动物版本）含有水母发光蛋白，一种从水母中提取的物质。水母发光蛋白是一种与钙结合的蛋白质，对大脑具有神经保护作用。研究表明，与安慰剂和司来吉兰相比，它具有提高执行学习和注意力任务的能力（Landsberg et al., 2012; Neutricks, 2017）。

抗氧化剂和植物提取物

含有 ω-3 脂肪酸的补充剂，如含有 55 种成分的 Platinum Performance®（一种宠物营养补充品品牌），可能有助于支持认知功能。据制造商称，在正常食物中添加 Platinum Performance 补充剂的犬可以更快地学习任务，同时还提高了它们的回忆能力（Platinum Performance, 2017）。

白藜芦醇是一种植物多酚，被认为具有抗氧化剂的作用。它可以单独使用，也可以与 Senilife（见下文）和 Actistatin®（这也可能有助于改善关节健康和患者舒适度）等产品组合使用。

S- 腺苷 -L- 甲硫氨酸

S- 腺苷 -L- 甲硫氨酸（S-adenosyl-L-methionine，SAMe）在体内由甲硫氨酸天然产生，也可以通过合成获得。SAMe 参与体内其他化学物质的形成、激活或分解，包括激素、蛋白质、磷脂和某些药物。在一项双盲、安慰剂对照研究中，测试对象使用 SAMe 作为唯一治疗（不允许行为治疗）。结果显示，与接受安慰剂的受试者相比，接受 SAMe 的犬活动水平显著增加（4 周后 41.7% vs. 2.6%，$P<0.0003$；8 周后 57.1% vs. 9.0%，$P<0.003$），认知意识也显

著增加（4 周后 33.3% vs. 17.9%，$P<0.05$；8 周后 59.5% vs. 21.4%，$P<0.01$）。SAMe 的商品名称为丹诺仕®，用于犬科动物。剂量可根据丹诺仕产品标签确定，或按 18 mg/kg 计算并四舍五入至最接近的片剂大小（Reme et al., 2008）。

Senilife

Senilife 是磷脂酰丝氨酸、吡哆醇、银杏叶提取物、白藜芦醇和 D-α-生育酚的混合物（有犬类和猫类版本）。据制造商称，“Senilife 的成分协同作用，具有特定的神经保护作用，可以帮助犬免受老年宠物中常见的与大脑衰老相关的行为迹象的影响”（Ceva Animal Health, 2015）。加拿大的一项研究还表明，与服用安慰剂相比，Senilife 可以改善短期记忆性能（Araujo et al., 2008）。另一项研究还表明，即使症状未能完全缓解，服用 Senilife 的犬也表现出与 CDS 相关症状的显著改善（Osella et al., 2007）。剂量根据产品标签确定。

α-casozepine

虽然不是直接治疗 CDS 的药物，但 α-casozepine（Zylkene®）是一种由牛奶蛋白制成的产品，有助于治疗相关的焦虑。其结构与 GABA 相似，一项双盲试验表明其功效与司来吉兰相同（Beata et al., 2007）。它本身可能不足以控制焦虑，但它可以增强其他治疗和行为矫正技术的效果（Vetoquinol USA, n.d.）。

环境管理和职业疗法

家庭环境

尽可能减少 CDS 患者居住环境中的压力非常重要。这将降低焦虑水平并提高整体生活质量，而且过程非常简单。提醒客户不要重新布置家具或购买新物品（如果可能的话）。如果患者容易走动，关上门或在门和楼梯上安装婴儿门是确保他们在走动时不会受伤的简单方法。对于猫和幼犬来说，增加楼梯可能有助于他们到达最喜欢的地方（如床或窗台）。如果猫跳跃能力不好，建议移走高大的猫爬架和其他攀爬物体（图 8.5）。将食盆和水盆（以及猫砂盆）放置在易于到达的区域非常重要。如果宠物的食盆和水盆始终放在同一个地方，则不能轻易移动它们，因为这可能会让 CDS 患者感到困惑。首先要确保一致性，其次是易于到达。

图 8.5 床放置在安全位置，供宠物睡觉

规律的日常作息

对于患有痴呆症和阿尔茨海默病的人来说，他们可能会觉得周围的世界正在崩溃，规律的日常作息可以为他们带来一些稳定性。知道一天中会发生什么并有能力预测接下来会发生什么可以在内心混乱时带来平静。对于患有 CDS 的宠物似乎也是如此。能预测喂食、零食、散步和玩耍的时间可以起到稳定的作用。这并不总是可能实现的，但人类的可预测的“回家和离开”时间表也对患有认知功能障碍的宠物有帮助。日常生活的可预测性使他们能够更好地应对一天中可能令他们惊讶的其他事情。

锻炼

持续、温和的锻炼（根据每个患者的能力水平量身定制）在很多方面对老年宠物都有好处。它可以提高活动能力，有助于保持肌肉力量，并有助于精神刺激。运动会释放内啡肽，这也可以使宠物平静下来，并减少 CDS 常伴发的焦虑。宠物仍然可以进行它们过去喜欢的活动，但要注意缩短锻炼的持续时间并减轻强度。散步、有限的接球游戏和短时间游泳都是值得推荐的绝佳户外活动。在室内，宠物可以进行瑜伽、捉迷藏游戏、一系列运动练习，甚至按摩（由宠主或专业人士提供）。鼓励宠主找到适合他们日程安排的锻炼方式，对宠物和他们的人类家庭成员来说都是愉快的。

爱

这个建议可能看起来有点开玩笑，但考虑这一点很重要，并且值得向客户推荐。通常，老年照护所涉及的日常任务和职责可能会变得繁重和紧张。

认知功能障碍患者并不总是能够很好地配合洗澡、梳理和服用药物。因此，照护人很容易对他们的宠物感到沮丧，或者承担起宠物护士的责任，而把关爱家庭成员的角色抛在脑后。根据作为DVM、MRCVS的Gary Landsberg的说法，“支持人与动物关系的互动对于衰老和生病的宠物尤其重要，因为宠主需要对宠物行为的微妙变化敏感并做出反应，将其作为疼痛、福利、生活质量等方面的指标。积极和愉快的共同经历为照护人提供了成就感，而不是为宠物的疾病而痛苦”（Landsberg et al., 2011）。出于这些原因，每天“规定”15 ~ 20 min的有意识的爱和感情是值得的。这应该是家庭成员专注于与心爱的伴侣一起享受时光的时刻，而不是关注他们的日常需求。这是一个简单的医嘱，但对于维持宠物与其宠主之间的联系大有帮助！

精神激发

让患者学习新概念或执行一项任务可能是延缓CDS进展的绝佳方法（Cory, 2013）。短期、有计划的精神激发可以促进健康的大脑活动，减少神经元损失，并可能显著改善宠物的整体生活质量（Siwak-Tapp et al., 2008）。如果宠物仍然可以散步，鼓励宠主选择新路线，让他们的犬可以感受新的景象和气味。让他们购买有助于感官刺激的新奇玩具、益智玩具，当宠物解开谜题时，用食物奖励他们的宠物（示例可在www.dogdementia.com上在线获取），并将最喜欢的玩具按照轮换时间表提供，以便每隔几天就会有一个“新的”最喜欢的玩具可用。提醒客户花时间加强宠物的训练。“坐下”“趴下”或“摇晃”的概念可能并不新鲜，但每天花几分钟强化这些概念可能会有所帮助。与那句广为人知的老话不同，老年犬确实可以学会新把戏，这对于改善或至少维持它们的认知功能是相当有益的。

睡眠障碍

夜间苏醒是最常见的抱怨之一，促使宠主为他们的老年宠物安排兽医检查。当宠物白天一直睡觉，晚上则烦躁和吵闹时，这种休息不足会对宠物及其宠主的整体健康产生巨大的负面影响。宠物可能仅面临CDS及由此产生的睡眠－觉醒周期紊乱，或者（更常见）多种医疗和行为问题导致的对正常睡眠模式的破坏，这些问题都会导致睡眠中断。正如本章前面所讨论的，通常很难完全区分这些疾病及其重叠症状。宠物可能会经历焦虑或恐惧，并在夜间加剧，或者需要排除与多尿 / 多饮相关的夜间行为。无论其原因如何，缺乏平稳的睡眠即使是最宽容的人也会很快感到疲惫不堪。当宠物及其家人长期睡眠不好时，安乐死更有可能被选择。因此，必须将这种症状的治疗视为老年护理的重要组成部分。

与 CDS 相关的任何治疗一样，睡眠障碍的治疗并不简单，也不是“一刀切”。相反，必须采取多模式方法。如果可能的话，应考虑并治疗所有医疗原因（尤其是与排泄问题相关的原因）。如前所述，褪黑素作为一线疗法可改善夜间睡眠。当尝试重新建立夜间睡眠模式时，不应在一天中的其他时间重新服用该药物（Landsberg et al., 2011）。上述其他疗法（如运动、精神刺激和规律的日常生活）也可能对夜间苏醒产生良好效果。然而，这些疗法本身通常是不足以单独产生作用的。增加一个可预测的夜间作息和放松、舒适的睡眠场所也会有所帮助。就像刚出生的婴儿一样，老年宠物会从夜间即将来临、准备睡觉的信号中受益。总是把宠物带到同一个地方，调暗灯光，关闭电子设备，甚至在睡觉时使用信息素喷雾剂或项圈（如费利威和爱达恬）都可以帮助宠物入睡（DePorter, 2014）。有些宠物可以通过在门口设置婴儿栅栏门或鼓励它们睡在笼子中（特别是如果它们在生命早期被训练使用过笼子时）来限制其夜间活动。环境温度应满足宠物的需要（不要太热或太冷），在某些情况下，应给床加热以舒缓宠物的肌肉和关节来支持健康的睡眠模式。对于仍然难以入睡的 CDS 患者，通常需要给予抗焦虑药物和 / 或苯二氮䓬类药物，以便为患者及其照护人提供必要的休息（有关更多详细信息，请参阅本章前面的治疗选择）。

对于容易入睡但在夜间苏醒的宠物，重要的是要确保患者不会因疼痛而醒来。如果怀疑有这种情况，可能需要调整剂量或给予更强效的止痛药。尝试加巴喷丁，或使用对乙酰氨基酚与可待因等组合产品（仅适用于犬类，睡前给药）也有助于缓解疼痛和夜间镇静（参见第 18 章）。

关于睡眠 – 觉醒障碍的最后一点是，有必要建议家人不要因夜间苏醒而责骂或惩罚动物。对于已经存在精神混乱和定向障碍的宠物来说，惩罚只会进一步加剧它们的焦虑。应鼓励家庭成员照顾宠物的需求，在宠物焦虑时提供安慰，并帮助宠物回到舒适的地方睡觉。然而，应该避免其他积极强化行为（散步、喂食、开灯和看电视等），因为它们可能会鼓励不良行为。

临终关怀

总之，照顾年老的宠物需要投入大量的时间、金钱、精神毅力，通常还需要体力。宠物可能需要大量的耐心、爱和照护，而这些是很难提供的。通常，家庭结构中会有一个人承担满足这些需求的责任。管理生病宠物的用药计划、提供洗澡和照护，以及抽出时间进行锻炼、治疗和丰富活动，这些任务很快就会使照护人变得不堪重负。当主要照护人努力平衡宠物日益增长的需求与家庭责任、工作和其他日常任务时，随着各种情感、体力和金钱预算的减少，他们经常背负着巨大的负罪感。对于认知功能障碍尤其如此。这个家庭的成员经常感觉他们正在“放弃”他们心爱的宠物。然而，CDS 带来的大量身体、精神和情感压力（对于宠物和照护人来说）可能会破坏人与动物之间的关系，并剥夺宠物享受生活的能力。安乐死的考虑并不是“最后的手段”，也不是照护人的自私决定，而是一种注重宠物生活质量的仁慈和善意的选择。值得提醒客户的是，临终关怀的决定是为了让他们的宠物摆脱它们无法再应对的精神混乱和焦虑的现实。他们为他们的宠物提供了一份礼物，使它们不再有糟糕的日子，并缩短了它们最后痛苦的时间——这是一个美好（尽管非常困难）的决定。

延伸阅读

Araujo, J., Studzinski, C., Milgram, M. (2005) “Further Evidence for the Cholinergic Hypothesis of Aging and Dementia from the Canine Model of Aging.” Progressive Neuropsychopharmacol Biol Psychiatry, 29(3): 411–422.

Araujo, J., Landsberg, G., Milgram, N., Miolo, A. (2008) “Improvement of Short-Term Memory Performance in Aged Beagles by a Neutraceutical Supplement Containing Phosphatidylserine, Ginkgo Biloba, Vitamin E, and Pyridoxine.” Canadian Veterinary Journal, 49(4): 379–385.

Beata, C., Beaumont-Graff, E., Diaz, C., Marion, M., Massal, N., Marlois, N., Mueller, G., Lefranc, C. (2007) “Effects of Alpha-Casozepine (Zylkene) Versus Selegiline Hydrochloride (Selgian, Anipryl) on Anxiety Disorders in Dogs.” Journal of Veterinary Behavior, 2: 175–183.

Bosch, M., Pugliese, M., Andrade, C., Gimeno-Bayon, J., Mahy, N., Rodriguez, M. (2015) “Amyloid-Beta Immunotherapy Reduces Amyloid Plaques and Astroglial Reaction in Aged Domestic Dogs.” Neurodegenerative Diseases, 15: 24–37.

Ceva Animal Health. (2015) Introducing Senilife: Helping Older Dogs Get Back to Life. Available at www.senilife.com.

Cory, J. (2013) Identification and management of cognitive decline in companion animals and the comparisons with Alzheimer disease: A review. Journal of Veterinary Behavior8(4), 291–301

DePorter, T. (2014) "Cognitive Dysfunction Syndrome." Michigan Veterinary Medical Association Conference Proceedings. Available at http://c.ymcdn.com/sites/www.michvma.org/resource/resmgr/mvc_proceedings_2014/deporter_03.pdf.

Dog Dementia. (2016) Canine Cognitive Dysfunction Checklist. Dog Dementia: Help and Support. Available at http://dogdementia.com.

Gonzalez-Martinea, A., Rosado, B., Pesini, P., Garcia-Belenguer, S., Palacio, J., Villegas, A., Suarez, M-L., Santamarina, G., Sarasa, M. (2013) "Effect of Age and Severity of Cognitive Dysfunction on Two Simple Tasks in Pet Dogs." Veterinary Journal, 198: 176–181.

Head, E. (2009) Oxidative Damage and Cognitive Dysfunction: Antioxidant Treatments to Promote Healthy Brain Aging. Neurochemical Research 34(4), 670–678

Head, E., and Zicker, S. (2004) "Nutraceuticals, Aging and Cognitive Dysfunction." Veterinary Clinics of Small Animals, 34: 217–228.

Head, E., Rofina, J., Zicker, S. (2008) "Oxidative Stress, Aging, and Central Nervous System Disease in the Canine model of Human Brain Aging." Veterinary Clinics of North America Small Animal Practice, 38: 167–178.

Healthcare Medicine Institute (2014) Acupuncture Continuing Education. Acupuncture Rejuvenates Alzheimer's Disease Patients (News Article). Available at http://www.healthcmi.com/Acupuncture-Continuing-Education-News/1403-acupuncture-rejuvenates-alzheimer-s-disease-patients.

Herron, M. (2012) "Behavior Changes in the Aging Pet: An Overview of Common Problems – Part 2." Ohio State University College of Veterinary Medicine Behavior News, 5: 1–3.

Inagawa, K., Seki, S., Bannai, M., Takeuchi, Y., Mori, Y., Takahashi, M. (2005) "Alleviative Effects of Gama-Aminobutyric Acid (GABA) on Behavioral Abnormalities in Aged Dogs." Journal of Veterinary Medical Science, 67(10): 1063–1066.

Landsberg, G. (2005) "Therapeutic Agents for the Treatment of Cognitive Dysfunction Syndrome in Senior Dogs." Progress in Neuropsychopharmacology and Biological Psychiatry, 29: 471–479.

Landsberg, G., Denenberg, S., Araujo, J. (2010) "Cognitive Dysfunction in Cats: A Syndrome We Used to Dismiss as 'Old Age'." Journal of Feline Medicine and Surgery, 12: 837–848.

Landsberg, G, DePorter, T., Araujo, J. (2011) "Clinical Signs and Management of Anxiety, Sleeplessness, and Cognitive Dysfunction in the Senior Pet." Veterinary Clinics of North America Small Animal Practice, 41: 565–590.

Landsberg, G., Nichol, J., Araujo, J. (2012) "Cognitive Dysfunction Syndrome: A Disease of Canine and Feline Brain Aging." Veterinary Clinics of North America: Small Animal Practice 42: 749–768.

Leung, M., Yip, K., Lam, C., Lam, K., Lau, W., Yu, W., Leung, A., So, K. (2013) "Acupuncture Improves Cognitive Function: A Systematic Review." Neural Regeneration Research, 8(18): 1673–1684.

Milgram, N., Zicker, S., Head, E., Muggenburg, B., Murphey, H., Ikeda-Douglas, C., Cotman, C. (2002) "Dietary Enrichment Counteracts Age-Associated Cognitive Dysfunction in Canines." Neurobiology of Aging, 23: 737–745.

Neilson, J., Hart, B., Cliff, K., Ruehl, W. (2001) "Prevalence of Behavioral Changes Associated with Age-Related Cognitive Impairment in Dogs." Journal of the American Veterinary Medical Association, 218(11): 1787–1791.

Neutricks. (2017) Frequently Asked Questions About Neutricks. Available at http://neutricks.com/frequently-asked-questions-neutricks.

Opii, W., Joshi, G., Head, E., Milgram, N., Muggenburg, B., Klein, J., Pierce, W., Cotman, C. Butterfield, D. (2008) "Proteomic Identification of Brain Proteins in the Canine Model of Human Aging Following a Long-Term Treatment with Antioxidants and a Program of Behavioral Enrichment: Relevance to Alzheimer's Disease." Neurobiology of Aging, 29(1): 51–70.

Osella, M., Re, G., Odore, R., Girardi, C., Badino, P., Barbero, R., Bergamasco, L. (2007) Canine Cognitive Dysfunction Syndrome: Prevalence, Clinical Signs and Treatment with a Neuroprotective Nutraceutical. Applied Animal Behaviour Science 105(4), 297–310.

PetSci (2016) Canine Cognitive Dysfunction Questionnaire. Available at http://petsci.co.uk/canine-cognitive-dysfunction-questionnaire.

Platinum Performance. (2017) Support for Cognitive Function Conditions. Supplements for Cognitive and Antioxidant Support Available at http://www.platinumperformance.com/dogs-cats/dog-cat-conditions/dog-cognitive-health.

Purina Pro Plan. (n.d.) The Bright Mind™ Effect: Nutrition for Cognitive Health. Available at https://www.proplan.com/dogs/platforms/bright-mind-effect#dognitionbrightmind.

Reme, C., Dramard, V., Kern, L., Hofmans, J., Halsberghe, C., Mombiela, D. (2008) "Effect of S-Adenosylmethionine Tablets on the Reduction of Age-Related Mental Decline in Dogs: A Double-Blinded, Placebo-Controlled Trial." Veterinary Therapeutics: Research in Applied Veterinary Medicine, 9(2): 69–82.

Robinson, N. (2009) "Supplements Can Ease CDS." Veterinary Practice News, April. Available at http://www.veterinarypracticenews.com/April-2009/Supplements-Can- Ease-CDS.

Rosado, B., Gonzalez-Martinea, A., Pesini, P., Garcia-Belenguer, S., Palacio, J., Villegas, A., Suarez, M-L., Santamarina, G., Sarasa, M. (2012) "Effect of Age and Severity of Cognitive Dysfunction on Two Spontaneous Activity in Pet Dogs – Part 1: Locomotor and Exploratory Behavior." Veterinary Journal, 194: 189–195.

Salvin, H., McGreevy, P., Sachdev, P., Valenzuela, M. (2011) "The Canine Cognitive Dysfunction Rating Scale (CCDR): A Data-Driven and Ecologically Relevant Assessment Tool." Veterinary Journal, 188(3): 331–336.

Siwak-Tapp, C., Head, E., Muggenburg, B., Milgram, N., Cotman, C. (2008) "Region Specific Neuron Loss in the Aged Canine Hippocampus is Reduced by Enrichment." Neurobiology of Aging, 29(1): 39–50.

Vetoquinol USA. (n.d.) Zylkene®. Available at http://www.vetoquinolusa.com/content/zylkene.

Virbac US. (2016) Anxitane® L-Theanine Chewable Tablets. Available at http://www.virbacvet.com/products/detail/anxitane-l-theanine-chewable-tablets.

Zoetis Inc. (2017) Anipryl Product Information. Available at https://www.zoetisus.com/products/anipryl.aspx.

第 9 章　臭烘烘的老年犬：解决老年患者的皮肤病问题

Melanie Hasson Cohen

皮肤和变化

我们常说“年龄本身不是一种疾病”，这是完全正确的。法医不会在死亡证明上写上“老年”。他们指出的是身体失调的最终结果，或者是身体无法修复引发一系列衰竭和最终死亡的“完美风暴”。虽然经常被忽视，但皮肤在保护身体免受外界的物理、化学和病原体损伤方面发挥着不可或缺的作用。皮肤使我们能够感知和认识环境。它对于温度调节、免疫监测和电解质调节至关重要，并有助于维生素 E 的生成（Baker, 1967）。

虽然没有只在老年动物身上发现的皮肤病，但衰老往往使犬和猫易患多种皮肤病（Goldston, 1989）。随着年龄的增长，皮肤的免疫系统表现出适应能力下降或免疫系统失调（Cooley et al., 2001）。内科疾病的皮肤特异性和非特异性表现变得更加常见，皮肤结构的改变将导致感染和肿瘤的发病率更高（Goldston, 1989）。

最明显的失调见于 T 细胞，这会导致病毒、细胞内病原体，以及肿瘤性疾病增加（Moore et al., 1998）。这种 T 细胞失调会导致 T 细胞介导的免疫细胞功能下降，即 T 细胞增殖的能力（Moore et al., 1998）。也可导致白细胞介素 –2（IL–2）的产生。失调的频率和强度随着年龄的增长而不断增加（Cooley et al., 2001）。这些变化会减少初次和二次抗体反应中抗体的产生（通过 B 细胞介导），从而限制患者对抗原提呈产生充分应答的能力（Cooley et al., 2001）。已在体内证明，老年人和实验动物无法产生适当的迟发型变态反应（delayed–type hypersensitivity，DTH）（Moore et al., 1998）。此外，与年龄相关的前列腺素 E_2（PGE_2）增加，进而导致抗体、迟发型变态反应（DTH）、白细胞介素 –2（IL–2）的产生，以及淋巴细胞增殖和反应能力的降低（Moore et al., 1998）。

尽管人们对人类衰老和皮肤变化进行了广泛的研究，但毫无疑问，关于老年猫和老年犬的皮肤变化的研究很少。这可能是因为宠物市场缺乏蓬勃发展的抗衰老化妆品产业。老年患者通常表现为皮脂溢，毛囊萎缩导致被毛干燥、暗淡和稀疏，以及皮脂分泌的数量减少和质量改变，使其更油腻（Davies, 1996）。随着年龄的增长，由于弹性蛋白的减少，皮肤会变厚，变得不那么柔韧。此外，鼻平面和爪垫会过度角化，趾甲通常会变得又长又脆，因为它们失去了水分，变得畸形（Moiser, 1989）。许多患者皮肤上出现棕色色素沉着区域。脂褐素，也被称为“磨损”色素，沉积在许多其他身体组织中（神经元、心肌、骨骼肌细胞和被膜；Moiser, 1987）。随着年龄的增长，脂褐素在犬体内沉积的速度可能是人的 5 倍。脂褐素是细胞成分自噬的最终结果，导致黄棕色色素或“老年斑”的形成，这些色素无法通过进一步的溶酶体降解去除（Moiser, 1987）。

被毛颜色和状况的改变通常是客户首先注意到的最主要的变化，并与宠物的衰老状况联系在一起（American Humane Association, 1994）。随着色素细胞的自然生命周期结束，负责迁移到表面替换它们的分化干细胞逐渐变得延迟，最终消失，表现为被毛先变灰，再变白（Baker, 1967）。通常从口鼻和眼睛周围开始，但在某些情况下可能会扩散。图 9.1 为 12 周龄时的巴哥犬和 10 岁时的巴哥犬，表现出与年龄相关的典型皮肤变化，包括毛色变灰白，鼻平面角化过度和色素性角化病。许多因素可能会影响被毛的脱落和质量。一般来说，被毛受光周期、环境温度和营养状况的影响，但不仅限于此（Moiser, 1989）。被毛生长期会被甲状腺激素刺激，并被过量的糖皮质激素和雌激素

图 9.1　同一只巴哥犬 12 周龄（左）和 10 岁（右）时的照片

抑制。被毛的主要影响因素是蛋白质，因此营养不良或蛋白丢失性肠病或肾病会对毛干的质量产生深远的影响，导致被毛暗淡、变脆、变薄（Fortney, 2004）。随着疾病的发展，被毛生长期可能会缩短，导致被毛处于终止期，因此更容易脱落。在患有严重疾病的情况下，可能会出现“终止期脱毛”的情况，即被毛同步进入终止期并同时脱落（Moiser, 1987）。

患者：金标准和现实

无论患者是接受常规的老年体检，还是因为宠主注意到特定的皮肤异常，一份完整的皮肤病史通常可以提供与体检同样多的信息，从而指导进行进一步辅助检查。内分泌疾病、肿瘤性疾病和副肿瘤性疾病以及特应性疾病在老年患者中经常出现，需要排查（Davies, 1996; Goldston, 1989）。

大多数兽医接受过的训练是识别一系列症状并将其归类为现有病症的主诉，然后对它们进行鉴别诊断，从而系统地排除或诊断并确定可以解决的问题。一般来说，这些“问题”将被列在一个重要的和次要的问题列表中，形成一个非正式的层级或优先级列表。兽医的关注点和优先次序可能会根据患者的并发疾病和年龄而变化。尽管在我的兽医学习经历中从未正式涉及这一点，但当我拜访一只美丽的金毛猎犬 Meg 和她爱戴的宠主时，我意识到这种潜意识的解决问题的途径。在我们最初的会诊时，Meg 已经处于晚期肾衰竭的状态。她的宠主精通对症和支持疗法，每天给她皮下输液，并备有一个小药房，里面有药物，以保持她的舒适度和饮食健康。在我们的拜访期间，我注意到了 Meg 的皮屑增多、被毛成团脱落以及背侧区域脱毛。Meg 没有瘙痒，也没有表现出任何不适或继发感染的迹象。她的变化与她目前的蛋白丢失性肾病和持续的分解代谢状态有关。我们已经优化了她的营养摄入并解决了她的恶心问题。结束会诊时我表明她的皮肤变化是次要问题，而不是优先考虑的事项。我本可以提出很多治疗方法来解决她的皮脂溢和脱毛问题，但这些建议更像是一系列康复和保养常识。但我要考虑的是这些治疗是否有必要？患者有无不适。这些异常只是表面上的提醒，提醒人们注意大局：她即将死亡，我们可以减缓但不能阻止这一过程。

回想全科诊疗的经历，我记得许多所谓的“生病就诊”实际上都是皮肤病学的问题，皮肤干燥、皮屑和脱毛被列为最高优先级和首要关注点。

据我所知，没有什么秘密公式或算法可以告诉我们什么时候应该对原发性或继发性疾病进行进一步的诊断和治疗。决定调查和治疗的变量很大，现实中不仅涉及主诉，还涉及更多的宠主的担忧和期望，以及他们的经济限制。不对 Meg 进行诊断和对症治疗的决定很简单。在什么情况下我是在越界主动对我的患者造成“伤害”而不是和她的守护者一起面对死亡？

我的一个亲密同事遇到了一个完全不同的场景。Dax, 9 岁的拳师犬和雪纳瑞混种犬，患有慢性过敏史。除非他 24 h 都戴着伊丽莎白项圈，否则他会自损到皮肤深层损伤。他的皮肤已严重受损恶化为脱毛的苔藓样变、色素沉着伴岛状溃疡和深层脓皮病。Dax 非常不舒服，一开始他花了大量时间来回踱步，在家具和他的家人身上摩蹭，在他接触过的每件东西上都留下了酵母菌膜的痕迹。他们对他的病史进行了讨论，发现他的症状在大约 5 年前开始季节性出现，并且用当时流行的治疗方法治疗——注射类固醇。很快，每年发生 1 ~ 2 次，在夏季，每 6 周发生 1 次，后来发展为全年剧烈瘙痒。Dax 已经进行了食物试验并使用了一系列免疫抑制药物、抗真菌药和抗生素。他每 3 周就用一次驱虫药，有一柜子几乎用空了的处方香波和局部制剂，在任何一家知名的沙龙里，这些香波和局部制剂都可以填满零售陈列。我的同事面对的现实是，这位患者有患有特应性疾病的长期病史，但通过常规疗法却无法控制，他非常痛苦，被困在房子里唯一容易消毒的地方。问题和假设层出不穷。如果他在一位认证的皮肤科医生的指导下接受治疗或者在传统中医和针灸的同时治疗下，他会得到缓解吗？也许。Dax 现在的体重只有以前的 1/3，他的生活质量已经下降到仅仅是活着。

在我的同事分享了她关于 Dax 的故事后不久，我遇到了 Bandit。Bandit 是一只德国牧羊犬，患有与生活质量下降相关的皮肤并发疾病。Bandit 是一个身材魁梧，拥有数几十年冠军血统的贵族“男孩”。他的监护人是兽医梦寐以求的完美依从者，他们有足够的经济能力来进行任何治疗方法和看诊任何专家。因此，Bandit 是我遇到的少数几个被确诊为退行性脊髓病的患者之一。当我遇到 Bandit 时，他已经是一个空壳，但仍然坚忍，完全是一位绅士。患犬处于退行性脊髓病晚期，有弛缓性麻痹、大小便失禁和广泛的肌肉萎缩。Bandit 患有疼痛性爪部皮炎，腹部腹侧和腹股沟区有尿疹，跗骨外侧和背侧有多处擦伤，髋股关节和肩胛 – 肱骨关节处有褥疮。Bandit 的监护人充分了解了疾病预后不良且病情会逐渐恶化的状况，但他们对未来的道路仍感到迷茫。虽然我们详细地讨论了疾病细节、内容和治疗选项，但其中一些描述只会增加额外的恐惧和担忧，因此需要提出一些重要而棘手的问题。我必须确定他们对 Bandit 的健康和幸福的期望，以及这些偏好如何符合现实。然后，我选择了最有可能实现这些优先事项的选项。

Bandit 的皮肤病被放在优先考虑的列表首位，因为其病情进展肯定会影响安乐死的时机。治疗需要针对当前的感染，并制定适当的管理措施，以限制这些疾病的恶化。开始使用局部和广谱口服抗生素，清洗较大的伤口，并用甜甜圈状绷带包扎，以减轻该区域的压力（图 9.2）。用了一个卫生夹来保持干燥和清洁。Bandit 的犬窝被换成了一种可吸收材料，上面是一个柔软的婴儿床床垫，它是防水的，可以吸走水分，防止进一步的尿疹。用了一种无滑石粉的婴儿爽身粉和 A&D 软膏的组合来形成防潮屏障。我们开始采取适当的疼痛管理措施，并为患犬穿上具有保护和防水作用的靴子，只在借助正确安装的吊带的辅助下行走时使用。我们通过适当的爪部浸泡和抗真菌药物治疗了患犬目前的爪部皮炎。虽然也建议过留置间歇性导尿管和人工挤尿，但它们超出了 Bandit 家人的可接受范围，如果必须操作，他的家人也会视其为极端和侵入性的措施。

起初，Bandit 欣然接受了帮助和护理，但没有接受他的手推车，他变得焦虑不安。他拒绝与家人互动，不吃饭，甚至不玩球（这是他特别喜欢的娱乐方式）。他的家人知道，在他瘫痪之前，时间是有限的。虽然有手推车，但对 Bandit 来说，无论当时还是将来都是令其不适的。当 Bandit 的皮炎和脓皮病开始缓解时，他的焦虑逐渐增加，他对反复清洗和应用防护措施感到厌恶。

图 9.2　一只 16 岁贵宾犬的褥疮（尸检）

令人痛心的是，尽管物质资源和经济能力充足，但情感负担却很重，治疗开始对患者和监护人造成伤害。Bandit 在病情进展到第四阶段之前被安乐死。

当我们需要解决重大且无法回避的问题时

我只遇到过两个人承认宠物的外表是他们最关心的问题，两人都为说出这种话而道歉。我向他们解释，这些变化与潜在的病理有关。伤害已经造成，愧疚感已经显现，现在需要修复人与动物之间的纽带。尽管很少有人大胆地表达他们对外表的担忧，但我遇到的很多家庭都对他们与宠物关系的改变表示内疚。作为典型的视觉动物，我们非常关注外形，每天都被年轻和完美外形的视觉图像轰炸。

这永远是一个重大且无法回避的问题。没有人愿意承认这一点，这可能会给人留下肤浅的印象，但这个问题一直存在，它正在慢慢地打破人与动物之间的联系。回避这样的话题通常会导致对宠物的疏远，因为家人试图避免内疚，而这种关系的破裂被视为失败的标志。

我的一位导师分享了一个临终关怀咨询的故事。患者 Bailey 是一只典型的、非常可爱的金毛猎犬。14 多年来，她一直是这个家庭不可分割的一部分。她是这对夫妇的第一个孩子，第一个重大的责任，也是他们第一次做父母。14 年后，这对夫妇有了三个孩子，其中两个已经十几岁了，学业和课外活动安排得很满。母亲在内疚中挣扎。她试了好几次才把约会安排好。在她变得更加舒适和自在之后，她解释说，有人走进她的房子，看到 Bailey 的状态，破坏了她幸福的家庭表面，这导致了无数个不眠之夜。我的导师讲述了她第一次拜访 Bailey 的那天。她受到了每个家庭成员的热情欢迎，然后被带到了房子后面一个舒适的阳光房，这是他们给 Bailey 分配的生活区。

Bailey 一看到有个伙伴，就激动不已。看到我的导师受到如此热烈的欢迎，她的家人都松了一口气，他们看着 Bailey 像幼犬一样热情地亲吻着我的导师。Bailey 最初的症状是关节炎。阳光房一开始是用来限制她到楼上，但房间里的气味太冲了。虽然没有明确说明，但“油脂”的气味和痕迹已证明 Bailey 让家人难以接受且充满负担，让她在阳光房是他们能找到的唯一解决办法。最初接受临终关怀咨询的原因是与活动能力和关节炎疼痛相关的问题，但我的导师解释说，在改善 Bailey 的生活质量和她与家人的关系方面，疼痛管理远远不够。解决了 Bailey 的饮食问题，并对继发性细菌和马拉色菌感染进行了全身性治疗。每 7 d 使用一次抗皮脂溢香波和润肤剂，并添加口服脂肪酸补充剂作为辅助治疗（180 mg EPA/lb）。在处理 Bailey 潜在的特应性疾病的同时，导师给家人留下了一套额外的指导。

她以写在便笺上的特殊处方的形式给出了最后一个指导。除了日常护理，如散步和服药，每个家庭成员都被要求每天花 10 min 和 Bailey 待在一起，只是和她待在一起。导师花了几周的时间来改善 Bailey 的皮肤状况，但只花了几天时间就增进了家庭关系。几周后，Bailey 回到了她的房间，虽然只在晚上使用，但值得庆幸的是这个无法回避的问题得到了解决。

崩溃和失败

从我打开门的那一刻起,我的感官就被强烈的氨气淹没了。环顾房子四周，我发现了家中到处堆满了旧报纸和节日装饰品，这些都是精神不稳定的迹象。Que 夫人是一个独居的寡妇，附近没有家人。她那天早上打电话给我，完全是出于绝望。Rex“很老，很老”，几天前他中风了，一直没能站起来。她太害怕了，不敢移动他，因为害怕他会咬她。她现在需要帮助，她痛苦地流着眼泪反复说，是时候了，但她不想这样。Rex 躺在厨房的地板上，像一个混血㹴的骨架。我不知道他是一只灰毛还是黑毛的㹴犬，因为他仅剩不多的硬毛已经被尿液和粪便浸透而显得黏滑。肌肉萎缩和整体恶病质令人震惊，我可以用手指环绕他的整个股骨。我小心翼翼地走近他，很惊讶他还能做出反应。由于他的监护人表达了担忧和恐惧，我决定不冒险。我告诉她，我会慢慢检查他的心脏，并选择适当的药物让他舒服。正如我所怀疑的那样，我给他注射了镇静剂，Rex 并没有退缩。几分钟后，他的呼吸变慢，进入平静状态，这样我们就可以实施安乐死，结束他的痛苦。当我把他抬上担架时，我注意到他身下的地板上沾满了粪便和尿液。很明显，Que 夫人曾多次在他周围打扫卫生,但从来没有勇气移动他。当我把他抬到担架上时,一块皮肤脱落,一群活蛆逃跑了（图 9.3）。我尽力将自己的各种情绪内部消化，那天我在完全的愤怒和深深的悲伤之间挣扎。

最直接的担忧已经得到解决，Rex 不再痛苦，但我感到极度不安，我决定亲自归还骨灰盒，并看望 Que 夫人。那天晚些时候，我打电话给社会服务机构，请人帮助她。1 周后，当我把 Rex 的骨灰盒带来时，她的家几近肮脏到无法居住。我坐在她匆忙清理过的椅子上。我们坐着交谈，她表示她害怕

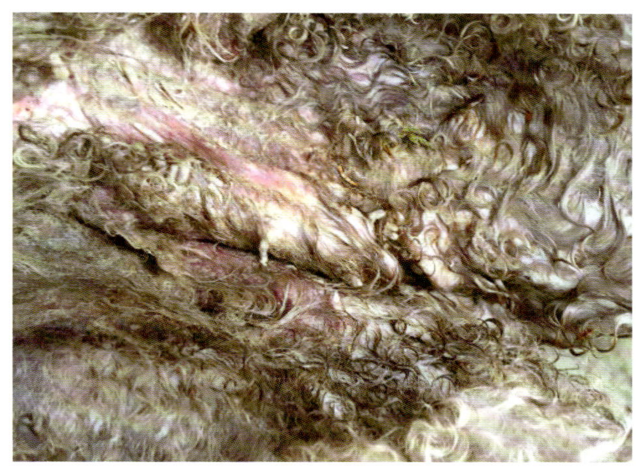

图 9.3　一只 14 岁混种犬在长时间不活动后出现深层脓皮病和蛆虫感染（尸检）

别人议论她，不是担心这个房子，而是担心 Rex 的状况。她非常感谢我那天对她的善意和热情。

针对生活质量和人与动物关系的治疗

虽然兽医这份工作给了我们巨大的力量来挑战死亡的极限，但它也带来了责任的负担。我们的工作不仅是确保健康和生存，而是从本质上承认我们的局限性，确保高质量的福祉。无论我们提供什么治疗或补救措施，牺牲的天平总是倾向于提高生活质量和保持人与动物的关系。我们应该针对可治疗的疾病进行治疗，特别是存在继发感染时。许多皮肤检查和样本可以在床旁进行和采集，使用平价的设备在诊所进行检查。治疗方案的选择差异很大，需要在考虑患者和监护人因素后进行选择，从而提高依从率。我们的许多患者将同时接受多种药物治疗，如果无法避免，则应始终关注可能的配伍作用。抑酸剂可能降低生物利用度，需要与其他药物分开使用，而苯海拉明可能增加镇静作用。

局部治疗应根据其应用的方便性来选择。每周 2 次，每次 10 min 的药浴可能不适用于体型较大或身体虚弱的患者。

预防可预防的，不要假设所有宠主都会严格遵守。跳蚤、蜱虫和其他寄生虫的存在并不少见，因为许多宠主认为宠物太脆弱，无法接受驱虫药，他们担心会伤害到宠物，从而放弃预防措施。鉴于年迈的宠物中过敏性皮炎的发病率较高，强调预防性护理的必要性变得越来越重要，以限制实际上可以被控制的过敏原暴露。

对趾甲、趾间和爪垫健康的关注可以提高舒适度和灵活性，并可以为跛行状态和环境改造的需要提供进一步的见解。使用维生素 E 霜可以改善干燥和开裂的爪子。

没有适合所有情况的方法。每个病例都要根据患者和宠主的能力量身定制。我们欢迎创新和跳出固有思维，不限于使用为容纳尾巴而剪出洞的尿布、人类尿垫（通常比宠物专用产品更便宜），去可协助进行药浴的美容店，或者使用旨在便于清洁的防水婴儿床床垫，同时还提供必要的支持。

核心宗旨是沟通和确认目标，以及改善宠主的恐惧或担忧。这些需要在选择最有可能维持或改善宠物舒适度以及维护人 – 动物关系的治疗方法时置于首位。

延伸阅读

Baker, K. P. (1967) “Senile Changes of Dog Skin.” Journal of Small Animal Practice, 8(1): 49–54.

Cooley, D. M. and Waters, D. J. (2001) “Cancer in the Elderly Dog.” In Clinical Nutrition for the Senior Dog and Cat: Proceedings from a Pre-congress Symposium: World Congress 2001 World Small Animal Veterinary Association, Vancouver, BC, Canada, August 8, 2001. IAMS Company.

Davies, M. (1996) “An Introduction to Geriatric Veterinary Medicine.” In Canine and Feline Geriatrics, pp. 1–11. Oxford, UK: Blackwell.

Fortney, W. D. (2004) “Geriatrics and Aging.”. In J. D. Hoskins (ed.), Geriatric and Gerontology of the Dog and Cat, 2nd ed., pp. 1–4. Philadelphia, PA: Elsevier Saunders.

Goldston, R. T. (1989) “Preface. Geriatrics and Gerontology.” Veterinary Clinics of North America (Small Animal Practice), 19(1): ix–x.

Moore, P. F., Affolter, V. K., Olivry, T., Schrenzel, M. (1998) “The Use of Immunological Reagents in Defining the Pathogenesis of Canine Skin Diseases Involving the Proliferation of Leukocytes.” In K. W. Kwochka, T. Willems, and C. von Tscharner (eds.), Advances in Veterinary Dermatology, Vol. 3, pp. 77–94. Oxford, UK: Butterworth-Heinemann.

Mosier, J. E. (1989) “Effects of Aging on Body Systems.” Veterinary Clinics of North America (Small Animal Practice), 19(1): 1–12.

Mosier J. E. (1987) “How Aging Effects the Body Systems in the Dog.” In Geriatric Medicine: Contemporary Clinical and Practice Management Approaches, Proceedings of the Symposium, Kansas City, Missouri, October 4 1987, pp. 2–5. Lenexa, KA: Veterinary Medicine Pub. Co.

第 10 章　中枢和外周神经系统

Laura Devlin Bacon

神经系统与衰老

正常运作的神经系统对于动物能够与环境互动和做出反应至关重要。正常的功能需要神经系统的感受器、神经通路和运动成分之间复杂的相互作用。衰老变化和年龄相关的疾病对这一过程中任何组成部分的破坏都会对宠物的正常日常生活产生重大影响。随着宠物年龄的增长，神经系统会随着时间的推移而发生变化。

老年宠物的感觉系统变得不那么敏锐，尤其是听觉、视觉、嗅觉、味觉和平衡能力。认知能力下降，脊髓反射改变，感觉神经脱髓鞘，可能更易患上神经疾病。

在外周神经系统内，细胞丢失，脂褐素积累在交感神经和副交感神经系统的神经节中。节段性脱髓鞘和沃勒变性已有描述（Davies, 2012）。与年龄相关的神经肌肉接头水平上的退化性病变归因于多种因素，包括线粒体功能障碍、氧化应激、炎症、肌纤维神经支配的变化以及运动单位的机械特性（Gonzalez-Freire, 2014）。

与年轻动物相比，老年哺乳动物（如犬和人）的中枢神经系统表现出解剖学和生理学的变化。大脑和脊髓逐渐萎缩，神经细胞和重量减少。脑室扩大，星形胶质细胞肥大，老年斑形成。树突分支和互连的数量减少，神经冲动幅度可能开始减少（Hoskins, 2004）。发生脱髓鞘和神经轴突变性，以及脑膜纤维化和/或钙化。神经递质的产生可能会随着年龄的增长而变化，神经递质受体的数量也可能会发生变化（Davies, 2012）。功能变化包括儿茶酚胺神经递质（去甲肾上腺素、血清素和多巴胺）的消耗、胆碱能系统的下降、单胺氧化酶 B 活性的增加和内源性抗氧化酶的减少（Dimakopoulos 和 Mayer, 2002）。

除了衰老过程中神经系统发生的自然变化外，还有许多神经系统疾病是随着年龄的增长特发的。与年龄相关的神经系统疾病根据受影响的神经系统的位置进行分类；即中枢、外周或神经肌肉接头。因脑神经通往头部区域，可在颅腔内和颅腔外受到影响。神经系统疾病也可以根据所存在的疾病类型进行分类，如退行性、代谢性、肿瘤性、炎性或特发性。

神经系统疾病可呈现多种临床表现。许多行为变化，如焦虑和抑郁，精神状态的改变，以及疼痛、僵硬、虚弱、步态异常、感觉和运动功能障碍、震颤和抽搐，都可能是与神经系统疾病相关的症状。如果发现神经功能缺陷，则需要进行完整的神经学检查，包括脊髓反射、姿势反应、受力、张力和感觉的测试，以神经学检查结果来确定及定位疾病（Shull, 2002）。然而，老年患者神经系统疾病定位的过程尤其具有挑战性。关于姿势反应和脊髓反射，与年龄相关的肌肉萎缩、退行性关节疾病和全身无力会影响反射和对本体感受的评估。认知能力下降和与年龄相关的心理变化会影响患者的反应，这种反应可能会减弱或增强。如果视力或听力下降，患者可能对其他外部刺激过度敏感。失明动物在诊室内可能会很紧张，应谨慎解释其反射评估。在评估脑神经时，对威胁反射、嗅觉测试或听觉刺激的反应减弱可能并不表明神经功能缺陷（Hoskins, 2004）。

本章讨论老年犬猫最常见的神经系统疾病。为了进一步分类，将这些疾病列在神经系统的相应部分下。虽然某些情况可能导致神经系统多个部分出现问题，但最主要的特征是受影响最严重的系统（表 10.1）。第 13 章讨论喉麻痹，第 8 章讨论认知问题。

中枢神经系统疾病

颅内疾病

脑部疾病可能会出现多种临床症状，具体取决于受影响的区域。患者会出现行为改变、精神状态改变、转圈、顶头、局灶性和全身性抽搐以及脑神经缺陷等症状。脑干病变可能导致精神状态改变、本体感受和步态异常、脑神经Ⅲ～Ⅶ缺陷、心脏和呼吸异常以及中枢前庭功能障碍。小脑功能障碍通常会影响运动的速率、范围、方向和力量。这些症状可能表现为辨距过高或过低、共济失调、辨距困难和震颤。反常的头部倾斜和去小脑强直是小脑疾病的两个典型症状。前庭损伤可能导致眼球震颤、斜视、失去平衡和头部倾斜（Hoskins, 2004）。图 10.1 显示了一只表现出瞳孔大小不等的老年猫。

许多影响大脑的疾病过程会引起的临床症状都让宠主感到非常不安。其中许多疾病可以治疗和缓解，宠主不应仅根据最初的临床表现匆忙做出决定。

由于大脑有极高的代谢需求，影响中枢神经系统正常能量代谢的全身异

表 10.1　老年犬和猫常见的神经系统疾病

类型	颅内	脊髓	外周神经系统
退行性	认知功能障碍 小脑变性	退行性脊髓病（犬） 颈椎不稳 马尾综合征 脊柱畸形（临床）	
代谢性	肝病（肝性脑病） 肾性脑病 低血糖 甲状腺功能亢进 甲状腺功能减退 电解质异常		糖尿病神经病变 甲状腺功能亢进 甲状腺功能减退 低血糖 肾上腺皮质功能减退
肿瘤性	原发性 转移性 局部侵袭	原发性 继发性 局部侵袭	原发性 继发性 局部侵袭 副肿瘤性
血管性 / 缺血性	高血压 高血脂		
特发性	前庭炎 中枢性		喉麻痹 面瘫
炎性	犬瘟热（犬） 猫传染性腹膜炎（猫）		慢性炎性脱髓鞘性多发性神经病

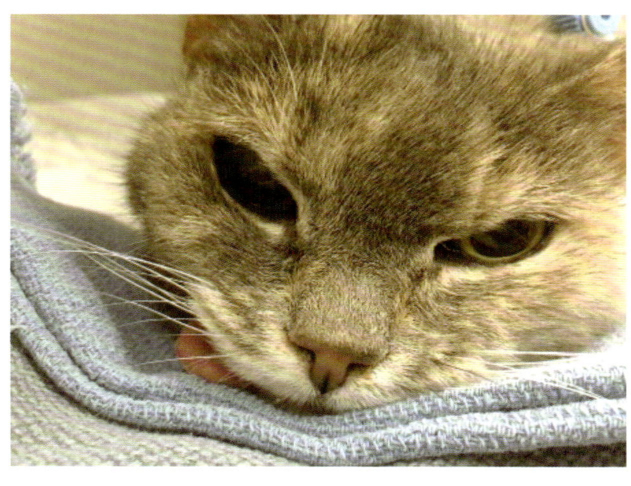

图 10.1　老年猫的瞳孔大小不等

常可能导致脑病的临床症状，称为代谢性脑病。大脑皮层神经元最容易受到能量代谢改变的影响。临床上，最早和最一致的症状是意识抑制（精神混乱、木僵、昏迷）和全身性抽搐。其他神经系统症状会随着代谢紊乱的严重程度而变化。代谢性脑病的治疗旨在控制潜在疾病并控制癫痫发作（如果存在的话）。

当血糖降至 45 ~ 60 mg/dL 以下时，可能会发生低血糖性脑病。低血糖性脑病的临床症状包括精神状态改变、强迫性运动、行为改变和抽搐。大脑依赖于循环血糖，因为大脑产生葡萄糖的能力有限且糖原储存也有限。低血糖的原因有很多，在老年患者中，最常见的疾病是胰腺胰岛素瘤或其他肿瘤导致内源性胰岛素或胰岛素样物质过度产生、败血症、糖尿病患者外源性胰岛素过量以及肝衰竭。

患有晚期肾病的犬和猫被诊断出尿毒症性脑病。有许多机制来解释这种情况。高氨血症已被证明导致 4 只患有肾性氮质血症的猫出现脑病症状（Adagra 和 Foster, 2015）。

尽管原发性高血压已被认识，但高血压脑病通常继发于潜在疾病。猫高血压的主要原因是慢性肾病和甲状腺功能亢进。在犬中，急性和慢性肾衰竭、肾小球肾炎、肾上腺皮质功能亢进和嗜铬细胞瘤通常是病因。治疗需针对主要病因。

甲状腺功能亢进（猫，犬少见）、甲状腺功能减退（犬，猫少见）、糖尿病和肾上腺皮质功能亢进有时可能会引起脑病的临床症状。除了与潜在内分泌疾病相关的其他临床症状外，患者通常还表现出前脑功能障碍的症状。甲状腺功能亢进患猫更容易焦躁易怒，并可能表现出攻击性行为。甲状腺功能减退和糖尿病通常会导致精神状态迟钝。当潜在的内分泌紊乱得到控制时，通过记录脑病临床症状的改善来进行诊断（Cuddon, 1996）。

肝性脑病是一种多因素类型的神经系统疾病，由肝功能不全引起。第 12 章对此进行了讨论。

中枢神经系统肿瘤可发生在任何年龄的犬身上。然而，大多数病例发生在 5 岁及以上的犬身上。脑肿瘤分为原发性（由脑组织及其覆盖物产生）或继发性（通过转移或局部侵袭到达大脑）。脑膜瘤是犬和猫中最常见的原发性脑肿瘤。犬的其他常见原发性肿瘤是神经胶质瘤、星形胶质细胞瘤和少突胶质细胞瘤。淋巴瘤是猫中第二常见的脑肿瘤，既可以是原发性肿瘤，也可以是多中心性疾病的一部分。

脑肿瘤的临床症状取决于肿瘤的位置。可以通过磁共振成像（MRI）和计算机断层扫描（CT）进行诊断。在某些情况下，可以通过活检确定具体的肿瘤类型，在其他情况下，可以通过切除肿瘤进行组织病理学检查来确定。治疗取决于肿瘤的位置和类型。手术切除或减瘤结合放射治疗为大多数脑肿瘤患者提供了最佳结果。手术切除是脑膜瘤的首选治疗方法。在某些情况下，放射治疗可能是有益的。淋巴瘤对化疗有良好的反应。由于无法穿透血脑屏障，其他化疗在脑肿瘤治疗中的作用有限。支持治疗包括治疗脑水肿和抗癫痫治疗。常见的药物治疗包括呋塞米，5 mg/kg，IV、IM、SC、PO，q6 ~ 8 h；泼尼松龙，2 ~ 4 mg/kg，PO，每天 1 次；苯巴比妥，2 ~ 4 mg/kg，PO、IM、IV，q8 ~ 12 h；唑尼沙胺，5 ~ 10 mg/kg，PO，q12 h；或左乙拉西坦 20 mg/kg，PO，q8 h，或 40 mg/kg，IV。预后取决于肿瘤类型和位置、选择的治疗方法和临床症状。教育宠主记录任何癫痫发作活动（Nelson 和 Couto, 2014）。

大脑局灶性缺血很常见。脑梗有多种潜在原因，包括系统性高血压、心脏病、高凝状态、血液黏度增加、感染性疾病，以及与甲状腺功能减退、糖尿病或高脂血症相关的动脉粥样硬化。血栓栓塞性疾病的原因包括肾上腺皮质功能亢进、甲状腺功能减退、高脂血症和肿瘤（Dewey, 2009）。

脊髓疾病

脊髓肿瘤与脑肿瘤一样，可以是原发性或继发性的，并且还可以进一步分为髓内或髓外。转移性脊柱肿瘤包括血管肉瘤、腺癌和骨肉瘤。继发性肿瘤包括脑膜瘤、淋巴瘤、上皮瘤、神经鞘瘤和多发性骨髓瘤。大多数肿瘤发生在 T3–L3 脊髓节段（Pancotto, 2013）。大多数犬在出现症状时已是中年至老年。临床体征反映脊髓功能障碍，如脊髓感觉过敏、本体感受和运动缺陷以及深部疼痛感觉受损。图 10.2 显示了单侧意识性本体感受缺陷患者的趾甲磨损异常。

颈椎不稳（摇摆）是一组通常影响中老年大型犬颈椎尾侧椎骨的异常现象。尽管任何年龄的大型犬都可能受到影响，但成年至老年杜宾犬易感，因此表明可能与遗传因素有关。这些异常可能包括颈椎椎管狭窄、以颅终板背侧成角为特征的颈椎畸形、关节面周围组织过度增生、黄韧带肥大和背侧环纤维化、椎间盘退变和突出，以及椎体不稳定（Dewey, 2009）。

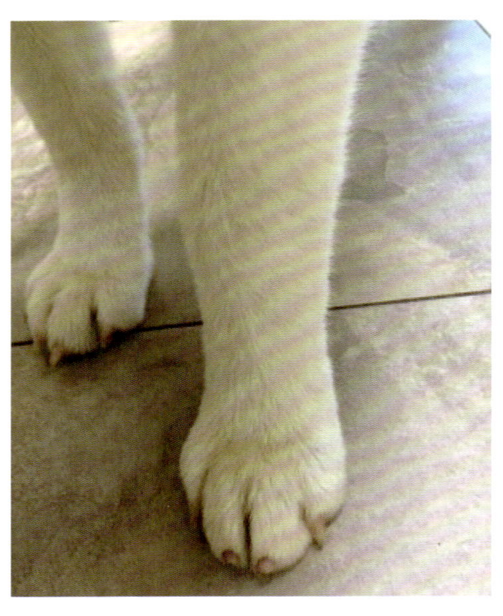

图 10.2 单侧意识性本体感受缺陷患者的趾甲磨损

MRI、CT、CT/ 脊髓造影和脊髓造影均已用于评估和诊断颈椎不稳。颈椎 X 线检查可显示椎骨变化，也可用于排除其他鉴别诊断，如椎间盘脊椎炎、椎骨骨折和半脱位。对于急性或严重的病例，尽早进行手术干预可以获得最佳的治疗效果。药物治疗通常用于手术前后以及症状较轻的患者。使用抗炎药物和颈夹板进行保守治疗可能会起到缓解作用，但这种疾病病情总是会进展的。泼尼松龙 1 mg/kg，PO，q12 ~ 24 h，持续 3 d，然后逐渐减少至 0.25 ~ 0.5 mg/kg，PO，q12 ~ 24 h，持续一周，然后继续减少剂量，以找到控制临床症状的最低剂量。美索巴莫 10 ~ 20 mg/kg，PO，q8 h，以及地西泮 0.5 ~ 1.0 mg/kg，PO，q8 h，可用于减少肌肉痉挛。针对颈椎不稳的其他姑息治疗包括使用背带替代项圈，以避免拉扯颈椎并限制过度活动。

退行性脊髓病是脊髓白质的缓慢进行性退化。在许多犬中，这是由超氧化物歧化酶 1（superoxide dismutase 1，SOD1）基因突变引起的（Awano et al., 2009）。历史上，这种疾病最常见于德国牧羊犬。研究主要集中在彭布罗克威尔士柯基犬的这种疾病上，自从 SOD1 突变被发现后，退行性脊髓病也已在其他品种中得到证实。这种疾病通常影响老年犬（8 ~ 14 岁）。病理学上，整个脊髓的髓鞘和轴突都有损失（Shelton et al., 2009）。

临床症状通常表现为中年至老年大型犬的缓慢进展性、无痛性 T3–L3 脊髓病。在疾病过程的后期，可能会出现尿失禁和大便失禁。该疾病可发展至前肢，并最终累及脑干。遗憾的是，目前没有任何治疗方法可以逆转这些症状。

退行性脊髓病的支持疗法涉及维持肌肉质量的物理疗法。一旦犬发展到不能移动的状态，就必须采取护理措施来预防压疮并处理大小便失禁。长期预后很严重。由于宠主无法控制截瘫和大小便失禁，大型犬通常在诊断后 18 个月内被安乐死。当宠主可以提供支持性护理以实现可接受的生活质量时，较小的品种可以被护理更长的时间。

变形性脊椎病是一种脊柱退行性疾病，其中椎骨骨赘在椎间隙中形成，与创伤过程的炎症无关。结果是在椎体的腹侧、外侧和背外侧边界上形成骨刺或完整的骨桥。胸腰椎和腰荐交界处更频繁地受到影响，可能是压力增加所致。年长的大型犬最常受到影响。这种情况通常是亚临床的，并且通常是在因其他原因而拍摄的 X 线片中偶然发现的。患者通常有隐匿性病史，如骨刺撞击神经根或压迫脊髓（罕见）。如果骨刺突然骨折，犬可能会有急性病史。

脊髓受压可能导致共济失调和轻瘫，感觉过敏是最常见的临床症状。通过触诊轴上深部肌肉组织可以识别局部不适的区域。在腰荐交界处，变形性脊椎病可能是颈椎不稳症的一部分。治疗方法为药物或手术。表现出感觉过敏的犬可能会对镇痛药或糖皮质激素做出反应。减压手术可以改善脊髓或神经根受压的症状（Nelson 和 Couto, 2014）。

马尾综合征是由于马尾细胞体或神经根受压而引起的一系列临床症状。压迫通常会影响 L7、荐神经和尾神经根，因为它们会穿过腰荐区。腰荐部疾病最常发生于大型犬，如德国牧羊犬和拉布拉多猎犬。发病机制涉及一定程度的腰椎不稳定或狭窄。临床症状包括腰荐区背侧触诊疼痛、大便失禁或尿失禁、下肢下运动神经元症状。腰荐部狭窄和其他原因的马尾综合征的诊断基于病征、病史、临床症状、骨科和神经学检查、脊柱 X 线片和专门的脊柱成像。治疗包括手术减压或稳定腰荐部区域。当不选择手术减压时，休养和使用镇痛剂可能会取得不同程度的成功。

外周神经系统疾病

外周神经通路的任何地方都可能患病或受损，从脊髓或脊神经节的细胞体到从脊髓发出的小神经根，或到较长的外周神经本身。如果受影响的神经支配四肢肌肉，则会出现相应肌肉的功能障碍。运动神经元受累的体征包括肌肉无力或麻痹、快速萎缩和肌肉反射活动缺失（典型的下运动神经元疾病）。

神经感觉功能的中断会导致感觉减退。

虽然有许多疾病过程会影响外周神经系统，但主要在老年患者中出现的疾病并不多（表 10.1）。喉麻痹将在第 10 章中讨论。

糖尿病、甲状腺功能亢进、甲状腺功能减退、低血糖和肾皮质功能减退都与老年患者的外周神经病变有关。临床症状是下运动神经元功能障碍（肌肉无力、间歇性跛行、脑神经功能障碍）。诊断基于治疗基础疾病后的临床改善。

肿瘤影响老年犬和猫的外周神经系统。在老年犬中，神经鞘瘤通常累及前肢的外周神经，在老年猫中则较少见。淋巴瘤可累及神经根。肿瘤细胞直接累及脑神经，可能与血源性肿瘤（白血病）有关。偶尔会发生副肿瘤性神经病。

面神经麻痹是一种影响老年动物的疾病，可能是由内耳炎、外伤、甲状腺功能减退、中耳 / 内耳肿瘤或多发性神经病所致。据报道，外周性面神经麻痹最常见的原因是特发性，在做出具体诊断之前应排除所有可能的原因。如果可以恢复的话，可能需要 3 ～ 6 周的时间。虽然面神经麻痹没有具体的治疗方法，但应充分润滑角膜并监测是否出现溃疡（Nelson 和 Couto, 2009）。

神经系统疾病的一般治疗

由于老年犬和猫的神经系统疾病可能影响多个部位，因此可以观察到多种症状。特定的疾病需要特定的治疗，但一般治疗的目的是控制疼痛，减少可能伴随活动功能障碍的焦虑，降低褥疮或尿路感染等并发症的风险，并防止进一步受伤。治疗应旨在维持或改善患者的生活质量和总体健康状况，同时注重维持人与动物的关系。

虽然许多患有神经系统疾病的犬和猫都会经历疼痛，但识别所有患者的疼痛可能是一项挑战。一些神经系统疾病与疼痛无关，但可能出现的并发症肯定会引起不适和疼痛，如褥疮或尿路感染。应采用疼痛评分系统，并应教宠主观察宠物的疼痛症状，在怀疑疼痛时寻求适当的治疗。多模式镇痛可以更好地控制疼痛。其他药物可以与替代疗法结合使用。

如果急性疼痛不及时治疗，可能会发展为神经性疼痛。神经性疼痛被描述为一种复杂的慢性疼痛，是在外周或中枢神经系统直接损伤后发生的。临床上，神经性疼痛的特征是存在痛觉超敏（重复刺激后疼痛加剧；包括去除刺激后持续疼痛并将疼痛辐射到邻近的解剖区域）、异常性疼痛（对通常无害的刺激产生疼痛反应）和痛觉过敏（被解释为一种与起始刺激不成比例的反应）。

可能对神经性疼痛有效的镇痛药包括非甾体抗炎药（NSAID）、阿片类药物和 N- 甲基 -D- 天冬氨酸受体拮抗剂（N-methyl-D-aspartate receptor antagonists，NMDA），如金刚烷胺。非甾体抗炎药经常用于治疗神经系统疼痛，尽管它们作为单一药物可能无效。曲马多是一种弱阿片类激动剂和去甲肾上腺素及 5- 羟色胺再摄取拮抗剂。它可以与其他镇痛药联合用于治疗急性和慢性疼痛。犬的初始剂量范围为 2 ~ 5 mg/kg，PO，q6 ~ 12 h，猫为 1 ~ 2 mg/kg，PO，q12 ~ 24 h，并且可以根据需要逐渐增加剂量。烦躁不安是猫常见的不良反应。金刚烷胺（3 ~ 6 mg/kg，PO，q24 h）可能通过抑制或降低中枢敏化而有益于治疗神经性疼痛。

对乙酰氨基酚以及含有对乙酰氨基酚和可待因的组合产品可以为患有慢性神经性疼痛的犬提供持续的镇痛作用，但必须避免用于猫。虽然从技术上讲，对乙酰氨基酚不是 NSAID，但它可能通过作用于中枢神经系统组织中的 COX-3 环氧合酶而发挥作用。对乙酰氨基酚的剂量为 10 mg/kg，每日 2 次，口服，对乙酰氨基酚 / 可待因组合产品的剂量应达到 1 ~ 2 mg/kg，每日 2 次，口服（Rossmeisl, 2012）。

可以使用其他药物来帮助提供多模式疼痛控制。利多卡因皮肤贴剂经常用于人类，并且在犬和猫中显示出应用前景。应用利多卡因透皮贴剂所达到的低全身浓度表明，疗效是通过阻滞外周神经系统而不是中枢神经系统的钠通道来实现的。

三环类抗抑郁药，如阿米替林、丙咪嗪、氟西汀和克罗米帕明也已被应用。这些药物通过在某些情况下选择性地抑制单胺神经递质的再摄取发挥作用，从而促进内源性下行镇痛机制。加巴喷丁（5 ~ 10 mg/kg，PO，q8 ~ 12 h）和普瑞巴林等抗癫痫药可能有用。目前普瑞巴林尚无确定剂量。短期使用马罗匹坦可用于治疗神经性疼痛，因为它会阻滞 P 物质（一种疼痛的神经递质）。马罗匹坦以 1 mg/kg 的剂量口服，每 24 h 一次，持续 4 d，然后每隔一天口服 1 次。需要更多的研究来评估马罗匹坦对神经性疼痛的疗效。

有时需要对患者进行镇静以治疗焦虑或保持患者安静。Anxitane® 含有纯化的 L- 茶氨酸，这是在绿茶叶中发现的一种天然氨基酸，经临床证明可以减少与恐惧和焦虑相关的临床症状。Zylkene®（α-casozepine）、信息素（爱达恬和费利威）和薰衣草精油是可以减轻焦虑的天然化合物。阿普唑仑等苯二氮䓬类药物通常是安全的，可以改善健康状况，较高剂量具有镇静作用。建议肝功能受损的宠物使用缺乏活性代谢物的苯二氮䓬类药物（劳拉西泮）。加巴喷丁也可用于抗焦虑。

苯海拉明、苯巴比妥和曲唑酮也可以促进镇静，并且可以在睡前 30 min 给予褪黑素，帮助减少夜间苏醒的情况（Matthews, 2010）。

针对神经系统疾病患者的补充和替代医学可以与传统医学结合使用，对于老年患者特别重要。综合医学方法可以改善宠物和宠主的生活质量，减轻疼痛，为兽医提供更全面的管理方法。

治疗神经系统疾病的常见补充和替代医学方式有针灸、脊椎按摩疗法、治疗性超声波和激光以及物理疗法，包括按摩、伸展运动和游泳。还应考虑中药、营养保健品、维生素和矿物质补充剂、必需脂肪酸补充剂和抗氧化剂。

关注客户

任何情况下神经功能的丧失，无论程度如何，对于宠物和宠主来说，都可能是一个巨大的挑战。虽然宠物可以很好地忍受轻微的神经功能下降或缺陷，但宠主可能难以适应宠物的身体或行为变化。大多数对神经功能有严重影响的疾病都需要宠主提供一定程度的护理。如患有面神经麻痹的宠物经常需要保持眼睛湿润，并且可能会出现角膜溃疡。

运动功能丧失的患者可能需要行动方面的帮助。患有中度至重度神经功能缺陷的患者将需要更耗时的护理。管理行动能力下降或瘫痪的大型宠物还对体力要求很高。照护人必须在身体、情感和经济上做出承诺。

当与宠主讨论宠物健康状况的预期进展和结果时，关注短期和长期预期会有所帮助。为宠主提供尽可能多的资源也很有帮助。许多在线资源可供患有各种神经系统疾病的宠物的主人使用，包括 Walkin' Pets（http://www.handicappedpets.com）、OrthoPets（http://www.orthopets.com）和 DogLeggs（http://www.dogleggs.com）。

向宠主提供有关照护人支持，以及正在处理与宠物类似状况的宠主的在线或社区团体的信息也会有所帮助。

当主人无法进行或维持宠物的护理或宠物的生活质量下降时，应考虑安乐死。

延伸阅读

Adagra, C., and Foster, D. J. (2015) "Hyperammonaemia in Four Cats with Renal Azotaemia." Journal of Feline Medicine and Surgery, 17: 168–172.

Awano, T., Johnson, G. S., Wade, C. M. (2009) "Genome-Wide Association Analysis Reveals a SOD1 Mutation in Canine Degenerative Myelopathy that Resembles Amyotrophic Lateral Sclerosis." Proceedings of the National Academy of Science of the United States of America, 106: 2794–2799.

Cuddon, P. A. (1996) "Metabolic Encephalopathies." Veterinary Clinics of North America, Small Animal Practice, 26: 893–923.

Davies, M. (2012) "Geriatric Clinics in Practice." Veterinary Focus, 22: 15–22.

Dewey, C. W. (2008). "Encephalopthies: Disorders of the Brain." In C. W. Dewey (ed.). Practical Guide to Canine and Feline Neurology (2nd ed.), pp. 115–220. Ames, IA: Blackwell Publishing.

Dimakopoulos, A. C., and Mayer, R. J. "Aspects of Neurodegeneration in the Canine Brain." Journal of Nutrition, 132 (6 Suppl 2): 1579–82S.

Gonzalez-Freire, M., de Cabo, R., Studenski, S. A., Ferrucci, L. (2014) "The Neuromuscular Junction: Aging at the Crossroad between Nerves and Muscle." Frontiers in Aging Neuroscience, 6: 208.

Hoskins, J. (2004) Geriatrics and Gerontology of the Dog and Cat (2nd ed.). St Louis, MO: Saunders.

Matthews, K. A. (2010) "Neuropathic Pain: How to Prevent and Treat." Presented at the International Veterinary Emergency and Critical Care Symposium 2010.

Nelson, R. W., and Couto, C. G. (2014) Small Animal Internal Medicine (5th. ed.). St Louis, MO: Elsevier.

Pancotto, T. E., Rossmeisl, J. H., Zimmerman, K., Robertson, J. L., Werre, S. R. (2013) "Intramedullary Spinal Cord Neoplasia in 53 Dogs (1990–2010): Distribution, Clinicopathologic Characteristics, and Clinical Behavior." Journal of Veterinary Internal Medicine, 27: 1500–1508.

Rossmeisl, J. H. (2012) "Neuropathic Pain-Modifying Agent." 84th Annual Western Veterinary Conference Notes Online, February 19–23, 2012. Las Vegas, NV.

Shelton, G. D., Snead, E., Kozlowski, M. (2012) "An SOD1 Mutation Associated with Degenerative Myelopathy Occurs in Many Dog Breeds." Journal of the Neurological Sciences, 318: 55–64.

Shull, E.A. (2002) "Neurologic Disorders in Aged Dogs." Veterinary Medicine, 97: 17–19.

第 11 章　肾脏系统

Shea Cox

介绍

老年肾病学的范围包括正常的、年龄相关的肾脏变化，这些变化的临床后果，以及由于这些变化而可能引起的肾病。然而，目前还缺乏研究健康动物肾脏老化的直接证据和模型，我们了解肾脏功能以及疾病如何影响它，但对犬猫的肾脏老化所发生的变化却了解得非常有限。因此，犬猫特定年龄相关变化的信息都是从人类研究中推断出来的。尽管有这些局限性，但仍有研究表明，犬猫与年龄相关的肾功能下降可能与人类相似（Syme, 2010）。为了解老年宠物可能发生的与肾脏相关的疾病过程，人们必须首先了解肾脏老化背后的普通生理学，且必须从人类和兽医资源中获取信息。

肾小球老化

肾小球是肾脏过滤血液形成尿液的功能单位，随着肾脏的老化，可能发生肾小球硬化。在人类研究中，当肾小球被纤维组织取代时，会出现与年龄相关的肾小球硬化，反过来会导致肾小球滤过率（glomerular filtration rate，GFR）和有效的肾脏血流量下降。

肾小球性高血压是这些进行性变化的结果。维持总 GFR 需要增加单个肾单位的 GFR。这是入球小动脉血管舒张后肾小球小动脉阻力降低所致。随着肾脏质量的减少，存活的肾单位不能自动调节，全身动脉压传递到肾小球，导致肾小球性高血压和超滤，最终影响是增加了 GFR。随着时间的推移，肾小球肥大进展并导致滤过屏障的完整性丧失（通过足细胞损伤）、蛋白尿、肾小球硬化，并最终导致 GFR 的降低（Korman, 2014）。

在一项动物研究中，发现犬的 GFR 不随年龄的变化而改变，非常小的品种除外。同样，在一项针对猫的研究中，GFR 与年龄无关（Syme, 2010）。在另一项针对成年犬的研究中，纵切面和横断面的研究都显示，年龄的影响似乎有限。在猫的实验中，与 7 ~ 12 月龄的猫相比，9 ~ 12 岁的猫的血浆肌酐清除率降低了约 25%，而碘海醇的清除率则没有改变。在另一项涉及

51 只猫的研究中，发现血浆中碘海醇或肌酐的清除率与年龄之间没有相关性（Lefebvre, 2010）。虽然健康犬猫的肾功能下降似乎有限，但在老年动物中 GFR 下降的潜在临床相关性还需要进一步研究。

在小动物医学中，GFR 通常是根据血浆 / 血清肌酐浓度来评估的。然而，这种方法在老年患者中可能存在缺陷，因为肌酐的产生与肌肉量直接相关。研究表明，随着年龄的增长，犬猫的瘦体重（lean body mass，LBM）会减少，因此，肌酐浓度可能会降低，从而导致老年患者慢性肾病的诊断不足（Syme, 2010）。

肾脏血管老化

人类研究表明，肾血管中的小动脉内皮下的透明纤维和胶原纤维发生沉积，导致内膜增厚。由于弹性组织的增生，小动脉内膜增厚，小动脉表现出萎缩。肾脏老化的另一个特征是肾小球循环的形成（入球和出球小动脉之间形成直接通道）和自主血管反射功能障碍（Musso et al., 2007）。研究表明，肾脏血管改变有几个结果，如下：

- 肾血管性动脉粥样硬化，可导致肾血管性高血压、缺血性肾病和慢性肾病（Cameron, 1995）。
- 肾内动脉粥样硬化栓塞，当斑块物质从病变的肾动脉脱离并进入肾循环时，就会发生这种情况。肾脏很少能从这种急性损伤中恢复（Cameron, 1995）。
- 肾脏自主神经功能异常，在低血压和 / 或高血压状态下可导致肾脏损伤（Musso, 2002）。

肾小管间质老化

肾小管发生脂肪变性和基底膜的不规则增厚。作为响应，憩室从远曲小管和近曲小管出现，在人类老年患者中，有人认为这些变化可能是复发性尿路感染发生的位置。此外，人类的老化肾脏也显示出肾小管萎缩和纤维化区域的增加（Silva, 2005）。

在动物中，肾小管间质纤维化是慢性肾病病程早期最常见的病变。持续的肾小球损伤可导致肾小球性高血压、单个肾单位 GFR 的增加、肾小球肥大和蛋白尿。蛋白尿伴随着细胞因子的产生（如转化生长因子 $-\beta 1$），引发肾脏纤维化。活化的成纤维细胞随后产生基质成分，如胶原蛋白，从而破坏存活的小管。也会引发慢性缺氧，导致持续的炎症（Korman, 2014）。这些老化的肾小管的生理学变化和导致的临床后果可总结为三点：肾小管功能障碍、髓质低渗性和肾小管脆弱。

肾小管功能障碍

在老年患者中，肾小管处理许多物质的能力发生改变。

钠

尽管年轻和老年患者近端肾单位的表现相似，但在人类研究中，随着年龄的增长，髓袢升支中钠的重吸收减少。这种现象导致两个重要的后果：首先，钠流失量增加；其次，髓质的浓缩能力减弱（髓质低渗性）。因此，老年患者表现出钠排泄增加，且无法最大限度地浓缩尿液（保水）。在老年患者中，钠离子丢失增加的另一个机制是血浆中肾素和醛固酮的基础浓度及其对刺激的反应也降低。然而，需要注意的是，尽管尿钠增加，但全身总钠一般不会随着年龄的增长而显著降低（Alvarez Gregori et al., 2009; Fish et al., 1994）。

钾

研究表明，健康老年人的身体总钾含量低于年轻人，且与年龄呈线性关系。这种现象可以部分地解释为肌肉质量减少,肌肉是体内钾的主要储存场所。此外，老年人的肾脏钾排泄量显著降低，因此虽然全身钾含量较低，但老年患者仍有发展为高钾血症的倾向。这一倾向可以用血清醛固酮浓度降低和对该激素的肾小管反应的减少来解释。研究表明在老年大鼠集合管的闰细胞中 H^+-K^+-ATP 酶（钾重吸收）的活性有所增加（Andreucci et al., 1996），这可能进一步解释了上述倾向。

尿素（Urea）、肌酐（Crea）和尿酸（UA）

在老年群体中，尿素的部分排泄增加，这种现象被认为是尿素通道减少引起的远端尿素重吸收减少所致。关于肌酐的排泄，人类研究表明，年轻人和老年人的净肌酐肾小管重吸收是相似的。年轻和老年群体的血清尿酸水平及其尿液排泄分数也相似（Musso et al., 2009）。

钙（Ca）、磷（Phos）、镁（Mg）

健康的年轻和老年群体的血清钙、磷、镁水平及其尿液排泄分数相似。然而，即使老年患者肾脏钙、磷、镁的代谢没有改变，较低的肠道吸收率也很容易导致低钙血症、低磷血症和低镁血症（Musso et al., 2009）。

促红细胞生成素

促红细胞生成素主要由近曲小管附近的管周间质细胞产生，其产生似乎不受年龄的影响。在健康的老年群体中发现血浆促红细胞生成素的水平是正常的，而正常的年老并不会导致贫血（Musso et al., 2004）。

髓质低渗性（水处理）

全身的总水分会随着年龄的增长而减少。水占年轻人群总体重的 65%，而在老年人群中只占 54%。由于老年人群含水量的降低发生在细胞内，所以老年人群总有低血容量这种病理状态。

衰老导致肾脏浓缩尿液的能力下降。这一现象可以用肾小球循环来解释，髓袢升支钠重吸收缺陷和远端尿素重吸收减少。尿液浓缩能力受损的另一个机制是集合管的管状上皮细胞对抗利尿激素的反应性降低。最后是老年群体中血管紧张素的浓度较低（Sands, 2008）。

肾小管脆弱

老年肾脏中的肾小管细胞很脆弱，因此，很容易发展成急性肾小管坏死和急性肾损伤，损伤后恢复缓慢。如果肾脏在损伤大约 3 个月后不能恢复，便会转为慢性肾病（Musso, 2002）。

老年肾病

以下概述了老年患者可能经历的常见疾病。

肾小球肾炎

肾小球疾病是人类患者慢性肾衰竭的一个重要原因，近年来在兽医学中，肾小球疾病也被越来越多地认识到（图 11.1）。大多数中年以上的动物更容易患有肾小球疾病。患有肾小球疾病的动物可能出现以下其中一种的表现（DiBartola, 2012）：

图 11.1　名叫 Sunny 的金毛猎犬患有肾小球肾炎

（1）如果超过 75% 的肾单位功能丧失（最常见），则体征可能与慢性肾衰竭有关。

（2）体征可能与潜在的感染性疾病、炎性疾病或肿瘤性疾病有关。

（3）在诊断其他医学问题时可能会偶然发现蛋白尿。

（4）体征可能与典型的肾病综合征（如腹水、皮下水肿）有关。

（5）体征可能与血栓栓塞有关（如突然出现呼吸困难伴肺血栓栓塞，突然出现髂动脉或股动脉栓塞）。

（6）系统性高血压引起的视网膜脱离，可能会导致突然失明。

肾小球肾炎是犬（常见）和猫（不常见）慢性肾衰竭的重要原因，其特征是肾小球的形态和功能出现异常。肾小球肾炎通常是肾小球免疫复合物沉积所致。这些复合物引起了以肾小球细胞增殖、毛细血管壁增厚、透明化和肾小球硬化为特征的肾脏损伤。许多不同的疾病过程与免疫复合物的形成和随后的肾小球肾炎的发展有关。然而，大多数情况下，抗原的来源或潜在的疾病过程尚未确定，肾小球疾病被称为特发性疾病（DiBartola, 2012）。与肾小球肾炎有关的年龄相关性疾病汇总见表 11.1。

肾小球也可发生非免疫性损伤。通常是由高灌注（由各种原因引起的系统性高血压或肾小球高滤过率）或低灌注引起的血流动力学介导损伤的结果。也可随着疾病的进展而出现涉及肾小管 / 间质的继发性疾病（Yaphe, 2004）。

表 11.1　慢性肾病常见的年龄相关原因

类型	犬	猫
感染性	细菌性心内膜炎 子宫积脓 慢性细菌感染 败血症	猫白血病病毒 猫传染性腹膜炎 猫免疫缺陷性病毒
炎性	胰腺炎 多发性关节炎 前列腺炎	胰腺炎 免疫介导性疾病 慢性皮肤病
肿瘤	血管肉瘤 肝细胞癌 白血病 肥大细胞增多症 淋巴瘤 移行细胞癌 支气管腺癌	白血病 淋巴瘤
其他	特发性 肾上腺皮质功能亢进 长时间类固醇治疗? 血管损伤 非免疫性高滤过? 糖尿病	特发性 家族病 血管损伤 非免疫性高滤过? 糖尿病

犬发生肾小球肾炎的平均年龄为 7 岁，而猫的平均年龄为 4 岁。大多数肾小球疾病最终会进展并累及肾间质，导致慢性肾衰竭的发展（Yaphe, 2004）。肾小球肾炎的病程变化多变，除非有证据表明其已进展为慢性肾衰竭，否则不应给出病情预后不良的判断。患有肾小球肾炎的犬猫可能会有各种结果：自发缓解、病程稳定、持续蛋白尿数月至数年，或经过数月至数年发展成慢性肾衰竭（DiBartola, 2012）。

尿路感染 / 肾盂肾炎

尿路感染和肾盂肾炎常见于老年群体。细菌尿的发病率已被证明会随着年龄的增长而增加，这是由于解剖结构的改变（如阴道和尿道萎缩）、黏膜防御屏障的改变、尿液成分的改变，以及排尿频率或尿量的改变（Nicolle,

2008）。肾盂肾炎在伴侣动物中的发病率尚不清楚，但被认为是急性肾衰竭和更稳定的慢性肾病恶化的常见原因（Goldstein, 2015）。

老年患者发生共病的情况并不少见，这些共病进一步使它们更容易出现尿路感染。这些共病可能包括尿和/或大便失禁，排尿频率降低或在排尿期间膀胱不能完全排空，例如，继发于潜在的膀胱活动异常、尿糖升高（如糖尿病）、癌症、免疫力下降和继发于慢性肾病的尿比重降低。慢性肾病患者尿路感染的发病率增加可能是由逆行感染引起，由于稀释的尿液提供了更有利的培养基，细菌更容易生存和繁殖。

应密切监测老年患者尿路感染的发展情况。细菌性感染可增加逆行性肾盂肾炎的发生风险，并可导致肾功能进一步显著恶化（Cannon, 2014）。未经治疗的感染还可导致下泌尿道功能障碍、前列腺炎、尿石症、脓毒症、肾盂肾炎和瘢痕化。

急性肾损伤

急性肾损伤（acute kidney injury，AKI），以前被称为急性肾衰竭，是一种突然且严重的肾功能下降。使用“损伤”一词而不是“衰竭”一词表明其具有可逆性和恢复的潜力，这里不用“衰竭”来表示。

急性肾损伤可由多种损伤引起，导致肾小球滤过率、肾小管功能和尿液的生成显著降低。总的来说，将导致废物排泄、液体代谢障碍，以及电解质和酸碱平衡的紊乱（Korman, 2014）。在老年群体中导致AKI最常见的原因如下：

- 肾前性：脱水（主要原因）、低血压、低血容量性休克、出血。
- 肾性：急性肾小管坏死的原因包括持续存在的肾前性原因，肾毒素（如氨基糖苷类、非甾体抗炎药），由原发性或继发性肾小球疾病、急性间质性肾炎、感染性疾病、缺血性原因/血栓形成引起的损伤。
- 肾后性（梗阻性）：包括结石、肿瘤、狭窄、前列腺增生。

急性肾损伤的发展是通过几个阶段发生的，包括起始期、进展期、维持期和恢复期。起始期发生在暴露于毒素或缺血性事件时。进展期发生在对损伤的反应和随后的肾脏损伤期，这加剧了对最初损伤的反应。维持期包括既定的肾小管病变和肾单位的功能障碍。恢复期发生在肾单位修复和功能恢复时，剩余功能性肾单位发生代偿性增生。一般来说，肾脏的恢复发生在肾衰竭后的6～8周内（Kerl, 2015）。

AKI 的原因往往是多因素的，由于存在共病（如糖尿病），使用多药物治疗，或由于肾脏老化本身，老年群体 AKI 的发病率较高。然而，年龄不是急性肾损伤患者存活率的重要决定因素。由于急性损伤可能发展为慢性疾病，所以由任何原因引起的急性损伤都可能导致慢性肾病。

认识到肾损伤的可能性，在起始期给予适当的治疗有助于防止肾衰竭的发生和/或减轻损伤的严重程度。若及早诊断，并及时开始治疗，许多损伤是可逆的。

慢性肾病

慢性肾病是犬猫的一个重要临床问题，在老年患者中最常见（图 11.2）。它是一种由肾单位数量减少导致，以进行性和一般不可逆的肾功能恶化为特征的综合征。据报道，肾病在猫中的发病率大约是犬的 3 倍，而且最常见于老年患者。在一项研究中，没有表现临床症状的慢性肾病患猫的平均年龄为（8.3 ± 1.5）岁，有临床症状的患猫为（14.4 ± 0.7）岁；终末期肾病患猫的平均年龄为（12.5 ± 0.9）岁。在一项对 38 只慢性肾病患犬的研究中，疾病发展的平均年龄为（8.0 ± 4.2）岁（Syme, 2010）。

已知慢性肾病的原因很多，最常见的与年龄相关的病因总结在表 11.2 中。

图 11.2　名叫 Barney 的猫患有肾损伤

表 11.2　慢性肾病常见的年龄相关原因

肾脏病变位置	原因
微血管	系统性高血压和肾小球性高血压 肾小球肾炎
大血管	系统性高血压 慢性灌注不足
肾间质	肾盂肾炎 进行性间质纤维化 肿瘤 阻塞性泌尿道疾病
肾小管	肾小管重吸收障碍 慢性低级别肾毒性 阻塞性泌尿道疾病

肾病可分为两种主要的组织学类型：肾小球疾病和肾小管间质性疾病。肾小球疾病常见于年轻动物（尽管该病在老年宠物中也流行），而肾小管间质性疾病似乎在老年患者中的发病率有所增加（Syme, 2010）。需要注意的是，在患全身性慢性肾病的动物中发现的肾小球、肾小管间质和血管病变通常是相似的，无论最初原因如何，肾脏组织学通常都只显示出明显的间质性纤维化。间质性纤维化常被称为慢性间质性肾炎或肾小管间质性纤维化，这些术语描述了任何原因引起的终末期慢性肾病的肾脏形态学表现（Brown, 2016）。

肾肿瘤

肿瘤的发病率会随着宠物年龄的增长而增加。90% 的肾肿瘤是恶性的，转移性肿瘤比原发性肿瘤更常见（可能是由于肾脏的灌注量大）。原发性恶性肾肿瘤患犬的平均年龄为 7 ~ 9 岁，且公犬患病率较高，肾肿瘤患犬通常不会出现泌尿道症状，而是表现出模糊的系统性疾病的症状，如厌食、体重减轻、发热或呕吐。在某些患者中可能会出现由肥大性骨病导致的跛行但很少出现泌尿道症状（如血尿）。犬最常见的原发性恶性肾肿瘤是肾细胞癌，通常发生在单侧肾脏，占原发性肾肿瘤的 69%。这种肿瘤高度恶性，经常转移到肺、淋巴结、肝脏、大脑或骨骼。

在猫中，肾淋巴瘤是最常见的肾肿瘤，据报道其中有 16% 的猫并发慢性肾病。与犬的表现不同，60% 的肾淋巴瘤患猫表现出与泌尿道有关的体征，包括氮质血症和双侧肾肿大（Korman, 2014）。大约 50% 的猫白血病病毒阳性，其中约 40% 的猫可能涉及中枢神经系统侵袭（Polzin, 2010）。

肾脏健康水平的监测

早期发现和适当干预是维持老年宠物肾脏健康的关键。因此，建议对患者进行生化检查、全血细胞计数、尿液分析和血压检查，以评估和监测肾脏的健康状况。腹部超声有额外的好处，可以评估肾脏的结构及其相关结构。

治疗

治疗旨在减缓影响肾脏的原发性疾病过程，并控制影响病情进展的因素，包括脱水、系统性高血压、蛋白尿、感染、肾素－血管紧张素－醛固酮系统的激活、甲状旁腺功能亢进、缺氧、贫血和氧化应激。还应实施改善疾病临床症状的具体治疗方法。包括治疗恶心、呕吐、食欲不振、脱水和不适。

肾脏老化的特殊注意事项

药物

许多药代动力学参数受到肾脏自然老化过程的影响。这些参数包括进入体循环的药量（以及作用部位的数量，或生物利用度），药物的分布（分布的体积），药物的肾排泄（GFR），以及达到稳定状态的血清浓度或消除药物所需的时间。由于这些药代动力学的变化，老年群体用药容易产生毒性，治疗时应考虑到这些因素（Bennet, 2008）。在低白蛋白血症或 GFR 降低的动物中，需要适当地改变药物剂量，如肾小球肾炎，因为这些变化可以影响药物结合和清除。

饮食

饮食中蛋白质的限制有助于延缓老化肾脏中尿毒症的发生，并已被证明可以延长患有慢性肾病Ⅱ～Ⅳ期犬猫的生存期。除了减少饮食中蛋白质外，其他重要的因素包括减少磷、钠和净酸含量，同时补充 ω－3 脂肪酸和抗氧化剂。重要的是随时可以喝到新鲜的水。

虽然违反常规，但最初肾小球肾炎患者被建议饲喂适度限制蛋白质的饮食。对蛋白丢失性肾病患者的研究表明，高蛋白饮食与死亡率的增加有关。患者低蛋白饮食，寿命更长，发病率更低。这种看似矛盾的原因尚不明确，但很可能与蛋白质在肾小管中的丢失增加有关（Acierno, 2014）。

肾脏老化如何影响宠物的寿命

健康宠物中正常老化的肾脏内发生的慢性变化并不被认为是痛苦的，这些慢性变化通常也不会影响整体的生活质量。然而，如果出现复杂的因素，如尿路感染或肾衰竭，可能会出现不同的临床表现，并直接影响生活质量。尿路感染可引起不适，从而直接影响患者的生活质量。除抗生素治疗外，还需要考虑适当的疼痛管理，以保持患者的最佳舒适度。

如果发展为肾小球疾病或慢性肾病，尿毒症的全部临床表现最终会显现出来，从而影响宠物的生活质量。早期症状包括食欲不振或厌食，并伴有恶心或呕吐。随着疾病的发展，其他系统将受到更严重的影响。在肌肉骨骼系统方面，可进一步发展成恶病质和虚弱。在心肺系统方面，可出现高血压、心力衰竭、肺水肿、冠状动脉疾病和心律失常。对于神经系统，患者可能在疾病的晚期发展成多发性神经病变、抽搐和尿毒症导致的昏迷。继发性甲状旁腺功能亢进是一种潜在的内分泌异常。细胞免疫功能受损、凝血变化和贫血也可能出现。根据症状的严重程度和疾病的阶段，这些共病都可能导致生活质量的下降。

肾脏老化如何影响宠主的生活

慢性疾病的管理以及其固有的临床症状的改善和恶化，对家人来说，可能是一个情感上、身体上和经济上的挑战（图 11.3）。老年宠物慢性肾病的发展可能是一种难以控制的疾病，而满足护理需求可能最终对宠主生活质量的影响远远超过对宠物生活质量的影响。因此，在制订护理计划时，应探讨表 11.3 中的考虑事项。

临终关怀的注意事项

如果宠物患慢性肾病，疾病将继续发展，并进入末期，最终将需要做出关于安乐死还是允许临终关怀、自然死亡的决定。除了更严重的代谢紊乱，外部的身体变化将开始出现和进展。专栏 11.1 给出了可能表明宠物已接近肾病终末期的迹象和症状，并可能有助于指导家庭做出生命终结的决定。

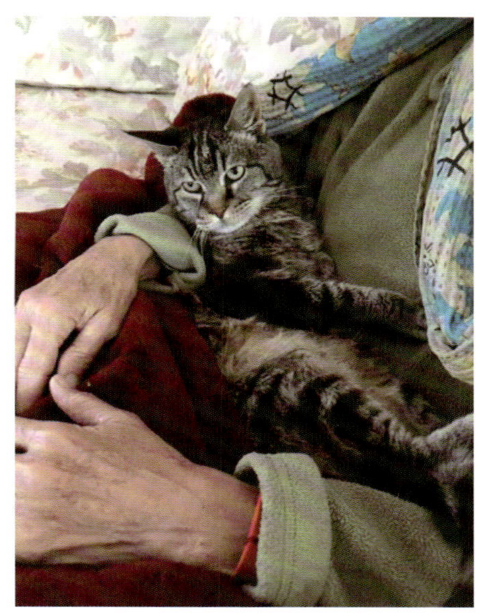

图 11.3　生活质量

表 11.3　关于老年宠物慢性肾病发展的注意事项

注意事项	向宠主提出的问题
提供护理	您的宠物吃药容易吗? 吃药会给您或您的宠物带来困扰吗? 您是否能接受每天皮下补液? 疾病的管理会给您或您的宠物带来困扰吗? 您觉得这种诊断方式会导致您的宠物应激吗? 会给您带来困扰吗? 如果您的宠物不吃肾病处方食物，您会考虑在家中为您的宠物自制食物吗?
宠主的生活方式和工作时间表	您是否可以调整目前的生活方式和 / 或工作时间，为您的宠物提供所需的护理? （这些护理包括因多尿 / 多饮而导致排尿频率增加，让您的宠物可以自由出入户外以排尿） 由于疾病的进展像坐过山车一样起伏不定，您目前的想法和感受是什么? 您想为您的宠物买什么? 不想买什么? 您想要为您自己和您的家人做什么? 不想做什么? 在护理方面您有帮手吗? 需要帮手吗? 您在护理方面有任何限制或困难吗? （包括身体 / 情感 / 时间）
在管理一种潜在的长期疾病时的预期护理费用	有关药物和处方食物的成本考量 有关诊断成本和诊断频率的考量 如果慢性疾病严重急性发作，有关住院需求的考量 有关管理和监测继发性并发症的考量，如高血压的发展

专栏 11.1 可能表明宠物已接近肾病终末期的体征和症状

- 行为改变，如日常幸福感的逐渐丧失，或者退缩或隐藏行为的增加。
- 持续的表情呆滞或眼神“无光”。
- 渐进性和持续性无食欲和 / 或无饮水欲。
- 尽管接受治疗，但仍控制不住恶心和 / 或呕吐。
- 尽管接受治疗，但脱水情况仍在进展，可通过呆滞、凹陷的眼睛、排尿减少以及皮肤弹性变差评估脱水的情况。
- 全身无力发展至步态改变或不能行走。
- 尿毒症导致呼吸或身体气味改变。
- 口腔溃疡：尿毒素性口腔溃疡是肾脏清除率减少引起的胃泌素增加所致。
- 瘙痒：尿毒症性瘙痒在人类医学中已被描述，它是终末期肾病患者因严重尿毒症而引起的一种症状。瘙痒被认为是多因素所致，包括皮肤干燥、钙磷代谢异常 / 甲状旁腺激素升高、毒素积累、新神经的萌芽、全身炎症和其他的共病。
- 进行性低温：在肾衰竭的情况下，低温通常与贫血直接相关，红细胞的减少导致被输送到组织和器官的氧气含量降低，因此，不能氧化产生葡萄糖。脱水和血液循环减少也会导致体温过低。
- 眨眼反应减弱：当患者接近死亡时，通常会开始“睁着眼睛睡觉”。
- 由于血液中毒素的持续积累，患者会出现精神错乱或昏睡。
- 焦躁不安。
- 由于电解质异常或潜在的高血压，惊厥会发展为癫痫。

总结

与老年相关的肾脏变化影响着许多老年患者。需要在兽医肾脏学领域进行进一步的研究，以增加人们对犬猫肾病的理解。尽管这些变化有可能导致相关疾病的发展，但通过适当的管理和护理，宠物和家庭成员通常都可以保持良好的生活质量。

延伸阅读

Acierno, M. (2014) “Proetin Losing Nephropathy - The Latest Treatment Recommendations.” Presented at Atlantic Coast Veterinary Conference, 2014. Baton Rouge, LA.

Alvarez Gregori, J., Musso, C., Macías Nuñez, J. F. (2009) “Renal Ageing.” In J. Sastre, R. Pamolona, J. Ramón (eds), Medical Biogerontology, pp. 111–123. Madrid: Ergon.

Andreucci, V., Russo, D., Cianciaruso, B., Andreucci, M. (1996) “Some Sodium, Potassium and Water Changes in the Elderly and their Treatment.” Nephrology Dialysis Transplantation, 11(Suppl 9): 9–17.

Bennet, W. (2008) "Geriatric Renal Pharmacology: Practical Considerations." In E. Friedman, D. Oreopoulos, J. Sands (eds), Geriatric Nephrology: An Epidemiologic and Clinical Challenge, pp. 205–213. Postgraduate Education Course of the American Society of Nephrology.

Brown, S. A. (2016) "Renal Dysfunction in Small Animals." Merck Veterinary Manual, Available at http://www.merckvetmanual.com/urinary-system/ noninfectious-diseases-of-the-urinary-system-in-small-animals/renal-dysfunction- in-small-animals.

Cameron, J. S. (1995) "Renal Disease in the Elderly: Particular Problems." In G. D'Amico, and G. Colasanti (eds), Issues in Nephrosciences, pp. 111–117. Milan: Wichting.

Cannon, M. (2014) "Chronic Kidney Disease–Why All the Fuss About Proteinuria?" Presented at International Society of Feline Medicine Asia Pacific Conference, 2014.

DiBartola, S. (2012) "Glomerular Disease." In Conference Proceedings, Atlantic Coast Veterinary Conference, February 19–23 2012, Las Vegas, NV.

Polzin, D. J. (2010) "Chronic Kidney disease." In Ettinger, S., and Feldman, E. Textbook of Veterinary Internal Medicine: Disease f the Dog and Cat, Volume 2, pp. 1990–2020. St Louis, MO: Elsevier Saunders.

Fish, L. C., Murphy, D. J., Elahi, D., Minaker, K. L. (1994) "Renal Sodium Excretion in Normal Aging: Decreased Excretion Rates Lead to Delayed Sodium Excretion in Normal Aging." Geriatric Nephrology and Urology, 4: 145–151.

Goldstein, R. (2015) "Canine and Feline Urinary Tract Infections and Pyelonephritis." Preseanted at Pacific Veterinary Conference, June 18–21, 2015, Long Beach, NY.

Kerl M. (2015) Recognizing and Managing Acute Kidney Injury. Presented at ACVIM Forum 2015, June 3–6, Indiana Convention Center.

Korman, R. (2014) "Chronic Kidney Disease–Aetiology, Diagnosis and Staging." Presented at International Society of Feline Medicine Asia Pacific Congress, 2014.

Lefebvre, H. (2010) "Glomerular Filtration Rate in Dogs and Cats: Where are we Now?" ACVIM 2010. Toulous, France.

Musso, C. G. (2002) "Geriatric Nephrology and the 'Nephrogeriatric Giants'." International Urology and Nephrology, 34: 255–256.

Musso, C. G., Musso, C. A., Joseph, H., De Miguel, R., Rendo, P., Gonzalez, E., et al. (2004) "Plasma Erythropoietin Levels in the Oldest Old." International Urology and Nephrology, 36: 259–262.

Musso CG, Macıas Núñez JF. "Feedback Between Geriatric Syndromes: General System Theory in Geriatrics." International Urology and Nephrology, 2006;38: 785–786; 34:255-256.

Musso, C. G., Macías Núñez, J. F., Oreopoulos, D. G. (2007) "Physiological Similarities and Differences Between Renal Aging and Chronic Renal Disease." Journal of Nephrology, 20: 586–587.

Musso, C. G., Michelángelo, H., Vilas, M., Reynaldi, J., Martinez, B., Algranati, L., Macías Núñez, J. F. (2009) "Creatinine Reabsorption by the Aged Kidney." International Urology and Nephrology, 41: 727–731.

Nicolle, L. (2008) "Urinary Infection in the Elderly. When Does it Matter?" In E. Friedman, D.

Oreopoulos, J. Sands (eds), Geriatric Nephrology: An Epidemiologic and Clinical Challenge, pp. 249–260. Postgraduate Education Course of the American Society of Nephrology.

Sands, J. (2008) "Changes in Urine Concentrating Ability in the Aging Kidney." In E. Friedman, D. Oreopoulos, J. Sands (eds), Geriatric Nephrology: An Epidemiologic and Clinical Challenge, pp. 85–94. Postgraduate Education Course of the American Society of Nephrology.

Silva, F. G. (2005) "The Ageing Kidney: A Review–Part I." International Urology and Nephrology, 37: 185–205.

Syme, H. (2010) "The Aging Kidney." In British Small Animal Veterinary Association Congress. Quedgley, UK: BSAVA.

Yaphe, W. (2004) Small Animal Medicine Course. Lecture 8 and 9: Glomerulonephritis and Amyloidosis. vin.com.

第 12 章　肝脏系统

Laura Devlin Bacon

肝脏是人体最大的内脏器官，具有许多与消化、代谢、免疫和在体内储存营养物质有关的基本功能。确切地说，肝脏负责蛋白质、胆汁和胆固醇的生成，脂肪和碳水化合物的代谢，脂肪和铁等物质的储存，毒素、药物和其他代谢产物的分解，免疫系统的维护，并有助于维持稳定的葡萄糖浓度。胆囊与肝脏密切相关，其功能是储存由肝脏产生的胆汁，并根据需要将其分泌到肠道，以帮助消化食物。由于肝脏的门静脉系统，肝脏的血液供应在身体的所有器官中都是独一无二的。对于死亡或损伤的组织，肝脏也具有令人难以置信的再生能力，并有巨大的储备能力，只有 2/3 的功能丧失时才会发生肝衰竭。

和其他器官系统一样，肝脏也有一些年龄相关的变化。肝脏的大小和重量随着年龄的增长而减小。肝血流量和微粒体酶活性均降低，再生率和解毒率均下降（Schmucker, 2005）。在细胞层面上也存在着许多衰老的变化。老年犬肝脏的细胞学变化包括肝细胞显著增大，核质比降低，中性粒细胞出现的频率增加，每个细胞的细胞核数量增加。更大的肝细胞和细胞核数量的增加可能与结节性增生有关，而结节性增生的发生率会随着年龄的增长而增加。细胞质体积增加而细胞核大小保持不变。此外，与中年犬相比，在年轻犬和老年犬中观察到的中性粒细胞频率增加的变化可能反映了对抗非特异性反应性肝炎的免疫反应（Stockhaus et al., 2002）。年龄大的犬猫患肝病的风险更大，这很可能是体重、血流量、再生率和肝脏解毒能力的下降所致。这些变化会增加老年宠物发生肝脏异常的风险（Schmucker, 2005）。

肝病患者会出现多种非特异性临床症状，包括嗜睡、食欲减退、厌食、体重减轻、多尿和多饮、间歇性呕吐和腹泻。肝病更典型的症状是黄疸、低蛋白性腹水、肝性脑病和凝血不良。患者可能有慢性病史，也可能有急性病史。当超过 80% 的肝脏受到影响时，大多数患者就会出现疾病的临床症状。然而，一些患有肝病的动物不会出现任何临床症状（图 12.1）。

肝病的诊断可能会给临床医生带来困难。可以通过体格检查和实验室筛查试验来检测肝病。随后的检查可能包括肝功能检查、X 线检查或超声检查、

图 12.1 该肝病患猫的唯一表现是耳廓上皮肤黄染

肝脏细针穿刺和肝活检。在大多数情况下，对特定疾病的明确诊断需要进行组织病理学检查（Nelson 和 Couto, 2014）。然而，在小动物医学中通过细针穿刺评估肝脏细胞学的使用频率越来越高。与大孔径经皮穿刺活检相比，细针穿刺的优点包括侵袭性最小，操作简单，最小的镇静需求以及出结果的时间最快。2013 年的一项回顾性研究显示，局灶性肝病的细胞学评估对肿瘤的诊断具有很高的准确性。细胞学在排除肿瘤，检测炎性疾病，确认空泡性变化、增生和坏死方面不如组织病理学可靠（Bahr et al., 2013）。

可能造成老年宠物肝病的原因有很多，包括病毒和细菌性感染、免疫性疾病、毒素，以及心脏疾病引起的血流变化。以下是对老年犬猫常见肝病的一般描述。在本章末尾进一步描述了肝病的其他支持性治疗。

犬的肝病

慢性肝炎是犬中最常见的肝病（Lawrence 和 Steiner, 2015）。在大多数慢性肝炎患犬中，其原因尚不清楚。组织病理学上，慢性肝炎的特征是肝细胞坏死，一种可变的单核或混合炎性细胞浸润，具有再生性和纤维化的特点。虽然某些品种易患慢性肝炎，如杜宾犬、西高地白㹴、拉布拉多猎犬、美国可卡犬和英国可卡犬，但任何品种都可能会患慢性肝炎。多数病例是特发的。犬慢性肝炎的已知原因有药物相关（卡洛芬、苯巴比妥、甲氧苄啶 / 磺胺嘧啶），感染性疾病（犬腺病毒 1 型、疱疹病毒、钩端螺旋体病），遗传性疾病（α-1-蛋白酶抑制剂缺乏症）和各种毒素，自身免疫性和铜蓄积性肝中毒。急性和慢性肝炎通常影响中老年犬。铜蓄积性肝病的平均发病时间较早（Poldervaart et al., 2009）。

犬慢性肝炎的一般治疗原则包括通过免疫抑制治疗来控制炎症过程，抗氧化治疗防止氧化应激，抗纤维化治疗抑制纤维化。

对症治疗的目的在于减轻症状和减缓纤维化的进展。主要药物有止吐药和抗酸药，抑制肾素－血管紧张素系统的药物，以及适当的饮食治疗。对传染性肝炎和铜蓄积性肝病的病例需要采用适当的抗菌药和螯合剂（Lawrence 和 Steiner, 2014）。

铜蓄积性肝病可以是原发性疾病也可以是继发性疾病。从肝细胞中释放铜的保护机制受损导致肝细胞铜蓄积。这种情况的自我延续并伴有肝细胞的损伤导致铜蓄积增加。继发性铜蓄积性肝病继发于肝脏的炎症。尽管任何品种都可能患有原发性铜蓄积性肝病，但贝灵顿㹴、西高地白㹴、斯凯㹴和杜宾犬更易感。

铜蓄积性肝病需要通过定量肝组织内铜含量诊断，干重状态下，正常组织铜含量 < 400 μg/g。铜含量 > 750 μg/g 干重的患者应采用铜还原疗法。治疗包括低铜饮食，如希尔斯®处方食物®l/d®。铜可以与 D–青霉胺、曲恩汀和四亚甲基二砜四胺（毒鼠强）螯合。元素锌可口服诱导肠黏膜金属硫蛋白的合成，该金属硫蛋白对铜具有高亲和力，并与膳食铜结合，限制铜的吸收（Nelson 和 Couto, 2014）。

门静脉高压是慢性肝炎和纤维化的一个重要后果，偶尔可在急性肝病患犬中看到。门静脉高压是指门静脉系统中血压的持续升高。它是由通过肝窦的血流阻力增加或者门静脉或后腔静脉阻塞引起的。压力的增加导致肠壁水肿和溃疡、腹水和获得性门体分流。门静脉高压的主要治疗方法有解决原发性疾病，预防和治疗胃肠道溃疡，避免使用致溃疡药物（Nelson 和 Couto, 2014）。

肝硬化是指正常肝脏结构丧失，由纤维组织取代了正常的肝细胞。肝硬化发生在慢性肝病的终末期，通常发生在老年动物中。这些病例长期看预后不良，因为该疾病是由肝组织功能丧失引起的，不太可能再生。长期护理需要低蛋白饮食，补充维生素 B，若有必要，类固醇药物可以帮助维持几个月良好的生活质量。

慢性浸润性疾病

当肝细胞被脂质、糖原、淀粉样蛋白或其他物质浸润时，肝脏结构和功能可能发生改变。肝脂质沉积症是糖尿病患犬常见的组织病理学发现，尽管它很少导致肝功能障碍相关的临床问题。类固醇性肝病常见于使用外源性糖皮质激素和自然发生肾上腺皮质功能亢进的老年犬中。严重的类固醇性肝病可导致肝功能受损，但大多数犬不会出现与肝功能障碍相关的体征。淀粉样变性是另一种较少见的浸润性疾病。

肝皮综合征

肝皮综合征（也称为浅表坏死松懈性皮炎）是一种与某些肝病相关的皮肤疾病。虽然尚不清楚犬的病理生理学和潜在的原因，但患犬循环氨基酸水平较低。这种疾病通常在老年小型品种中发现，公犬的占比较高（Outerbridge et al., 2002）。皮肤病变可能会反反复复持续几个月。病变包括趾间红斑、结痂、糜烂，以及脚垫、鼻子、眼周、肛周和生殖器区域角化过度。可能出现肝病的迹象，也可能在疾病后期发展成糖尿病。治疗包括停用任何肝毒性药物，补充氨基酸和蛋白质，抗生素治疗继发性皮肤感染，以及补充锌和脂肪酸。肝皮综合征预后很差。

肝性脑病

肝性脑病是一种复杂的神经系统综合征，是由严重肝病引起的脑功能障碍（图 12.2）。通常肝功能丧失 > 70% 时才会出现。肝性脑病常见于患门体分流的年轻动物。在老年患者中，常与肝脏肿瘤有关。其他原因包括继发于慢性活动性肝炎和转移性肿瘤的肝衰竭。

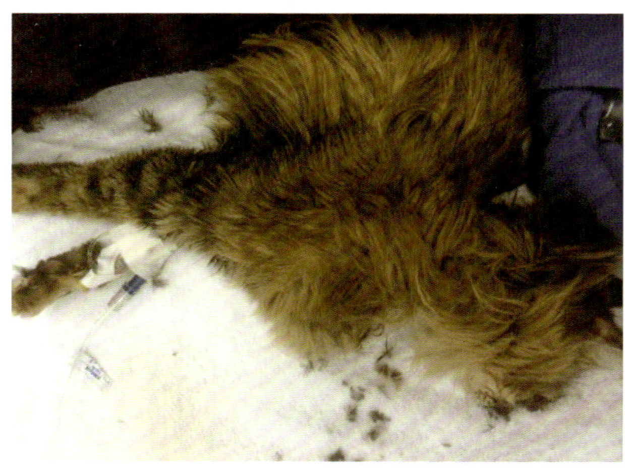

图 12.2　肝性脑病的初始表现

除了大脑功能障碍的症状外，肝性脑病所引起的神经系统异常可能包括踱步、转圈、流涎、失明和头部压迫，随后可能出现昏睡、抽搐或昏迷。诊断基于在有神经功能障碍的患者中记录肝功能障碍的情况以及对治疗的反应（Hoskins, 2005）。药物管理的目标是最小化肝性脑病的症状，包括减少饮食中的蛋白质、避免可能加重症状的药物，以及使用灌肠、乳果糖和抗生素，如甲硝唑和阿莫西林，以减少毒素形成。

肝脏肿瘤

原发性肝脏肿瘤最常见于 10 岁或以上的犬。肝细胞癌是最常见的原发性肝脏肿瘤。转移性肿瘤也很常见，特别是脾脏、胰腺和胃肠道的原发性肿瘤的转移。系统性恶性肿瘤，如淋巴瘤，也会影响肝脏。手术切除是治疗单个肝叶肿瘤的选择。因为目前尚无有效的治疗方法，弥散性肝细胞癌和其他恶性肿瘤的预后很差。犬转移性肝脏肿瘤的治疗效果取决于原发性肿瘤的类型和位置，反应程度可以从非常好到极佳（如犬的多中心型肝脏淋巴瘤）或者较差（如已转移的癌症）（Nelson 和 Couto, 2014）。

胆囊黏液囊肿

胆囊黏液囊肿是由于胆囊内的黏液不适当积聚而引起的胆囊扩张。这种情况可导致胆囊破裂和胆汁性腹膜炎。宠物发生胆囊黏液囊肿的平均年龄为 11 岁。胆囊黏液囊肿与内分泌疾病有关。一项研究表明，肾上腺皮质功能亢进患犬发生黏液囊肿的概率是没有肾上腺皮质功能亢进犬的 29 倍。胆囊黏液囊肿还与甲状腺功能减退、胰腺炎、高脂血症和高脂肪饮食有关（Mesich, 2009）。图 12.3 显示了一只怀疑患有肾上腺皮质功能亢进的老年犬的胆囊黏液囊肿的超声外观。

血管性疾病

由于血液积聚和血管充血，心力衰竭可导致肝脏循环系统的改变。任何导致右心室功能不全的原因都可能与严重的肝脏充血有关。肝功能障碍的主要病理生理机制要么是充盈压力增加引起被动的肝脏充血，要么是心输出量低导致肝脏灌注受损。中央静脉压升高引起被动的肝脏充血可能导致肝酶和血清胆红素升高。肝脏灌注严重减少可能会导致急性肝细胞坏死和血清转氨酶显著升高（Alvarez 和 Mukherjee, 2011）。

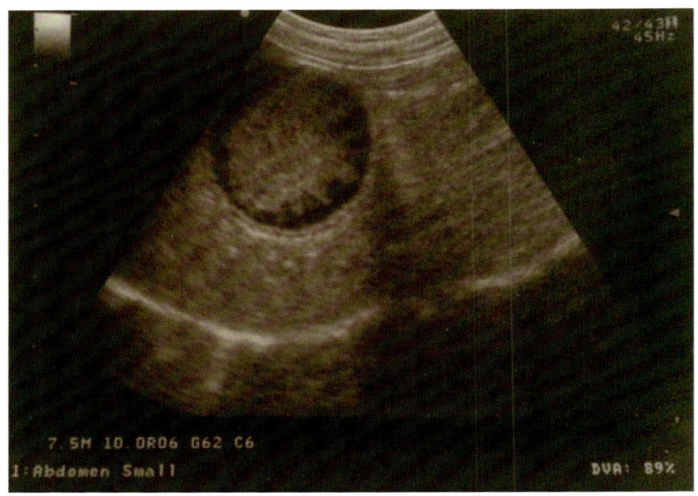

图 12.3　一只疑似肾上腺皮质功能亢进的老年患犬，伴有胆囊黏液囊肿。胆囊黏液囊肿可能显示回声膜或条纹，通常被描述为星状和条纹状，类似于猕猴桃的横切面（“猕猴桃征”）

猫的肝病

炎性肝病

炎性肝病是猫中第二常见的肝病。中性粒细胞性（急性）胆管炎 / 胆管肝炎最常见于中青年猫，而淋巴细胞性（慢性）胆管炎 / 胆管肝炎在老年猫中更常见。慢性胆管肝炎的病因尚不清楚，细菌在这种情况下的作用也不清楚。经常联合使用抗菌药物和糖皮质激素，或在开始抗生素治疗 2 周后使用糖皮质激素。泼尼松龙最初每 24 h 口服 1 ～ 2 mg/kg，并逐渐减少到尽可能低的维持剂量。熊去氧胆酸片每 24 h 口服 10 ～ 15 mg/kg（Nelson 和 Couto, 2014）。

肝脂质沉积症

肝脂质沉积症可能是原发性疾病或继发于其他疾病。除非患猫集中饲喂，否则该病常见于肥胖的猫，死亡率较高。原发性肝脂质沉积症的发病机制尚不清楚，但似乎涉及脂肪在肝脏中的动员、缺乏膳食蛋白质和其他营养物质、食欲不振。继发性肝脂质沉积症可能与任何引起猫厌食的疾病有关，最常见的疾病有胰腺炎、糖尿病、其他肝病、炎性肠病和肿瘤。大多数受影响的猫是中年猫，但继发性肝脂质沉积症更常见于老年猫。

尽管肝脂质沉积症通常可以通过细针穿刺样本的细胞学评估来鉴别，但需通过肝脏楔形活检的组织病理学确诊。治疗的目的是恢复营养状况和管理系统性疾病的根本原因。及早且频繁地给予高蛋白饮食是降低死亡率最重要的因素。建议使用鼻饲管、食道饲管或胃管进行肠内营养（Nelson 和 Couto, 2014）。

铜蓄积性肝病

虽然与犬相比，关于猫铜蓄积性肝病的可用信息很少，但据研究表明，铜在猫的肝脏中可以原发性和继发性的过程进行积累。患有原发性铜蓄积性肝病的猫可能需要长期治疗。2013 年的一项研究结果表明，猫的铜蓄积性肝病也可能继发于各种肝病，并可能导致肝损伤（Hurwitz et al., 2014）。

肝脏肿瘤

猫的转移性肝脏肿瘤比原发性肝脏肿瘤更常见。恶性淋巴瘤是最常诊断出的造血系统肿瘤。肝细胞腺瘤是猫最常见的原发性良性肿瘤。当老年猫在触诊、X 线检查或超声检查中发现肝叶肿大时，要考虑肿瘤性疾病。猫最常见的原发性恶性肿瘤是胆管癌（图 12.4）。腺瘤和肝癌都可能在猫的肝脏内形成囊性结构，这些囊性结构可以长得非常大，最终引起呕吐和厌食等临床症状。局限于 1 ～ 2 个肝叶的肝癌可以进行手术切除。低级别高分化的淋巴瘤患猫口服泼尼松龙和苯丁酸氮芥的长期生存预后良好（Armstrong, 2007）。

反应性肝病

反应性肝病是继发于原发性非肝病的肝脏变化，如炎性肠病、甲状腺功能亢进和心脏病。通常，反应性肝病也有一定程度的继发性脂质沉积。

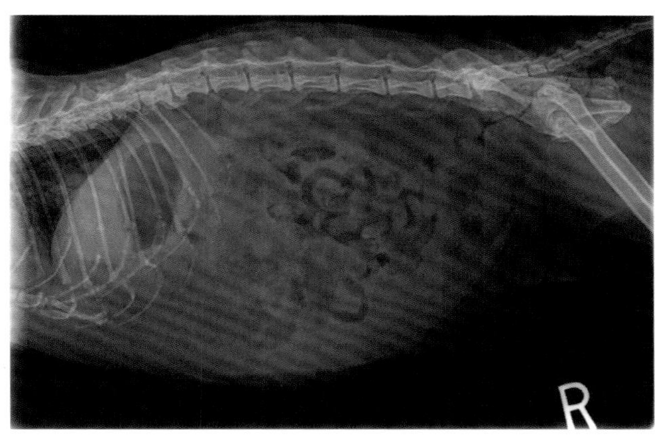

图 12.4　一只厌食和黄疸的老年母猫患有胆管囊腺瘤

治疗

肝病的管理需要同时治疗潜在的肝病以及其临床症状和并发症（如腹水、胃十二指肠溃疡、肝性脑病，见专栏 12.1）。肝病会影响患者的生活质量。患猫常见凝血功能障碍，而在慢性肝病患犬中常见门静脉高压伴腹水、获得性门体分流和胃肠道溃疡的风险。肝性脑病和蛋白质 – 能量营养不良在犬猫中都很常见。有效处理这些问题对于保持肝病和肝衰竭患者的舒适和健康至关重要。根据疾病的进程和阶段，通过支持性治疗和对症治疗，可以使犬猫在一段时间内保持良好的生活质量。

饮食对肝病和肝衰竭患者很重要。一般建议，膳食蛋白应占可消化热量的 17% ～ 22%。只有存在蛋白质不耐受临床症状的患者（如肝性脑病患者），才应限制蛋白质。碳水化合物应该提供大部分的能量需求，而脂肪占比不应该过高。食物必须可口，可以选择可加热食物或者添加少量蛋白质或碳水化合物的食物。建议铜蓄积性肝病患犬食用限铜食物。一些患者愿意食用商业处方食物（如希尔斯 l/d），或由兽医营养师制作的食物。患有腹水的宠物可能需要食用低钠饮食，而那些低白蛋白的患者可能需要更多的膳食蛋白。有证据表明，纤维素对肝病患者有益。车前草是一种可溶性纤维，可作为膳食纤维补充剂，剂量为 1 ～ 3 茶匙 /d（Twedt, 2015）。

专栏 12.1　肝病和肝衰竭的常见问题及并发症

- 呕吐。
- 腹泻。
- 厌食。
- 多饮 / 多尿。
- 肝肿大。
- 黄疸。
- 腹水。
- 肝性脑病。
- 胃肠道溃疡。
- 蛋白质 – 能量营养不良。
- 凝血疾病。
- 门静脉高压。
- 获得性门体分流。

人们越来越喜欢使用营养品治疗肝病。高浓度的胆汁酸、积累的重金属和炎症会导致肝脏产生自由基。抗氧化剂已被证明可以改善导致氧化损伤的慢性肝细胞损伤。维生素 E（α－生育酚）已被证明对人的慢性肝炎有效，并可能对犬猫也有益。最常用的推荐剂量是 10 ～ 20 IU/kg 或 400 ～ 600 IU/d，口服。奶蓟（水飞蓟素）和 S– 腺苷 –L– 蛋氨酸（SAMe）也被证明可以保护肝细胞免受毒素和皮质类固醇诱导的损伤。水飞蓟素具有抗氧化、抗炎、抗纤维化和保肝作用。SAMe 可为肝细胞提供谷氨酰胺，这是肝细胞内代谢反应维持肝脏功能所必需的。水飞蓟素目前推荐的口服剂量为 20 ～ 50 mg/(kg·d)，犬的口服剂量为 17 ～ 20 mg/kg，猫的口服剂量为 200 mg/d（Webb 和 Twedt，2008）。

乙酰半胱氨酸可能作为一个重要的甲基供体，并增加细胞内谷胱甘肽的浓度。它直接作为一种自由基清除剂，最常用于治疗严重的氧化损伤，特别是对乙酰氨基酚中毒。推荐剂量为最初 140 mg/kg，IV，然后 70 mg/kg，IV 或口服，每 8 ～ 12 h 给予一次，一天 3 ～ 6 次。

抗纤维化药物可能有助于预防炎症过程中的胶原沉积，并刺激胶原酶活性以预防肝硬化。秋水仙碱经常被用于实现这一目的，尽管它在犬身上的有效性尚未被研究。剂量为 0.025 ～ 0.03 mg/kg，每日一次。锌具有抗纤维化作用，剂量为犬 1 ～ 10 mg/（kg·d），猫 7 mg/（kg·d）。熊去氧胆酸被推荐用于治疗犬猫所有类型的炎性肝病。它具有抗炎、免疫调节和抗纤维化的特性，并可增加胆道分泌物的流动性。熊去氧胆酸已被安全地用于犬猫，口服剂量为 10 ～ 15 mg/(kg·d)。不良反应并不常见，通常仅限于轻度腹泻。研究发现，血管紧张素Ⅱ抑制剂氯沙坦［Zestril™, 0.25 ～ 0.5 mg/（kg·d）］可以通过影响星状（产生纤维化）细胞的功能来减少或预防人的肝脏纤维化。

由于患者肝脏清除肠道细菌的功能减弱，使用抗生素有助于预防败血症，并降低细菌定殖的风险。建议使用阿莫西林、头孢菌素或甲硝唑。甲硝唑可能有一定的免疫抑制和抗菌作用。对于肝病，建议药物减少至 7.5 ～ 10 mg/kg，口服，每日 2 次，降低肝脏的代谢。

胃保护剂被推荐用于治疗胃肠道溃疡患者。硫糖铝是治疗胃肠道溃疡的主要药物，通过与组织结合，形成一个防止胃酸渗透的屏障进而治疗溃疡。犬的剂量通常为每 30 kg 体重一片，猫的剂量是 250 mg/ 猫，口服，每日 3 次。此外，也可以使用 H_2 受体拮抗剂（如雷尼替丁、法莫替丁），尽管有证据表明在肝病中胃 pH 正常或升高时可能不需要使用它。应避免使用西咪替丁。奥美拉唑是一种非常有效的胃酸分泌抑制剂，口服 0.7 mg/kg（0.2 ~ 1.0 mg/kg），每日一次。

利尿剂和治疗性穿刺对腹水患者很有用。由于肾素 – 血管紧张素 – 醛固酮系统的激活，螺内酯通常是治疗肝病中最有效的利尿剂。剂量通常为 1 ~ 2 mg/kg，PO，BID，至少需要 2 ~ 3 d 才能起效。尽管需要监测低钾血症，但是如果需要可以增加呋塞米。一般情况下应避免腹水穿刺，仅在腹水危及生命、导致呼吸受限或引起明显不适时才进行穿刺（Nelson 和 Couto, 2014）。

建议所有胆汁淤积性（高胆红素血症）肝病患者补充维生素 K_1。皮下注射 0.5 ~ 1 mg/kg，持续 3 ~ 5 d。如果原发性胆汁淤积障碍仍存在，则每周注射 1 次。活动性出血患者可使用新鲜冷冻血浆和重组因子Ⅶ a（Twedt, 2015）。

整合医学对肝病患者有益。有几种中草药配方可能对治疗小动物肝病有效（Marsden, 2013）。针灸对胃肠运动有正向调节作用，是治疗任何呕吐或腹泻的一种极好的辅助手段。它在刺激食欲和减少与各种肝病相关的恶心方面非常有用（Schoen, 2001）。

关注宠主

不同类型的肝病，有不同的预期结果和预后。一些宠主可能会选择不进行侵入性操作或全面和详细的诊断。缺乏诊断可能使兽医难以提供准确的治疗或向宠主提供预期的病程和预后。

宠主照护肝病和肝衰竭患者的困难可能很多。肝病的治疗费用对宠主来说很高。对于大型犬，处方食物或家庭自制食物，以及任何药物和补充剂，每月要花费几百美元。多种药物的治疗可能非常耗时，特别是当各种药物必须在一天内分开服用时。当宠物出现呕吐、腹泻和多尿时，护理宠物和保持环境清洁也很耗时。宠物厌食会让宠主感到沮丧，而呕吐、腹泻和多尿等症状会给宠物和宠主带来压力。许多类型的肝病都有此消彼长的特性。

对于长期预后较差至严重的宠物，应指导宠主如何保持生活质量，以及如何识别肝衰竭的并发症。对于有严重腹水、肝性脑病、顽固性呕吐、腹泻、凝血疾病导致的贫血和胃肠道出血的患者可以选择临终关怀和安乐死。由于需要避免致溃疡性和肝毒性药物，以及由于肝脏代谢和处理药物的能力发生了变化，晚期肝病患者的疼痛管理可能很困难。并发骨关节炎和其他由于肝病而无法妥善控制的疼痛会显著影响患者的舒适度。

当宠主因经济或其他原因无法为宠物提供可维持生命质量的护理时，应考虑对宠物实施人道安乐死。

延伸阅读

Alvarez, A. M., and Mukherjee, D. (2011) "Liver Abnormalities in Cardiac Diseases and Heart Failure." International Journal of Angiology, 20: 135–142.

Armstrong, P. J. (2007) "Neoplasms of the Feline Liver and Pancreas." Presented at the 79th Western Veterinary Conference, Las Vegas, Nevada, 2007.

Bahr, K. L., Sharkey, L. C., Murakami, T. (2013) "Accuracy of US-Guided FNA of Focal Liver Lesions in Dogs: 140 Cases (2005–2008)." Journal of the American Animal Hospital Association, 49: 190–196.

Hoskins, J. D. (2005) "Liver Disease in the Geriatric Patient." Veterinary Clinics of North America Small Animal Practice, 35: 617–634.

Hurwitz, B. M., Center, S. A., Randolph, J. F., McDonough, S. P. (2014) "Presumed Primary and Secondary Hepatic Copper Accumulation in Cats." Journal of the American Veterinary Medical Association, 244: 68–77.

Lawrence, Y., and Steiner, J. (2015) "Canine Chronic Hepatitis." Today's Veterinary Practice, 5: 32–39.

Marsden, S. (2013) "An Integrative Approach to Hepatic Disease." In Proceedings of the Australian Veterinary Association Annual Conference 2013 Proceedings Online, May 26–31. Cairns, Queensland, Australia.

Mesich, M., Mayhew, P. D., Holt, D. E., Brown, D. C. (2009) "Gall Bladder Mucoceles and their Association with Endocrinopathies in Dogs: a Retrospective Case–Control Study." Journal Of Small Animal Practice, 50: 630–635.

Nelson, R. W., and Couto, C. G. (2014) Small Animal Internal Medicine (5th ed.) St Louis, MO: Elsevier, Saunders.

Outerbridge, C. A., Marks, S. L., Rogers, Q. R. (2002) "Plasma Amino Acid Concentrations in 36 Dogs with Histologically Confirmed Superficial Necrolytic Dermatitis." Veterinary Dermatology, 13: 177–186.

Poldervaart, J. H., Favier, R. P., Penning, L. C., Van Den Ingh, T. S. G. a. M., Rothuizen, J. (2009) "Primary Hepatitis in Dogs: A Retrospective Review (2002–2006)." Journal of Veterinary Internal Medicine, 23: 72–80.

Schmucker, D. (2005) "Age-Related Changes in Liver Structure and Function: Implications for Disease?" Experimental Gerontology, 40: 650–659.

Schoen, A. (2001) Veterinary Acupuncture, Ancient Art to Modern Medicine (2nd ed.). St Louis, MO: Mosby.

Stockhaus, C., Teske, E., Van Deh Ingh, T., Rothuizen, J. (2002) "The Influence of Age on the Cytology of the Liver in Healthy Dogs." Veterinary Pathology, 39: 154–158.

Twedt, D. C. (2015) "Treatment Considerations for Liver Disease." Presented at the 2015 Ontario Veterinary Medical Association and Trade Show Proceedings, Ontario, Canada.

Webb, C. and Twedt, D. (2008) "Oxidative Stress and Liver Disease." Veterinary Clinics of North America Small Animal Practice, 38: 125–135.

第 13 章　呼吸系统

Cheryl A. Braswell

本章阐述了呼吸系统的作用，随着宠物“健康衰老”而发生的变化，宠物随着年龄增长常见的疾病状态，以及对这些状况的一般治疗建议，并解释了为什么这些疾病会发生在老年犬猫群体中。此外，本章还将讨论针对临终关怀患者呼吸困难的急救治疗方法。

在健康的年轻哺乳动物中，呼吸系统为肺泡提供必需的氧气。氧气通过细胞膜扩散，随后通过血液（主要是血红蛋白）输送到身体的细胞。氧气是机体细胞高效产生线粒体三磷酸腺苷所必需的，这是细胞功能的基础。同时，呼吸系统也是细胞代谢的最终产物二氧化碳排出到外界环境的途径。空气流动和氧气–二氧化碳交换是通过呼吸肌（膈肌、肋间肌和辅助肌）有节奏的收缩和舒张，以及支气管平滑肌的张力来完成的（Lalley, 2013）。在年轻的健康个体中，当膈肌向下收缩并且肋间肌向外扩张胸壁时，胸腔内压暂时降低，导致空气流入肺部。肺泡表面活性物质可减少弹性回缩力，使肺泡在吸气时保持开放。在安静呼吸（主要是被动呼吸）的呼气过程中，胸壁肌恢复到静止状态，肺的弹性回缩允许呼出气流（Lalley, 2013）。

呼吸系统的健康衰老

人们已经对呼吸系统随着年龄增长的变化进行了大量研究。尽管这些研究并非都适用于犬猫，但共同的逻辑表明，其中许多关键点可应用于动物。随着时间的推移，脊柱、肌肉和肋骨的变化会影响正常功能。椎间隙的减小会减少肋骨之间的空间并影响肋间肌的收缩，使其效率降低。随着年龄的增长，肌肉的内在变化包括收缩力减弱，吸气 / 呼气肌力减弱。当生病时，肌肉力量的减弱会影响患者对通气需求增加的反应能力，导致呼吸衰竭的风险增加（Lowery, 2013）。肋骨软骨和椎关节的钙化导致胸壁顺应性降低，这也影响了患者对通气需求增加的反应能力（Lowery, 2013）。

随着年龄的增长，机体清除肺部黏液的能力下降。这归因于咳嗽强度降低和清除气道颗粒物的能力改变（Lowery, 2013）。咳嗽强度的降低与前面讨论的肌肉变化有关。清除颗粒物的能力下降与黏膜纤毛系统的变化有关。鼻黏膜纤毛细胞负责在颗粒进入更小的气道之前将其清除。随着时间的推移，下气道黏膜纤毛细胞则从气道中清除细小颗粒。年龄增长和黏膜纤毛清除率下降之间的关系可能与纤毛的“跳动频率”有关。值得注意的是，许多患者通过宠主接触香烟烟雾，其对跳动频率有巨大的负面影响（Lowery, 2013）。

随着年龄的增长，气道的呼吸阻力增加，肺弹性下降。当考虑到胸壁顺应性下降和呼吸肌力量减弱时，老年群体的呼吸储备减少并在面临疾病或损伤时显著恶化就不足为奇了（Lowery, 2013）。在人类中，直到70岁时，肺功能平均下降约20%（Petersen, 2014）。呼吸系统疾病患者和接触香烟烟雾等环境因素的患者肺功能下降更为明显。据记载，即使在健康的非吸烟人类患者中，由于肺组织萎缩、丢失及弹性丧失，气体交换效率也随年龄增长而下降（Petersen, 2014）。尽管保持了整体健康且总体状态良好，但这些变化还是会发生。

众所周知，在老年小型动物中，尽管肺部氧气扩散正常，但与衰老相关的机械变化导致通气和灌注的精确匹配受到干扰，从而影响最佳的氧合效果（Mosley, 2005）。这些变化与人类中记录的变化相似：胸壁顺应性下降、肋间肌和膈肌萎缩，以及肺泡弹性下降（Mosley, 2005）。对缺氧和高碳酸血症的通气反应明显减弱。也有证据表明保护性喉和咽反射降低（Mosley, 2005）。

在老年患者中，肺部免疫反应被夸大。在一项肺损伤的动物模型研究中（Alvis 和 Huges, 2015），老年动物的肺部炎症反应虽然延迟，但最终比年轻动物更严重。这导致当面临炎性呼吸道疾病时，老年患者的肺损伤更严重。

呼吸困难的痛苦

我们必须考虑“呼吸困难”这个术语及其含义。在兽医学中，呼吸困难意味着吃力或困难地呼吸（Mellema, 2008）。然而，在人类医学中，定义集中在不愉快的感官体验上，认为呼吸困难实际上是一种痛苦。“疼痛是对组织完整性受到威胁时的反应，而呼吸困难则是对充分通气受到威胁时的反应”（Mellema, 2008）。在人类文献中有完整的记载，据临终关怀患者口述，与呼吸困难相关的痛苦等同于未受控制的疼痛带来的痛苦。作为高级医护人员，我们必须减轻患者呼吸困难的痛苦，无论其病因如何。

喉部

喉部疾病因上气道阻塞的严重程度而异。犬猫都可能受到喉麻痹、喉塌陷和喉部肿物的影响。猫喉部与犬的不同之处在于杓状软骨没有楔形突和角状突。猫会厌的两侧通过咽黏膜直接与环状软骨板相连。喉部的内在肌肉负责所有喉部功能，包括调节气流、吞咽时避免呼吸道误吸，以及控制发声（Macphail, 2014）。环杓肌负责在吸气时扩大声门。尾侧喉神经是喉返神经的终末段，负责支配除环甲肌以外的所有喉部肌肉（由颅喉神经支配；Macphail, 2014）。

喉麻痹在老年大型犬和巨型犬中并不少见。多数情况下，这是一种在生命后半段发生的获得性疾病（超过 9 岁），已发现的病因包括意外创伤、医源性创伤、颈部肿物和神经肌肉疾病。尽管许多犬在喉麻痹诊断后的一年内发展为全身性神经病变，但在大多数犬中，喉麻痹的病因被归类为特发性的。事实上，患有特发性喉麻痹的犬可能患有进行性全身性多发性神经病变（Macphail, 2014）。

老年发作性喉麻痹多发性神经病变被认为是更合适的术语。在这种情况下，吸气时杓状软骨和声带不会向外侧移动，从而造成上气道阻塞。这些患者会有嘈杂的吸气性呼吸声（喘鸣）和运动不耐受，最早的迹象是声音改变和轻微咳嗽或干呕。该疾病的病程是多变的，有的个体在出现明显呼吸窘迫之前，症状可能持续数月到数年。剧烈运动、炎热和潮湿会加重病情。随着患者呼吸频率和力度的增加，杓状软骨黏膜可能会发炎和水肿，使气道阻塞加重。喉麻痹患者极易发生吸入性肺炎。值得注意的是，一些喉麻痹患者还会出现进行性食道功能障碍，这很可能与进行性多发性神经病变有关。

明确的诊断需要进行直接的喉部检查并观察杓状软骨运动缺失。在此检查过程中，要密切注意镇静的深度，因为受麻醉剂和镇静剂的影响，假阳性结果很常见（Macphail, 2014）。许多人主张使用盐酸多沙普仑（1 mg/kg，IV）来增加吸气时喉部的运动并确认诊断。还建议对患者进行甲状腺功能检查，并在需要时适当补充甲状腺素（尽管这很少改善临床症状）。

单侧喉麻痹的医疗管理目标是通过改变环境、减少运动、宠主教育、减轻体重和考虑使用抗炎药来改善生活质量。偶尔服用镇静剂可能会有益。

严重受影响的犬（双侧）可能需要手术治疗。已经描述了许多不同的外科手术技术。吸入性肺炎是外科治疗患者中最常见的并发症，发生率为10% ~ 20%。然而，据报道，术后宠主满意度很高。大多数宠主认为他们的宠物在手术后生活质量得到了显著改善（Macphail, 2014）。

猫的喉部疾病并不常见，但当它发生时，主要影响左侧。其症状与犬的症状非常相似，如吸气性呼吸困难、叫声变化、呛咳和喘鸣（Thunberg 和 Lantz, 2010）。猫患这种疾病的原因通常无法确定，但据报道与创伤、肿瘤和甲状腺切除术后的医源性创伤有关。猫可以像犬一样接受药物治疗，或者如果病情严重，可能需要手术治疗（Thunberg 和 Lantz, 2010）。

喉塌陷通常与短头气道阻塞综合征有关。这种疾病严重程度不一，取决于个体塌陷的程度。一些患者受到的影响相对较小，而另一些患者的症状较明显且会随着年龄的增长而加重。鼻孔狭窄、软腭过长、喉小囊外翻和气管发育不全是这一系列遗传异常的标志。由于其解剖结构的差异，短头犬患者与其他犬相比，对气流的阻力增加，管腔内压力梯度增加（Macphail, 2014）。气道直径减少 50% 会导致阻力增加 16 倍（泊肃叶定律）。在这些犬中，为克服气道阻力而产生的负压增加是疾病进展的主要因素。

第一阶段是喉小囊外翻进入声门，使气道变窄。加大呼吸力度会导致气流紊乱，进而导致组织水肿和小囊炎症，进一步使气道变窄。在第二阶段，杓状软骨失去应有的强度并塌陷到管腔中。在第三阶段，每个杓状软骨的角状突疲劳，然后向中线塌陷，导致喉完全塌陷。喉塌陷的早期阶段可以进行手术治疗。对于晚期疾病，建议进行永久性气管造口术，尽管许多宠主对此无法接受（Macphail, 2014）。

值得注意的是，短头气道阻塞综合征患者也并存与其气道受损程度相一致的胃肠疾病。在短头犬中，消化系统（例如，食道偏离、贲门肌无力、胃食道和胃十二指肠反流、食道裂孔疝、胃排空弛缓、黏膜增生、食道炎、十二指肠炎）和呼吸系统（上气道杂音、打鼾）症状之间存在关联。这很可能继发于上呼吸道梗阻引起的慢性胸腔负压。有趣的是，91% ~ 100% 的病例在气道手术矫正后胃肠道症状消失（Hoareau et al., 2011; Meola, 2013）。

遗憾的是，胃肠道疾病会导致反流和 / 或呕吐。因为这些患者不能很好地保护它们的气道，所以它们更容易发生误吸。一旦短头品种患者发生吸入性肺炎，它们的康复就将极具挑战性（Hoareau et al., 2011）。对于患急性呼吸窘迫综合征短头品种的急救管理应集中在氧合、通气和体温管理上。轻度镇静通常是有帮助的。

喉部肿瘤在犬或猫中并不常见。预后是谨慎的，因为大多数病例在诊断时已是晚期。继发于炎性疾病的良性喉部肿物在犬和猫中均有记录，但极为罕见。

气道

气道塌陷是犬咳嗽的常见原因，可能涉及颈段气管、胸内气管和 / 或支气管壁。支气管壁可以是主支气管或其他由软骨支撑的较小的气道（Maggiore, 2014）。这种状况的原因不明。它可能是原发性的（先天性的）或获得性的（炎性的）。典型的气管塌陷通常见于老年小型犬和玩具犬，表现出阵发性（增强 / 减弱）呼吸症状，通常被描述为干燥、刺耳或响亮且持续的咳嗽。这种症状通常会因兴奋、饮水或进食或者牵拉牵引带而恶化。

气管塌陷是由气管软骨软化引起的，其特征是气管环背腹扁平化，气管膜下垂到管腔内（Maggiore, 2014）。气管环的软化是糖胺聚糖和硫酸软骨素的减少所致。气管基质的变化和保水能力的丧失导致维持功能性强度的能力下降（Maggiore, 2014）。每当管腔外压力超过管腔内压力时，气管膜的脱垂就会导致管腔变窄，从而导致气道塌陷。

由于呼吸周期压力的变化，颈部气管塌陷发生在吸气时，胸内气管塌陷发生在呼气时。气道的动态塌陷会引发更多的炎症、气管水肿、黏膜纤毛系统的改变或功能衰竭、黏液分泌增加和气道中黏液滞留（Maggiore, 2014）。猫和大型犬很少发生气管塌陷。

虽然气管塌陷几乎只发生在小型犬身上，但支气管软化症（支气管塌陷）可以影响任何品种的犬。这种情况会导致胸内气道狭窄和管腔直径减少，并降低清除分泌物的能力。这会导致慢性咳嗽、喘鸣和间歇性或慢性呼吸困难。据报道，45% ~ 83% 的犬类有支气管塌陷症状（Maggiore, 2014）。支气管软化和胸内气管塌陷都会导致呼气用力增加。在一些胸内气道塌陷的犬中，在呼气期间，仔细观察有时可以发现前肺通过胸腔入口疝出。

对气道塌陷患者进行彻底检查是必须的，因为通常存在共病，如喉麻痹，据报道多达 60% 的气管塌陷患者存在喉麻痹（Maggiore, 2014）。气道塌陷患者三尖瓣反流的发生率明显高于无气道塌陷患者。肝肿大也很常见（Maggiore, 2014）。诊断气道塌陷的金标准是彻底的喉部目视检查和支气管镜检查。医学管理包括减重、环境控制（温度）、炎症和/或感染治疗、止咳剂和支气管扩张剂。

当医学管理失败时，应考虑手术干预。如果出现颈部气管塌陷，管腔外气管环可作为治疗选择。这种手术通常会导致术后喉麻痹。胸内气管塌陷可以通过放置管腔内支架来处理，可以挽救生命。气管支架置入术通常需要大量的医学管理，并发症包括细菌感染、支架断裂或移位，以及肉芽组织阻塞管腔。

出现呼吸窘迫的气道塌陷病例属于急诊，应通过环境降温、供氧、镇咳药物和谨慎镇静来稳定病情。

支气管炎

犬慢性支气管炎是一种会导致咳嗽的炎性疾病，并可能导致运动不耐受和呼吸窘迫（Rozanski, 2014）。这被认为是犬的一种综合征，而不是明确的诊断。它也被认为是老年小型犬的常见病，支气管扩张是疾病控制不良的后果。大多数慢性支气管炎患犬全身状况良好，唯一的主诉是持续的有痰咳嗽。这些患者经常出现呼吸性心律失常，被认为是迷走神经张力增加所致。重要的是要记住，患有慢性气管支气管疾病的犬也可能患有肺动脉高压，这也可能导致晕厥（Rozanski, 2014）。

在慢性支气管炎中，气道变窄是由气道增厚和黏液分泌过多共同造成的，这导致气道阻力增加。这在呼气时更明显。也可能有呼气性气道塌陷导致过度充气。过度充气会增加呼吸做功，并使肺功能障碍永久化（Rozanski, 2014）。

支气管镜检查是首选的诊断方式。支气管肺泡灌洗液的细胞学检查通常显示中性粒细胞浸润和过多的黏液。这种慢性疾病导致支气管壁增厚和软化，从而加剧气流阻塞和进行性炎症。炎症反应引起持续咳嗽，并导致肺功能逐渐下降。慢性肺病导致肺动脉高压。

犬慢性支气管炎的治疗目标包括减轻炎症、限制咳嗽和提高运动耐受性。治疗也有望预防或减缓疾病进展和相关的气道重塑。应消除任何环境污染物（如香烟烟雾或其他气体刺激物）。应控制肥胖，因为它会明显加剧咳嗽、损害肺功能并限制活动。应该用胸背式牵引绳代替项圈。糖皮质激素是治疗的主要药物，因为它们可以减少炎症，从而减轻咳嗽。吸入性糖皮质激素已广泛用于人类，并越来越多地用于慢性支气管炎患犬。使用支气管扩张剂的有效性证据有限。抗生素只适用于慢性支气管炎急性恶化并合理怀疑感染的犬。咳嗽抑制剂有助于改善患者及其家人的生活质量（Rozanski, 2014）。

哮喘

尽管人类哮喘的诱因很多，但除了过敏原以外，几乎没有证据表明其他刺激物是猫哮喘的重要风险因素（Reinero, 2011）。猫会自发发生一种类似于人类哮喘的综合征。人类和猫之间的物种相似性导致了用于临床前研究的过敏性哮喘猫模型的发展，该模型适用于猫和人类（Reinero, 2011）。

当猫暴露于吸入性过敏原时，免疫系统会对其进行处理，从而产生细胞因子，这些细胞因子协调过敏炎症反应系统并导致免疫球蛋白 E（immunoglobulin E，IgE）的产生。再次暴露于过敏原时，结合的 IgE 会发生交联，导致脱颗粒和炎症级联反应的进一步加剧。患者出现哮喘的标志性特征：嗜酸性粒细胞性气道炎症、气道高反应性 / 气流阻塞和气道重塑（Reinero, 2011）。尽管哮喘被认为是一种猫科疾病，但某些犬（尤其是竞赛雪橇犬）表现出运动引发的气道炎症和气道高反应性，这模拟了人类中寒冷运动诱发的哮喘。

现在人们认为，哮喘和慢性支气管炎是最常见的猫下呼吸道疾病，应被视为两种不同的疾病（Reinero, 2011）。慢性支气管炎是由以前的损伤引起的，如感染或吸入刺激物。它被描述为下呼吸道的嗜中性粒细胞性炎症，伴有呼吸道黏膜水肿和肥大，以及黏液分泌过多。猫哮喘是一种 T 细胞诱导的超敏反应，其特征是嗜酸性粒细胞性气道炎症和支气管收缩（Schulz, 2014）。这两种疾病的特异性鉴别需要高级诊断，如支气管肺泡灌洗。

对人来说，肺功能测试非常有帮助。对支气管扩张药物的阳性反应是区分哮喘和其他形式下呼吸道疾病的重要手段。在作者所在国家的某些地区，与心丝虫相关的呼吸系统疾病综合征或呼吸道寄生虫（*Aelurostongyla abstrusus*）的临床症状与哮喘相同，也可导致嗜酸性粒细胞性气道炎症。

患有哮喘的猫科动物通常对以下一种或多种药物有反应：口服糖皮质激素、吸入氟替卡松或氟尼缩松，以及支气管扩张剂（甲基黄嘌呤、短效和长效 β–2 激动剂和抗胆碱药）。人们提倡每天摄入含有抗氧化剂木犀草素的 ω–3 多不饱和脂肪酸来抑制生物活性类花生酸的产生。一项研究表明，这种补充剂可以降低气道高反应性，但作为一种独立的治疗方法效果不够。利多卡因作为一种治疗严重哮喘的潜在药物引起了人类医学的兴趣，并在猫哮喘实验模型中进行了研究（Trzil 和 Reinero, 2014）。在这项猫研究中，健康和实验性哮喘猫每 8 h 通过雾化吸入利多卡因（2 mg/kg），给药 2 周。实验表明，利多卡因可降低气道高反应性，但没有减少气道嗜酸性粒细胞。重要的是，在猫身上没有发现不良反应（Trzil 和 Reinero, 2014）。

值得注意的是，目前所有治疗猫哮喘的方法在过敏性炎症级联反应的后期才起作用，而且实际上只是治标不治本。任何过敏类型的唯一潜在治愈疗法是过敏原特异性免疫疗法（Reinero, 2011）。这种疗法的难点在于正确识别特定个体的过敏原。只有非常匹配的过敏原才有可能通过诱导耐受性而助力免疫治愈，这有可能使治疗停止并获得永久性益处（Trzil 和 Reinero, 2014）。急需进一步的研究。

肺实质

肺炎

细菌性肺炎通常与吸入酸性胃内容物（吸入性肺炎）、继发于病毒感染或吸入异物有关。细菌性肺炎在犬中比在猫中更常见（Dear, 2014）。健康的动物（和人）具有降低吸入风险的机制。吞咽时，会厌软骨收缩、杓状软骨闭合以封闭气管并保护气道。任何影响正常吞咽反射的情况都会导致误吸，而当误吸发生时，任何抑制正常咳嗽反射的因素都会导致更广泛的肺部浸润和急性肺损伤。诱发误吸的情况包括食道疾病、慢性呕吐、喉功能障碍、短头气道阻塞综合征、神经系统疾病（包括癫痫）和全身麻醉（Dear, 2014）。

由于吸入物的酸性性质，吸入胃内容物对肺部的最初损伤是刺激和炎症（吸入性肺炎）。这种呼吸道损伤为胃内容物中的细菌（肠道菌群）定殖创造了条件。有人主张对有误吸风险的患者使用抗酸剂，但仍存在争议，因为更碱性的胃 pH 值会增加常驻细菌菌落数（Dear, 2014）。

犬猫传染性肺炎通常始于上呼吸道病毒感染（Dear, 2014）。这些病况经常是急性的且自限性的。然而，在一些患者中，与病毒性疾病相关的炎症会影响患者的免疫防御，并继发感染细菌病原体而引发下呼吸道感染（肺炎）。犬传染性呼吸道疾病就是这种情况，以前被称为“犬窝咳”，其中涉及的病毒有犬呼吸道冠状病毒、疱疹病毒、肺炎病毒和副流感病毒。

这些病毒感染为链球菌、支原体和鲍特菌等继发肺炎奠定了基础（Dear, 2014）。在猫中，病毒性呼吸道感染也可能导致部分患者发生细菌性肺炎。猫科动物中常见的细菌包括巴氏杆菌、大肠杆菌、葡萄球菌、链球菌、假单胞菌、鲍特菌和支原体（Dear, 2014）。

任何全身性病毒，如猫白血病病毒或猫免疫缺陷病毒，都可能加重呼吸道感染的严重程度。化疗和免疫抑制剂等各种药物引起的免疫抑制会导致感染的可能性和严重性增加。过度拥挤和 / 或有压力的环境与风险增加有关。

临床体征和体格检查结果可能因疾病的病因、严重性和慢性程度而模糊不清且多种多样。通常，患有轻度疾病的犬猫在体格检查时可能没有异常。一个早期的线索是呼吸模式改变，呼吸频率增加，以及呼吸力度适度增加。听诊通常只能发现刺耳或增强的呼吸声。不到 50% 的患者会表现发热症状（Dear, 2014）。可能有也可能没有轻微的咳嗽。猫宠主经常把咳嗽描述为干呕或呕吐。X 线检查是主要的诊断方式，但重要的是要记住 X 线片异常显现通常晚于临床症状的表现。因此，在病程早期重复进行 X 线检查并无益处，但可能有助于在停用抗生素前记录疾病的消退。

在病情稳定的轻度患者中，推荐使用单一抗生素治疗。中度患者可能需要双重治疗，而重度患者可能需要升级药物治疗，使用不常用的药物，如羧苄青霉素。对于某些患者，应考虑使用黏液溶解剂、雾化吸入、拍背或吸氧。不推荐使用镇咳药。

间质性肺病

间质性肺病是一组影响肺间质的异质性疾病。它们是非传染性和非恶性的（Heikkilä-Laurila 和 Rajamäki, 2014）。这组疾病包括嗜酸性粒细胞性肺炎、淋巴细胞性间质性肺炎、闭塞性细支气管炎和肺纤维化等。对这些疾病的全面回顾超出了本章的范围。肺纤维化是一种典型的疾病过程，主要发生在犬身上，尤其是西高地白㹴。人类和猫都有肺纤维化的记录。免疫介导性疾病、感染、慢性炎症、环境化学物质和其他肺部原发性损伤，以及遗传缺陷可能导致人类的继发性肺纤维化。与其他自发或诱导的动物模型相比，猫肺纤维化模型与人类疾病最为相似。

特发性肺纤维化是一种病因不明的慢性进行性间质性肺病（Heikkilä-Laurila 和 Rajamäki, 2014）。疾病过程的本质表现为缓慢进展的临床症状，并可能与衰老相混淆。对该疾病的发病机制和遗传学的作用知之甚少。

肺纤维化引起肺间质增厚，导致气体交换障碍。在人类中，它被认为是由对远端肺实质的慢性、重复性伤害引起的，导致肺泡上皮细胞损伤和凋亡（Heikkilä–Laurila 和 Rajamäki, 2014）。损伤后，存在异常的愈合过程，成纤维细胞和肌成纤维细胞积聚并沉积大量细胞外基质，导致最终的结构变化（Heikkilä–Laurila 和 Rajamäki, 2014）。这种疾病通常影响中年至老年的小型犬，在西高地白㹴中尤为普遍。据报道，患特发性肺纤维化的西高地白㹴的中位生存期为临床症状发作后 16 个月和诊断后 7 个月（Lilja–Maula et al., 1999）。

起初，这些患者除了运动不耐受和慢性咳嗽（并非所有受影响的犬都咳嗽），看起来相当健康。临床症状进展包括晕厥、干呕、气喘和呼吸急促。这种疾病不可避免地会随着呼吸困难、发绀和呼吸衰竭的加重而进展（Heikkilä–Laurila 和 Rajamäki, 2014）。值得注意的是，肺癌与肺纤维化同时发生已在犬、猫和人中被证实。

体格检查时，这些患者通常是清醒且警觉的，伴有双侧吸气性“Velcro”样啰音（类似粘扣带接触时“啪”的声音）。如果存在肺动脉高压导致的三尖瓣反流，则可能出现右侧低级别收缩期杂音。低氧血症很常见，并且随着疾病的发展会变得更加严重。尽管氧气水平低，但大多数患犬仍然保持清醒，能够适应慢性缓慢进展的疾病，对于这种疾病，X 线片上的变化既不特异也不敏感。

肺纤维化没有有效的治疗方法。护理的目标是减少临床症状并尝试减轻可能的并发症（Heikkilä–Laurila 和 Rajamäki, 2014）。对于我们关注的物种，可以尝试的各种药物包括皮质类固醇、支气管扩张剂和镇咳药。一种新药吡非尼酮已在欧洲和亚洲获批用于人类。这种药物具有抗纤维化、抗氧化和抗炎作用。日本的一项研究表明，它减缓了肺纤维化患者的肺功能下降（Heikkilä–Laurila 和 Rajamäki, 2014）。有时，呼吸功能的急性恶化可能是由肺炎引起的，解决相关问题非常重要。然而，有时无法确定病情急性加重的原因。在人类中，肺纤维化急性加重的死亡率高达 50%。在肺动脉高压患者中，治疗的目标是努力降低肺动脉压。西地那非和他达拉非是磷酸二酯酶 –5 抑制剂，已被证明是有益的。

肺血管系统和肺动脉高压

虽然有许多疾病会导致肺动脉高压，但在本章中，只考虑那些涉及呼吸系统的疾病。心丝虫病通常被认为是一种原发性阻塞性血管疾病，但也被证明会引起肺炎（Kellihan 和 Stepien, 2010）。慢性肺实质疾病，如慢性支气管炎或肺纤维化，可导致肺毛细血管床破坏和肺血管压力升高（Kellihan 和 Stepien, 2010）。在人类中，局部或全身缺氧可导致反应性肺动脉高压（Kellihan 和 Stepien, 2010）。犬的局部或全身缺氧可由慢性支气管炎、支气管扩张、喉麻痹和气管塌陷引起。肺炎、肺毛细血管床的破坏、因缺氧和限制性肺病导致的反应性血管收缩，以及肺血管动脉结构改变，都可能最终导致肺动脉高压。

这种情况最常见于中年到老年的小型犬（Kellihan 和 Stepien, 2010）。临床症状多种多样，从咳嗽到呼吸困难到嗜睡，但这些患者中运动不耐受和晕厥的发生率很高。体检结果反映肺部病理。听诊发现刺耳的呼吸声到细微的湿啰音。三尖瓣杂音、二尖瓣杂音和奔马律均有报道。诊断方式包括胸部 X 线检查、心电图和超声心动图。在晚期，会出现右侧心力衰竭的症状，表现为右心增大和腹水。在人类患者中，肺动脉高压同时诊断出伴有右侧心力衰竭与不到 6 个月的预期寿命相关（Kellihan 和 Stepien, 2010）。

治疗目标是增加运动耐受性、降低肺动脉压、减少右心室工作负荷，以及提高生活质量。治疗潜在疾病是重中之重。如果疾病被认为是特发性的或对潜在疾病的治疗不充分，则需要使用肺血管扩张剂。选择性磷酸二酯酶 –5 抑制剂（如西地那非或他达拉非）表现出积极的结果（Kellihan 和 Stepien, 2010; Kellihan et al., 2015）。

胸膜腔

胸腔积液

胸膜腔是由脏层胸膜和壁层胸膜形成的潜在空腔，通常含有少量液体，以减少摩擦并为正常呼吸提供胸壁和肺之间的机械耦合（Dempsey 和 Ewing, 2011）。当毛细血管静水压增加、渗透压梯度增加、内皮通透性增加或淋巴引流受损时，胸膜腔内液体增多（Dempsey 和 Ewing, 2011）。增加的液体被称为胸腔积液，按照惯例分为漏出液、改性漏出液和渗出液。通过分析液体的细胞计数和蛋白质水平来对其进行分类。漏出液和改性漏出液是毛细血管静水压增加或毛细血管胶体渗透压降低（即流体动力学改变；Dempsey 和 Ewing, 2011; Epstein, 2014）的结果。它们的特征是细胞计数低，蛋白浓度低（漏出液）或高（改性漏出液）（Dempsey 和 Ewing, 2011）。

渗出液通常由炎症反应及相关介质或淋巴引流受阻引起（Epstein, 2014）。它们通常是由外来物质（无论是否具有传染性）、肿瘤性、外源性物质、血管破裂导致的出血、乳糜性积液引起的（Dempsey 和 Ewing, 2011）。值得注意的是，猫科动物可能因原发性心脏病而出现乳糜性积液。

胸腔穿刺术具有诊断和治疗的双重作用。这一操作完全在主治兽医的能力范围内，无论是全科医生还是临终关怀提供者。可能导致胸腔积液的情况多种多样，超出了本章的范围。老年动物中可能遇到的疾病包括心脏病、蛋白丢失性肾病或肠病、肝病和肿瘤等。积液类型的确定将指导病因的研究，并最终指导针对潜在病因的治疗。

自发性气胸

继发性气胸是钝性创伤的常见后果。因此，当气胸发生时，通常假定为外伤引起的。科学文献记载，犬和猫都存在自发性气胸（Liu 和 Silverstein, 2014）。气胸通常分为原发性或继发性。虽然人类的原发性气胸（无潜在病因）是存在的，但在犬猫中尚未记录。兽医学的自发性气胸是继发性的，也就是说，与某种主要的潜在疾病有关。导致猫气胸的呼吸系统疾病多种多样，通常是慢性的。文献记载的继发性自发性气胸（secondary spontaneous pneumothorax, SSP）的原因包括哮喘、心丝虫感染、肿瘤、血栓栓塞、继发于细菌和寄生虫感染的肺炎等。在猫中，多达 26% 的病例的病因是哮喘（Liu 和 Silverstein, 2014）。基于哮喘作为患猫 SSP 病因的普遍性，使得一位作者将患者分为哮喘相关 SSP 和非哮喘相关 SSP。猫潜在疾病的普遍性很少适合手术治疗。在大多数情况下，药物治疗可以在短时间内提供良好的生活质量。由于潜在疾病的渐进性，生存时间预计不长。

犬的 SSP 最常见的原因是大疱性肺气肿。在这些病例中，手术治疗比药物治疗的复发率更低，预后更好。导致犬 SSP 的其他原因包括肺脓肿、细菌性肺炎、异物迁移、寄生虫（包括心丝虫）、慢性阻塞性肺部疾病和血栓栓塞（Liu 和 Silverstein, 2014）。患有广泛性肺病的犬长期预后不良。

这些病例的医疗管理有时可能是保守的，或者可能需要重症监护。一些病例可能通过简单的胸腔穿刺术就能好转，而另一些病例将需要放置胸腔引流管。也有些患者的气胸非常轻微，不需要进行胸腔穿刺。

建议进行其他诊断以确定潜在疾病。继续治疗以明确诊断为基础。对于广泛性肺实质疾病，短期预后可能良好，但最终潜在疾病的进展性通常不允许长期生存。

胸壁

虽然胸壁和膈肌对呼吸功能至关重要，但影响这些结构的疾病在老年患者中可能被忽视。非创伤性肋骨骨折和获得性食道裂孔疝可导致其发病率显著增加。其他胸壁 / 膈肌异常包括肿瘤和神经肌肉疾病。本节的目的是强调非创伤性肋骨骨折可能是导致老年患者呼吸困难的潜在原因。

在没有已知外伤的情况下，多发性肋骨骨折的诊断提醒临床医生考虑潜在疾病（Hardie et al., 1999）。可能使老年患者容易发生非创伤性肋骨骨折的情况包括长时间严重呼吸困难和过度咳嗽，并伴有代谢疾病或肿瘤疾病等（Hardie et al., 1999; Adams et al., 2010）。继发性肾性甲状旁腺功能亢进和肾性骨营养不良是慢性肾病众所周知的影响（Adams et al., 2010）。浆细胞肿瘤可侵袭骨骼，导致溶骨性病变、弥漫性骨质疏松和病理性骨折（Adams et al., 2010）。从病史上看，非创伤性肋骨骨折患者年龄较大，多根肋骨骨折更靠近尾侧（第 9 ~ 13 肋骨），并发生在肋骨中间 1/3 处。创伤性骨折往往发生在较年轻的动物和肋骨近端 1/3 处，肋骨在胸腔中的位置可变。

肋骨骨折的临床症状，尤其是在猫身上，可能很微妙，可能会作为其呼吸系统疾病的一部分而被忽视。虽然这些骨折通常不需要明确的治疗，但如果动物疼痛没有得到适当的处理，它们被认为是痛苦的，生活质量也会受到影响（Adams et al., 2010）。

原因

所谓的健康衰老，只是在没有疾病或损伤的背景下才达到的体内平衡。对于老年患者来说，胸壁顺应性下降、肋间肌强度下降、咳嗽强度降低、黏膜纤毛系统受损，以及氧气和通气不足，只有在发生疾病、损伤或需求增加时才会成为显著问题。在它们的日常生活中，这些患者能够代偿与年龄有关的变化，但当发生疾病时，它们的恢复变得困难。那么，是什么使这些群体容易患病，而健康的衰老过程又如何影响了疾病的进程和预后呢？答案可能在细胞和亚细胞水平上。

老化的肺部变得对内源性和外源性损伤或压力高度敏感，这促进了疾病的进展。一种理论认为，衰老导致自由基增加，引发氧化应激，从而促进各种疾病进程（Nho, 2015）。氧化应激是活性氧类的产生和身体天然抗氧化防御之间的失衡。氧化应激增加诱导过早的细胞老化和衰老（Nho, 2015）。在一些物种中，抵抗氧化应激的能力与寿命延长相关。因为衰老会增加慢性缺氧，形成过量的自由基。慢性缺氧与肺纤维化之间存在密切关系（Nho, 2015）。

小核糖核酸（micro-ribonucleic acids，miRNAs）是协调各种信使 RNA 功能的重要表观遗传机制。它们是内源性的非编码的 21 ~ 25 个核苷酸的单链小 RNA，几乎在生物学的每个方面都起着至关重要的作用（Nho, 2015）。已有确凿证据表明，miRNAs 与衰老有关，并与多种人类疾病有关。miRNAs 与人类大脑衰老、脑功能衰退和神经退行性疾病密切相关。各种研究结果表明，某些 miRNA 与肺部衰老有关，这些变化会导致衰老相关的肺部疾病。miRNA 失调最初被认为只与癌症发展有关，但现在已涉及心血管疾病、肺病和炎性疾病（Nho, 2015）。miRNAs 和抗 miRNA 之间的平衡可以改变控制代谢、内分泌信号、营养感应和应激抗性的途径（Nho, 2015）。

Sirtuins（长寿蛋白）1–7（SIRTs 1–7）是酵母菌在哺乳动物中的同源物。SIRT 家族在包括细胞凋亡、肌肉和脂肪细胞分化、染色质浓缩和代谢在内的各种生物学过程中起着至关重要的作用（Nho, 2015）。氧化 / 羰基应激导致的持续 DNA 损伤，与人类慢性阻塞性肺部疾病的发作有关，这表明 SIRT 1 的失调与肺部疾病的进展有关（Nho, 2015）。研究表明 Sirtuin 家族成员，尤其是 SIRT 3 与线粒体完整性、线粒体 DNA 损伤修复和衰老有关（Kim et al., 2015）。目前有 SIRTs 如何调节活性氧驱动的线粒体代谢的概念模型，这可能对肿瘤抑制功能很重要（Kim et al., 2015）。目前对肺泡上皮细胞线粒体 DNA 损伤和凋亡的病理生物学研究为治疗年龄相关疾病（包括肺纤维化和肺癌）提供了新的治疗靶点（Kim et al., 2015）。

与年龄相关的免疫功能下降（免疫衰老）可能在与年龄相关的肺部疾病（如感染、哮喘和慢性呼吸道疾病）的表现中起着重要作用。哺乳动物衰老的特征包括基因组不稳定性、表观遗传变化、细胞通信改变和免疫功能失调（Murray 和 Chotirmali, 2015）。老年人的免疫系统随着年龄的增长而衰退，增加了他们对感染和癌症的易感性。衰老的宠物遭受更严重的群体获得性感染，预后往往更差。它们对疫苗接种的反应也有所下降。这种免疫功能的生理性下降被称为“免疫衰老”。更准确地说，免疫衰老是由年龄相关变化导致的细胞免疫和适应性免疫受损（Murray 和 Chotirmali, 2015）。衰老还与慢性低级别炎症状态有关，这种状态在健康的衰老个体中受到白细胞介素 -10 等细胞因子的抑制（Murray 和 Chotirmali, 2015）。这种慢性低级别炎症状态决定了许多呼吸系统疾病的临床表型，包括哮喘、慢性气道疾病和肺纤维化。

呼吸困难患者的急诊处理

关于老年犬猫呼吸系统疾病管理的一般建议已在前面的章节中介绍过。现在将焦点转向呼吸困难的患者，特别是那些在姑息治疗和临终关怀阶段中的患者。不管患者的病因如何，这些建议都是有效的。这些急救疗法不会解决患者呼吸困难的根本原因，但至少会在一段时间内减轻它们的痛苦。通过减轻宠物的痛苦，家人或照护人也会得到安慰。

一种在家中很容易实施的干预措施是在呼吸困难的宠物面前放一台风扇，对着它们的脸部吹送凉风。据报道，在通风良好的房间里进行面部降温对人类患者有益（Williams, 2006）。尽管该机制仍是推测性的，但人们怀疑空气的温度（冷）通过刺激气道中的温度感受器缓解了呼吸困难的感觉。焦虑总是伴随着窒息感。在这段困难时期，为宠物营造一个平静舒适的环境会有所帮助。镇静剂对某些患者也可能有益。

在人类临终关怀和姑息治疗方面的研究表明，针灸和穴位按压对慢性呼吸系统疾病患者，尤其是对慢性阻塞性肺部疾病患者有益（Williams, 2006）。这些患者报告说，当他们的标准治疗辅以补充治疗和替代疗法时，他们获得了临床上的显著改善。一项针对慢性阻塞性肺部疾病住院患者生命末期补充疗法和替代疗法的系统综述发现，这些干预措施是有益的（Williams, 2006）。

在人类临终关怀中，对于呼吸困难患者，将阿片类药物作为首选药物这一事实已经是常识。大量研究证明，适当服用阿片类药物可以缓解呼吸困难，但不会加速死亡。尽管“从低剂量开始，逐渐增加剂量”是一个公认的原则，但在呼吸困难的临终关怀患者中不应停用阿片类药物（纯 μ 激动剂）。在其他健康的外伤患者中，氢吗啡酮的经典剂量是静脉或肌肉注射 0.1 ～ 0.2 mg/kg。对于呼吸困难的临终关怀患者，作者通常从 0.01 ～ 0.02 mg/kg 的剂量开始静脉或肌肉注射。阿片类药物每 15 min 重复给予一次，直到出现缓解。虽然以氢吗啡酮为例，但是任何阿片类药物（芬太尼、羟考酮、吗啡）都可以使用。如果考虑使用部分 μ 受体激动剂、κ 受体拮抗剂、布托啡诺，请注意其起效时间相当延迟（肌肉注射时长达 40 min）。许多医生主张对呼吸系统疾病患者使用布托啡诺。可以考虑使用 μ 受体激动剂 / 拮抗剂布托啡诺，但如果使用后发现效果不佳，随后使用纯 μ 受体激动剂的效果将显著降低。这一点也适用于丁丙诺啡。

另一种新疗法是硫酸镁（$MgSO_4$）和呋塞米的雾化治疗（图 13.1）。$MgSO_4$ 是一种平滑肌松弛剂，因此也是支气管扩张剂。$MgSO_4$ 雾化没有禁忌证，也没有明显的并发症。用无菌水稀释 $MgSO_4$，雾化 10 ~ 12 min，然后通常接着给予 5 mg/kg 呋塞米雾化。雾化呋塞米只有 20% 会被全身吸收，因此不会有明显的利尿效果。根据作者的经验，在雾化过程完成之前，患者就变得很舒适，能够休息和睡眠（专栏 13.1）。

在气道和肺实质中，存在被称为“慢适应感受器”和“快适应感受器”的受体。在正常呼吸过程中，慢适应感受器增加其放电，而快适应感受器减少其放电，向大脑发送正常舒适呼吸的神经信号。呼吸困难的患者没有正常的呼吸过程，这些感受器异常放电，发出神经信号，导致呼吸困难和缺氧的感觉。

简单地说，不管病情或严重程度如何，呋塞米雾化都会导致感受器正常放电。作者已经对患有各种疾病的多只动物进行了这种挽救治疗，这些疾病

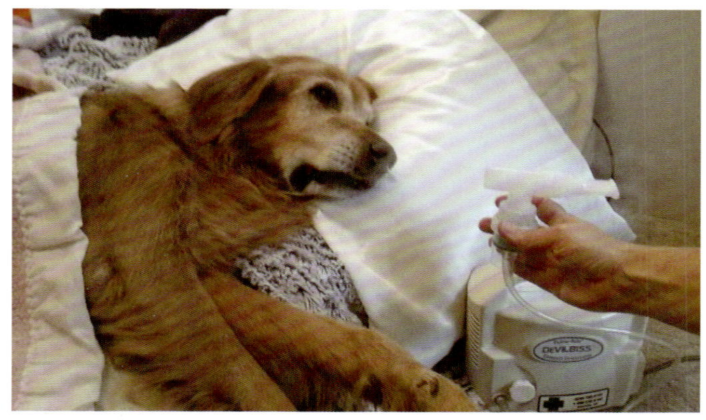

图 13.1　患者正在雾化

专栏 13.1　硫酸镁（$MgSO_4$）的雾化

- 将 1 mL 50% $MgSO_4$ 与 6 mL 无菌水混匀。
- 使用一半的混合物（3.5 mL）进行一次雾化治疗。
- 将剩余的 3.5 mL 留作下次治疗。
- 雾化时间为 10 ~ 12 min。
- 将 5 mg/kg 呋塞米与无菌水或 0.9% 氯化钠（NaCl）混合，总液量约为 3.5 mL。
- 雾化时间为 10 ~ 12 min。

重要的是，不要试图将 $MgSO_4$ 与呋塞米混合，这将会发生结晶。

这种治疗方法可以根据需要重复进行。

包括转移性肺癌、终末期支气管扩张症、肺实变、短头气道阻塞综合征 3 期等。这种治疗方法一定能减轻患者的临床症状，但不可否认的是，效果的持续时间有所不同。治疗后患者能舒服休息的最长时间是 6 h。

对于患有严重呼吸道疾病的临终关怀患者，它们的舒适度取决于是否能够在不会感到缺氧或呼吸困难的情况下呼吸。在人类医学中，一旦治疗不再能缓解患者的呼吸困难，就会采用相应的镇静方法，直到患者自然死亡。因为适度的姑息性镇静在兽医学中并不常见，尽管从作者的角度来看似乎可行，但人道的安乐死是最仁慈的选择。任何生命都不应该因为呼吸不到空气而痛苦地死去。

有时去治愈，常常去帮助，总是去安慰。

Hippocrates

延伸阅读

Adams, C., Streeter, E. M., King, R., Rozanski, E. (2010) “Cause and Clinical Characteristics of Rib Fractures in Cats: 33 Cases (2000–2009).” Journal of Emergency and Critical Care, 20(4): 436–440.

Alvis, B., and Huges, C. (2015). “Physiologic Considerations in Geriatric Patients.” Anesthesiology Clinics, 33: 447–456.

Dear, J. D. (2014) “Bacterial Pneumonia in Dogs and Cats.” Veterinary Clinics of North America Small Animal Practice, 44: 143–159.

Dempsey S. M., and Ewing, P. J. (2011) “A Review of Pathophysiology, Classification and Analysis of Canine and Feline Cavitary Effusions.” Journal of the Animal Hospital Association, 47: 1–11.

Epstein, S. E. (2014) "Exudative Pleural Disease in Small Animals." Veterinary Clinics of North America Small Animal Practice, 44: 161–180.

Hardie, E., Ramirez, O. III, Clary, E. M., Kornegay, J. N., Correa, M. T., Feimster, R. A., Robertson, E. R. (1998) "Abnormalities of the Thoracic Bellows: Stress Fracture of the Ribs and Hiatal Hernia." Journal of Veterinary Internal Medicine, 12: 279–287.

Heikkilä-Laurila, H. P., and Rajamäki, M. M. (2014) "Idiopathic Pulmonary Fibrosis in West Highland White Terriers." Veterinary Clinics of North America Small Animal Practice, 44(1): 129–142.

Hoareau, G., Mellema, M. S., Silverstein, D. C. (2011) "Indication, Management, and Outcome of Brachycephalic Dogs Requiring Mechanical Ventilation." Journal of Veterinary Emergency and Critical Care, 21(3): 226–235.

Kellihan, H. B., and Stepien, R. L. (2010) "Pulmonary Hypertension in Dogs: Diagnosis and Therapy." Veterinary Clinics of North America Small Animal Practice, 40: 623–641.

Kellihan H. B., Waller, K. R., Pinkos, A., Steinberg, H., Bates, M. L. (2015) "Acute Resolution of Pulmonary Alveolar Infiltrates in 10 Dogs with Pulmonary Hypertension Treated With Sildenafil Citrate: 2005–2014." Journal of Veterinary Cardiology, 17: 182–191.

Kim, S. K. Cheresh, P., Jablonski, R. P., Williams, D. B., Kamp, D. W. (2015) "The Role of Mitochondrial DNA in Mediating Alveolar Epithelial Cell Apoptosis and Pulmonary Fibrosis." International Journal of Molecular Sciences, 16(9): 21486–21519.

Lalley, P. M. (2013) "The Aging Respiratory System - Pulmonary Structure, Function and Neural Control." Respiratory Physiology and Neurobiology, 187(3): 199–210.

Lilja-Maula. L. I., Laurila, H. P., Syrjä, P., Lappalainen, A. K., Krafft, E., Clercx, C., Rajamäki, M. M. (2014) "Long-Term Outcome and Use of 6-Minute Walk Test in West Highland White Terriers with Idiopathic Pulmonary Fibrosis." Journal of Veterinary Internal Medicine, 28: 279–385.

Liu, D. T., and Silverstein, D.C. (2014) Feline Secondary Spontaenous Pneumothorax: A Retrospective Study of 16 Cases (2000–2012). Journal of Veterinary Emergency and Critical Care, 24(3): 316–325.

Lowery, E. M., Brubaker, A. L., Kuhlmann, E., Kovacs, E. J. (2013) "The Aging Lung." Clinical Interventions in Aging, 8: 1489–1496.

Macphail, C. (2014) "Laryngeal Disease in Dogs and Cats." Veterinary Clinics of North America Small Animal Practice, 44: 19–31.

Maggiore, A. D. (2014) "Tracheal and Airway Collapse in Dogs." Veterinary Clinics of North America Small Animal Practice, 44: 117–127.

Mellema M. (2008) "The Neurophysiology of Dyspnea." Journal of Veterinary Emergency and Critical Care, 18: 561–571.

Meola, S. D. (2013) "Brachycephalic Airway Syndrome." Topics in Companion Animal Medicine, 28(3): 91–96.

Moseley, C. (2005) "Anesthetic Management of the Geriatric Patient." Proceedings of the North American Veterinary Conference, January 8–12, 2005, Orlando, Fl,

Vol. 19, pp. 63–66. Gainsville, FL: Eastern States Veterinary Association.

Murray, M. A., and Chotirmali, S. H. (2015) "The Impact of Immunosenescence on Pulmonary Disease." Mediators of Inflammation, 2015; 692546. doi: 10.1155/2015/692546.

Nho, R. S. (2015) "Alterations of Aging-Dependent MircoRNAs in Idiopathic Pulmonary Fibrosis." Drug Development Research, 76: 343–353.

Petersen, S., von Leupoldt, A., Van den Bergh, O. (2014) "Geriatric Dyspnea: Doing worse, Feeling Better." Aging Research Reviews, 15: 94–99.

Reinero, C. R. (2011) "Advances in the Understanding of Pathogenesis, and Diagnostic and Therapeutics for Feline Allergic Asthma." Veterinary Journal, 190: 28–33.

Rozanski, E. (2014) "Canine Chronic Bronchitis." Veterinary Clinics of North America Small Animal Practice, 44: 107–116.

Schultz, B. S., Richter, P., Weber, K., Mueller, R. S., Wess, G., Zenker, I., Hartmann, K. (2014) "Detection of Feline Mycoplasma Species in Cats with Feline Asthma and Chronic Bronchitis." Journal of Feline Medicine and Surgery. 16(12): 943–949.

Trzil, J. E., and Reinero, C. R. (2014) "Update on Feline Asthma." Veterinary Clinics of North America Small Animal Practice, 44: 91–105.

Thunberg, B., and Lantz, G. (2010) "Evaluation of Unilateral Arytenoid Lateralization for the Treatment of Laryngeal Paralysis in 14 Cats." Journal of the American Animimal Hospitals Association, 46: 418–424.

Williams, C. M. (2006) "Dyspnea." Cancer Journal, 12(5): 365–373.

第14章 行动问题

Tammy Perkins Johnson

与老年患者的行动问题最直接相关的身体系统包括骨骼系统、肌肉系统和神经系统。骨骼形成了身体的刚性内部框架。肌肉和神经与骨骼一起，负责运动，也被称为肌肉骨骼系统。难以维持正常或以往的运动水平往往是衰老的第一个标志。

肌肉骨骼变化

肌少症

随着患者年龄增长或活动量减少，在没有疾病的情况下，可能发生肌肉质量和功能的下降。这种瘦体重的丢失在老年和关节炎患者中非常常见。肌少症是指随着年龄的增长而发生的肌肉质量和力量的进行性下降。肌少症反映了由细胞凋亡而导致的肌纤维数量以及体积的减少。在早期肌少症中，由于失去的肌纤维被脂肪和纤维组织所取代，所以整体肌肉周长通常保持不变（Freeman, 2012）。

在人类中，肌少症已被证明是老年人虚弱和预后不良的可靠标志。欧洲共识建议使用肌肉功能降低（力量或性能）和肌肉质量减少的标准来诊断肌少症（Cruz-Jentoft et al., 2010）。抗阻练习能有效增加肌肉质量和力量。而耐力练习则能保持和提高有氧运动能力。针对体弱的老年患者，建议每周至少进行3 d耐力和力量的平衡训练（Landi et al., 2014）。而为小动物患者制订一个每周3 d的耐力和力量的平衡训练计划对它们的身心都有益处。

肌纤维通常分为Ⅰ型（缓慢收缩）或Ⅱ型（快速收缩）。Ⅰ型纤维收缩较慢，抗疲劳，使用氧化途径。Ⅱ型纤维反应时间快，更容易疲劳，并依赖糖酵解途径（Shmalberg, 2014）。

肌纤维数量的减少是肌少症的主要原因，尽管纤维萎缩，特别是Ⅱ型纤维，也涉及其中。肌少症的发生、发展涉及多种机制。一个重要因素是老年患者的骨骼肌对蛋白质营养的合成代谢抵抗，这可以通过饮食补充和抗阻练习来改善（Farnfield et al., 2012）。其他研究领域与氧化损伤和神经支配的丧失有关。

去神经支配是衰老肌细胞的一个特征，在外周和中枢神经系统以及骨骼肌组织中发生多层次的变化。变化包括中枢神经系统运动神经元功能减弱和丧失、轴突脱髓鞘和神经末梢从神经肌肉接头退缩（Chai et al., 2011）。合成代谢激素（如睾酮、生长激素和胰岛素样生长因子 –1）的产量下降损伤骨骼肌吸收氨基酸和肌球蛋白重链蛋白的能力。分解代谢剂的释放增加，特别是白细胞介素 –6，会加速老年人的肌肉萎缩（Morley et al., 2001; Deschenes, 2004）。

患者可能体重超重，但仍有肌肉流失。可以使用世界小动物兽医协会营养工具包中的身体状况和肌肉状况评分系统评估老年患者。这个肌肉状况评分系统应该只作为辅助评估的工具之一。它不一定与其他指标相关，也不考虑“大衣综合征”（overcoat syndrome）。

临床上，由于“大衣综合征”，体况评分和肌肉状况评分之间没有直接关系。这种情况发生在动物肌肉较少而脂肪较多时，即使肌肉状况评分为 1 或 2（5 分制，提示消瘦），外观也可能相对正常。当病史和体格检查不一致时，可怀疑大衣综合征。需要触诊进行诊断。虽然身体的一些部位可能感觉相对正常，但在头部、肩胛骨、胸腰椎以及骨盆的隆起处可感觉到明显的消瘦。

肌少症导致肌肉力量下降和早期疲劳，从而导致身体活动减少，开始恶性循环。这种循环可以通过向心运动（引起肌肉收缩从而缩短肌肉的运动）来减缓，如在水下跑步机上行走，腿部负重，使用治疗带和其他方法。通常，肌少症的唯一早期指标可能是肌肉质量下降。随着肌纤维萎缩，肌肉弹性丧失，氧输送减少。应注意将这种综合征与恶病质、肿瘤和骨关节炎相鉴别，因为这些过程也发生在肌肉骨骼系统中。恶病质也是瘦体重的丧失，但与慢性疾病有关。骨关节炎是一种慢性退行性关节疾病，常见于老年动物，但也可能发生在年轻动物身上。

肌筋膜疼痛综合征

由骨骼系统和神经系统引起的疼痛和活动能力问题通常很容易被识别。然而，对肌肉和肌筋膜疼痛的识别并不常见。肌筋膜疼痛综合征是一种慢性疾病，对肌肉敏感点（触发点）施加压力会导致身体明显不相关的部位疼痛（牵拉痛）。肌筋膜疼痛综合征通常发生在肌肉过度使用之后（Mayo Clinic, 2014）。肌肉痛被定义为肌肉群或肌肉疼痛，可由肌筋膜疼痛、过度使用、炎症、创伤、营养不良或代谢和内分泌失调引起。肌筋膜触发点（myofascial trigger points，MTPs）是位于骨骼肌带内的过度应激点。MTP 可以通过用手垂直于肌纤维方向触诊（或用两个手指按压肌肉）来识别，找到紧张带。紧张的肌肉带内收缩的“结”就是 MTP。对这个点施加轻微的压力通常会导致犬表现出疼痛反应（Wall, 2014）。

在老年医学中，如果能诊断并治疗肌筋膜疼痛综合征，则有机会帮助患者恢复一些肌肉功能和力量，并有效减少潜在的疼痛源（Simons et al., 1999）。肌筋膜疼痛综合征最常见的原因是受影响的肌肉持续低强度收缩。持续的收缩最终导致三磷酸腺苷（能量）的耗尽，无法释放肌肉。局部血管受到压迫会导致局部缺血，使富含氧的血液无法到达最需要它的部位。这可能成为一种持续的模式，导致触发点持续存在数月。考虑到影响犬后肢的骨关节炎，当犬站立时，会导致负重减少和肌肉（髂腰肌、腓肠肌或股直肌）轻度收缩。关节受到保护，但持续的收缩会导致触发点的形成，通常在一块肌肉中形成多个触发点（Petty, 2012）。

触发点分为活化和隐性两种，当这些触发点受到机械刺激时，可诱发局部疼痛和牵拉痛，并伴有明显的局部抽搐反应。活化 MTP 可将局部疼痛传导至大面积区域和另一远端位置，局部疼痛和牵拉痛可以是自发的，也可以通过机械刺激导致，引起患者疼痛（Ge et al., 2011）。

隐性 MTP 的定义为紧张肌肉带中的过度应激点，临床上与局部抽搐反应、触痛以及人工检查时的相关疼痛有关。治疗肌肉骨骼疼痛患者的隐性 MTP 不仅可以降低疼痛敏感性，改善运动功能，还可以防止隐性 MTP 转变为活化 MTP，从而防止肌筋膜疼痛综合征的发展（Ge 和 Arendt-Nielsen, 2011）。

在主动肌收缩时，拮抗肌的 MTPs 处肌内肌电图活动增加，这表明交互抑制的效率降低与 MTPs 有关。这一结果具有重要的临床意义，因为隐性 MTPs 可能是肌肉骨骼疼痛综合征中运动功能障碍的重要诱因（Ibarra et al., 2011）。这可能会导致运动控制能力不佳，并增加受伤的可能性。

在人类中，有研究表明，在隐性 MTPs 处肌肉疲劳的发展速度大约是非 MTPs 处的 4 倍。在肌肉骨骼疼痛的情况下，消除隐性 MTPs 并使活化 MTPs 失活可有效地减少肌肉疲劳，并防止过度负荷在单一肌肉内传播（Ge et al., 2012）。这表明，如果能够在老年患者中识别和治疗潜在触发点，则有可能降低它们肌肉疲劳的速度。

隐性 MTPs 也与交互抑制的效率降低有关。交互抑制是脊髓运动神经元对肌肉的干扰，而这些肌肉的收缩会与开始的运动相反，如当屈曲肘部举起重物时，肘部伸肌会放松。该术语由 Charles Sherrington（英国神经生理学家和诺贝尔奖获得者）于 19 世纪 90 年代提出，后来被称为谢灵顿定律（Jennett, 2008）。因此，触发点在控制自主运动中发挥着重要作用，并在动物和人类模型中对静息状态、收缩期间和电刺激后的不同肌肉群进行了研究（Crone, 1993; Hamm 和 Alexander, 2010）。

MTPs 可以使用激光疗法、超声波疗法、指压法和干针疗法进行治疗。指压法是最实用的。激光和超声波疗法有效，但需要的设备可能并不总是随时可用。干针疗法被认为是治疗犬 MTPs 最有效、最省钱的方法（Petty, 2012）。使用针灸针接触触发点。接触后，会发生牵涉脊髓反射回路的不自主抽动。即使动物处于麻醉状态，也会发生这种情况，并立即释放收缩。触发点可能潜伏数周、数月或数年，但也有可能再次活跃。

骨关节炎

骨关节炎是迄今为止引起犬和猫慢性疼痛最常见的原因之一。对骨关节炎的单一定义仍然难以捉摸。在 1995 年的一次研讨会上，美国骨科医师学会提出了以下共识定义：

> “骨关节炎这类疾病是由机械和生物性因素导致的关节软骨、细胞外基质、软骨下骨的合成和降解过程失衡所致的疾病。虽然骨关节炎可能由多种因素引起，包括遗传、发育、代谢和创伤因素，但骨关节炎涉及关节的所有组织。最终，骨关节炎表现为细胞和细胞外基质的形态学、生物化学、分子学和生物力学等变化，导致关节软骨软化、纤维化、溃疡，关节软骨缺失、硬化和软骨下骨质骨化以及骨质增生。骨关节炎的临床表现为关节疼痛、压痛、运动受限、骨摩擦声、偶发积液和不同程度的局部炎症，但没有全身影响。”
>
> Brandt, 2010

骨关节炎本质上是关节软骨变薄和损伤，软骨下骨硬化，边缘骨和软骨出现骨质增生，以及关节周围肌肉萎缩。软骨是一种独特的组织，由于其细胞外基质主要由Ⅱ型胶原蛋白和蛋白聚糖组成，因此具有黏弹性和压缩性。在正常条件下，细胞外基质经历动态重塑过程，其中低水平的合成和降解酶活性是平衡的。在受骨关节炎影响的软骨中，基质降解酶过度表达，使平衡转向降解，导致基质中胶原蛋白和蛋白聚糖流失（Krüger et al., 2012）。

人类软骨下祖细胞的软骨分化受到骨关节炎或类风湿性关节炎供体滑液的影响。这种影响导致软骨细胞增殖并产生补充性的蛋白聚糖和胶原蛋白。然而，随着病情的发展，软骨的退行性变化逐渐超越了其自身的修复能力。最初，软骨表层出现纤维化、开裂和侵蚀，最终导致临床上可观察到的更大程度的侵蚀。骨关节炎软骨与老化软骨之间存在一些差异，这表明骨关节炎更像是一种疾病，而不仅仅是自然老化的过程。变性胶原蛋白在自然老化软骨和骨关节炎软骨中都有发现，但在骨关节炎中更为常见。骨关节炎是一种关节疾病，但疼痛主要发生在关节周围结构，而不是关节表面。疼痛是由发炎的滑膜和已纤维化的关节囊所承受的张力引起的。这是一种由滑膜炎、关节纤维化和萎缩引起的整个关节的疾病。

猫骨关节炎

对猫进行疼痛评估具有挑战。进而导致猫科动物的疼痛识别和干预不足（Muir et al., 2004）。猫科动物骨关节炎对猫宠主和兽医来说尤其具有挑战性，据称是因为明显的跛行等迹象很少见（Hardie et al., 2002; Lascelles, 2010）。在最初旨在确定猫退行性关节炎发病率的研究中，对 100 只超过 12 岁的猫的 X 线片进行了回顾性分析（作为多种原因的诊断检查的一部分），其中 90% 的猫显示出退行性关节疾病的影像学证据（Hardie et al., 2002）。超重猫患非损伤性跛行的风险增加，这可能包括骨关节炎（Scarlett 和 Donoghue, 1998; Bennett 和 Morton, 2009）。研究表明，在有和没有患骨关节炎的猫之间，以及患有骨关节炎的猫在治疗前后的行为、活动、灵活性、自我梳理和排便习惯方面存在差异。这些研究结果证实了猫骨关节炎疼痛的存在，以及由此导致的残疾对其生活质量的影响，同时也证实了猫宠主可以发现这些迹象（Clarke 和 Bennett, 2006; Bennett 和 Morton, 2009）。

犬骨关节炎

骨关节炎是一种常见问题，影响多达 60% 的犬（Millis et al., 2014）。研究表明，被动拉伸可增加受影响犬只的活动范围。我们向患有骨关节炎且关节活动受限的拉布拉多猎犬的家长提供了家庭拉伸计划的指导。宠主每天对其进行 2 次 10 组被动拉伸，每组保持 10 s。21 d 后，动态关节角度测量结果显示，被动拉伸使关节活动范围显著增加了 7% ～ 23%（Crook et al., 2007）。

虽然仍存在一些争议，但有一种理论认为肌少症和骨关节炎是相辅相成、恶性循环的。在兔的膝关节伸肌中注射 A 型肉毒杆菌毒素，通过部分抑制神经肌肉接头处的乙酰胆碱，诱发肌肉无力。4 周后，可以观察到关节软骨退化的初步迹象，在髌骨区域有明显的变化，这表明肌肉无力可能是导致骨关节炎的关节退化的风险因素（Youssef et al., 2009）。在最初被肌肉包围的健康关节中，当肌肉变得无力时，肌肉质量和数量的改变、蛋白质合成的改变和肌核凋亡可能会诱发骨关节炎。关节出现软骨退化、软骨细胞凋亡、炎症、软骨下骨重塑、骨髓病变和骨赘活动导致肌肉进一步无力。

治疗目标

对于猫科和犬科动物患者来说，治疗关节炎的目标都是减轻疼痛、保持活动范围、维持功能和生活质量。过去，兽医可选择的有限治疗方法包括手术、改变生活方式和服用抗炎药，以消除骨关节炎引起的跛行和疼痛。现在，随着物理康复技术在兽医领域的兴起，有了更多的选择来防治肌少症和骨关节炎。肌少症和骨关节炎的医学治疗是多方面的，包括物理疗法、可控的康复训练、家庭环境的改变以及改善骨关节炎的药物。

物理治疗方式

冷冻疗法

冷冻疗法是物理疗法中的一种方法，指的是冷敷。局部冷敷可通过血管收缩减少血流量，从而减轻急性炎症或损伤的反应。这种反应包括水肿、出血、组胺释放、局部代谢肌梭活性、神经传导速度、疼痛和痉挛。这是一种表层治疗，但可以达到 3 cm 的组织深度。冷敷穿透的深度取决于脂肪组织的数量和治疗部位的血流量。因此，冷冻疗法在关节、肌腱和韧带较为浅表且脂肪组织较少的四肢中可能更为有效（Palmer 和 Knight, 1996）。

在兽医领域，冷冻疗法主要用于局部治疗。它能暂时增加结缔组织的硬度，降低拉伸强度，还能暂时增加肌肉黏度，从而降低快速运动性能。冷冻疗法的作用如下：

- 血管收缩，导致细胞新陈代谢降低、血流量减少，避免继发性细胞缺氧损伤。

- 冷感受器活性增加，继而导致初级传入纤维的神经传导速度降低，这两者共同作为一种反刺激物，提供疼痛门控以减轻疼痛并提高疼痛耐受性。
- 减少伽马运动神经元的活动，减少肌梭活性，进而减少肌肉痉挛。

冷冻疗法应在急性肌肉骨骼损伤后的 48 h 内应用，或在肌肉或关节发热肿胀的任何时候使用。冷敷包可放置 10 ~ 20 min，每 2 h 重复一次。如果放置时间过长，可能会造成皮肤组织损伤。当组织温度达到 15 ~ 18.9℃（59 ~ 66°F）时，就会产生效果。冷敷包包括碎冰袋（首选）、凝胶袋、人造冰袋或可碾碎的化学包（不作为首选，因为它们通常不能让患处足够低温）。自制方法是将液体洗洁精装入密封袋中，或将 50% 的异丙醇和 50% 的水混合装入密封袋中，然后放入冰箱冷冻。它能保持一段时间的低温，并能很好地环绕关节弯曲。使用凝胶袋时，建议在皮肤表面和冰袋之间放一条毛巾。Game Ready ™和 Cryo Cuff® 公司生产的冷敷系统在市场上销售。也可以使用碎冰袋和弹力绷带（Vetrap®）制作冷敷包。不建议使用挥发性冷却喷雾剂。

冷冻疗法可安全用于炎症组织、病变皮肤区域、受辐射的组织、已知存在恶性肿瘤区域、骨骺和植入物。在怀孕动物的腰部、腹部、胸部、心脏和头部使用冷敷包也是安全的。冷敷包不宜在血液循环受阻部位、慢性伤口或再生神经上使用。感觉受损部位、受损皮肤、眼睛附近或上方应慎用冷敷包。心力衰竭和高血压患者应减少使用频率和面积。

温热疗法

温热疗法是指使用热量进行治疗。加热剂可以是浅表的（< 2 cm 的组织深度）或深层的（> 2 cm 的组织深度）。热疗的效果如下：

- 血管扩张，进而促进细胞新陈代谢和血液流动，帮助软组织愈合，并促进化学刺激物从痛觉感受器中清除。
- 激活温度感受器的活动，通过疼痛门控理论减轻疼痛并促进放松，从而产生反刺激作用。
- 降低组织黏度，使关节内组织升温，从而减轻关节僵硬。

局部热敷可降低血压、缓解肌肉痉挛和疼痛。如果持续时间足够长，还能提高体温、呼吸频率和心率。热敷还能增加毛细血管压力、白细胞向受热区域迁移、局部循环、局部代谢、肌肉松弛和组织弹性（Hayes, 1993）。

温热疗法最好在急性炎症阶段之后进行。表层热量可直接渗透到约 1 cm 的组织深度。当组织温度达到 40.6 ~ 45℃（105 ~ 113℉）时，效果最佳。皮肤和皮下组织在表层接受加热约 5 min 后即可达到这一温度范围，而深层组织则需要 15 ~ 30 min 才能达到同样的温度。热源可分为以下类型：

- 以射线、波或粒子的形式辐射传递能量（如红外线灯）。
- 两个不同温度的物体在接触后传导热量（如热敷包的使用）。
- 通过流体或空气经过物体表面（如烘干机或涡流浴缸）将热量传入或传出物体的对流方式。
- 转换——将热能以外的能量形式（机械能、电能、化学能）转换为体内的热能，转换是将深层组织的温度提高到治疗水平的唯一方法。

热疗的一些适应证包括缓解疼痛、促进血液循环、减少肌肉痉挛、促进组织愈合、帮助消除组织瘢痕，以及让僵硬的肌肉或关节为运动做好准备。对于老年患者，通常在关节进行被动活动之前先热敷 10 min。热疗在活动性骨骺、浅表或再生神经和植入物上使用是安全的。在慢性伤口附近，头部、胸部和心脏附近以及高血压患者身上使用也很安全。

对于孕妇或心脏病患者，热疗的面积不宜过大，以免体温升高。不宜在感觉受损的部位、正在出血的组织、睾丸、近期接受过辐射的组织、水肿或发炎的组织上使用。眼睛上方、怀孕动物和心力衰竭患者应慎用。

脊椎按摩疗法

脊椎按摩疗法在老年患者身上得到了普遍和成功的应用。对于肌肉骨骼问题、步态僵硬、神经系统疾病或截肢动物，建议定期进行脊椎按摩疗法。脊椎按摩疗法还能改善整体精神和态度，有时还能解决其他慢性疾病。脊椎按摩疗法是一种针对特定关节或部位使用可控力、杠杆作用、方向、振幅和速度的方法。这些调整可影响关节和神经生理状况。

激光疗法

低强度激光疗法（low-level laser therapy，LLLT）是指使用冷激光。激光（laser），是 light amplification by stimmlated emission of radiation（受激辐射的光放大）的首字母缩写。激光以光子流的形式发射辐射。激光有以下四种不同的类别：

- Ⅰ类激光器（< 0.5 mW）可以发射可见光或不可见光，它们不会产生热量或对组织产生影响。这些是日常生活中常见的激光器，如超市扫描仪和遥控器。
- Ⅱ类激光器（< 1 mW）包括激光笔和一些治疗激光器。这些激光器都可发射可见光，长时间照射皮肤是安全的，短时间照射眼睛也是安全的。
- Ⅲ a 类激光器（< 5 mW）发射可见光，包括一些治疗激光器；Ⅲ b 类激光器（> 5 mW）发射不可见光，包括一些勘测激光器和治疗激光器。Ⅲ b类激光对眼睛有害，但对皮肤无害。这些激光器可以是氦氖、红外线、砷化镓或砷化铝镓激光。
- Ⅳ类激光器（二氧化碳、氩气、钕掺杂钇铝石榴石）可提高组织温度。高功率的Ⅳ类激光器用于切割组织，也就是外科激光器。低功率的Ⅳ类激光器用于通过光生物调节过程刺激组织修复。

光生物学第一定律指出，要使低功率可见光对活体生物系统产生任何影响，光子必须被某些分子发色团或光受体的电子吸收带吸收（Sutherland, 2002）。许多科学家对光生物调节的作用方式仍有疑问。根据目标细胞和被调控细胞的类型，可能存在多种作用机制。最常见的是细胞色素 c 系统，它是线粒体内细胞膜上的一种光感受器。

低功率的Ⅳ类治疗激光器发出特定波长的红色和近红外激光，诱发光化学反应并产生治疗效果（图 14.1）。激光在细胞层面与组织相互作用，增加细胞内的新陈代谢活动，引起一系列反应，从而增强细胞功能，促进组织修复。生理效应包括促进血液循环、减轻炎症、减轻疼痛和促进组织愈合。激光疗法不能用于恶性肿瘤或甲状腺部位，并且必须注意保护眼睛免受照射。

超声波疗法

超声波是指高频声波。临床使用时，这些声波由仪器的探头发出。与热敷相比，超声波能为更深层的组织和更局部的区域提供热量。最常见的超声波治疗频率为 1 MHz 和 3 MHz，以连续或脉冲模式使用。连续波能将组织加热到 40 ~ 44.4℃（104 ~ 112°F），在治疗停止后仅能持续 5 ~ 8 min。连续超声波的效果与表层加热的效果类似，还能增加软组织（胶原蛋白）的延展性、疼痛耐受性、巨噬细胞活性、神经传导速度，促进组织修复，恢复因瘢痕而丧失的运动能力及缓解肌肉痉挛。

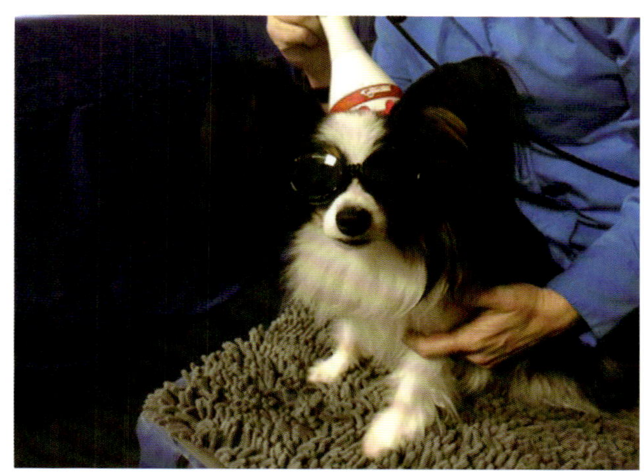

图 14.1　激光疗法

脉冲超声可用于消肿及组织和骨骼修复。1 MHz 的频率可穿透 2 ~ 5 cm 的组织，其波长较长，由于衰减作用，吸收效果较差。需要更长的波长才能穿透深层组织。3 MHz 的较短波长可穿透 0.5 ~ 2 cm 的组织，对于较浅的目标区域，较短波长的吸收效果更好（Fyfe 和 Bullock, 1985）。

超声波疗法可用于治疗肌肉痉挛、伤口愈合、肌腱炎、滑囊炎、关节囊炎、触发点、粘连、钙化和促进骨折愈合。只要植入物上的皮肤没有受损，超声波疗法可安全用于金属植入物上。超声波疗法在怀孕动物和睾丸中是禁用的。不宜用于恶性肿瘤、眼睛、幼年动物的骨骺、辐射组织、椎板切除术部位或任何血液循环减弱的组织。

电刺激疗法

电刺激疗法包括经皮神经肌肉电刺激（transcutaneous electrical neuromuscular stimulation，TENS）和神经肌肉电刺激（neuromuscular electrical stimulation，NMES；图 14.2）。经皮神经肌肉电刺激（TENS）是通过电流使感觉神经去极化来缓解疼痛。有证据支持在特定条件下阿片系统对疼痛具有调节作用。通过 TENS 治疗缓解疼痛的人类患者在服用纳洛酮（内源性阿片类药物抑制剂）后，疼痛会迅速恢复（Mannheimer 和 Lampe, 1984; Wall, 1994）。低频 TENS 可激活阿片、γ－氨基丁酸、5－羟色胺和毒蕈碱受体，以减少背角神经元的活动和痛觉反应，并刺激内源性阿片类药物的释放。高频 TENS 刺激直径较大的外周神经纤维，有助于阻断较小传入纤维的痛觉活动。高频 TENS 还能增加内啡肽在血液和脑脊液中的释放，以及脑啡肽在脑脊液中的释放。它还能

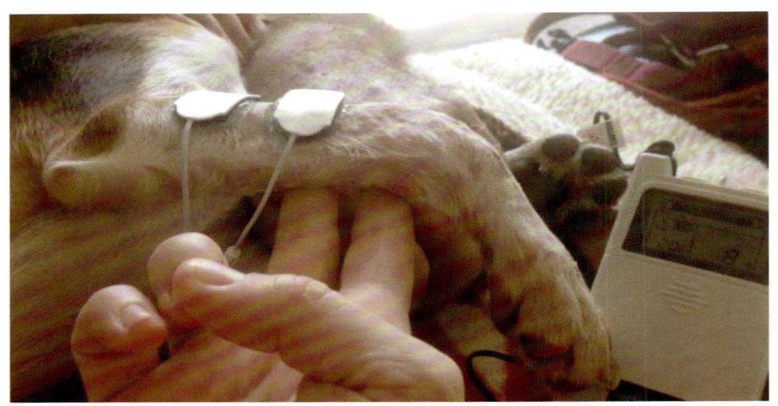

图 14.2 神经肌肉电刺激

减少炎症患者脊髓背角兴奋性神经递质谷氨酸和 P 物质的释放（Maeda et al., 2007）。

TENS 在兽医应用中的禁忌证包括任何装有起搏器的动物。TENS 不适用于颈神经节、眼睛、耳朵或心脏附近。必须避免在怀孕动物的腰部区域、任何增生或肿瘤周围、脱敏区域以及患有癫痫的动物中使用（Johnson 和 Levine, 2004）。

当在动物患者身上使用 TENS 时，电极放置区域的被毛应剪短并用酒精擦拭。如果动物的被毛较短，则不必剪短，但应使用合适的耦合介质。电极应放置在疼痛区域周围，或在神经或神经根上，可结合针灸穴位（图 14.3；Vance et al., 2014）。

NMES 用于增强患者的肌肉力量，并在患者无法或不宜负重时尽量减少肌肉萎缩。经常用于前十字韧带手术或股骨头截骨术后恢复期的患者。其他适应证还包括废用性萎缩、疼痛、神经营养性萎缩、关节积液、不正确的肌肉激发顺序及肌腱或骨折愈合（Canapp, 2007）。

NMES 的频率为 2 ~ 60 Hz, 20 Hz 已被证明可以预防慢肌纤维萎缩，30 Hz 已被证明可以预防快肌纤维萎缩，2 ~ 10 Hz 对于废用性萎缩效果最好。

高压氧疗法

高压氧疗法的目的是增加病变或受伤组织的含氧量，以支持其功能并促进愈合。这一目标是通过使肺系统增加血液含氧量来实现的。通过没有表皮组织的开放性伤口，也可以增加局部组织的含氧量。通常，高压氧舱用于在

图 14.3　电针治疗

压力下提供 100% 的氧气。这种高压氧舱现在可用于小动物治疗。目前，美国只有少数几家动物医院可以为小动物提供高压氧治疗（Veterinary Specialty Care, n.d.）。

老年动物患者可能从高压氧治疗中获益的疾病包括创伤、伤口愈合、纤维软骨栓塞和椎间盘疾病。高压氧治疗的禁忌证包括未经治疗的气胸、张力性气胸、癫痫、慢性肺气肿伴二氧化碳潴留、高热、自发性气胸病史、胸外科手术、耳硬化症、呼吸道病毒感染和视神经炎。如果烧伤患者正在接受醋酸磺胺米隆乳膏治疗，或同时接受顺铂、双硫仑或多柔比星治疗的患者也禁用高压氧疗法。

物理康复

兽医物理康复的目标是维持、恢复和促进与运动相关的最佳功能和生活质量。重点是尽量减少疾病、受伤或机体失调引起的临床症状和功能限制。无论诊断结果是肌少症还是骨关节炎，两者都可以从许多相同的康复训练中获益。物理康复的治疗方案可能包括家庭环境的改造、提高灵活性的治疗、改善活动范围和肌肉力量的锻炼、改善平衡的练习及按摩疗法。

家庭环境

在家中，大多数宠主首先会注意到宠物无法行走、站立或躺下。宠主很难判断宠物是否感觉疼痛，许多宠主会将虚弱视为疼痛。大多数宠主最关心的是确保宠物没有疼痛感。

在家庭环境中，有些事情是可以改变的，会带来不同的效果。首先是宠物行走的地面。木地板、光滑的瓷砖或大理石对于行动不便的宠物来说最具挑战性，当宠物容易滑倒或滑动时，它们就很难站起来或舒适地行走。在一些重要区域铺上地毯或瑜伽垫会有所帮助。有时，即使铺了地毯，宠物也会选择在光滑的地面上活动，这可能是为了凉爽，因此可以在它们最喜欢的床边或地毯旁边放一个小风扇，以帮助它们保持凉爽，并促使它们更好地行走。如果房子里有楼梯，则应铺上地毯或楼梯踏板垫，或在某些情况下使用宠物坡道或轮椅坡道绕过楼梯。

应修剪爪垫之间的被毛，以增加摩擦力。直接涂抹在爪子上的产品，如Biogroom Show Foot™ 防滑喷雾剂或 Dr Buzby's™ 防滑指甲套（www.toegrips.com）可提供更大的摩擦力，使宠物在行走时更加自信（图 14.4）。

宠主在家时，设定一个计时器，鼓励宠物每 2 h 起身 1 次，即使宠物只是起身、转一圈然后又躺下，也是非常有益的。如果宠物从地上站起来或行走困难，在腹部下垫一条毛巾或使用背带会很有帮助。Help'em up™ 背带在肩胛骨跟骨盆上各有一个把手，可以提供很大的帮助（图 14.5）。

如果宠物无法走动或觉得走动困难，它们就会变得沮丧和抑郁。努力丰富它们的环境会有所帮助。丰富环境的技巧通常分为四类（有一些重叠）——感官、新奇事物、社交和其他类型的运动。丰富感官可以针对视觉、嗅觉、听觉、味觉和触觉。例如，给宠物一个可以看到窗外的区域，在房子周围藏一些食物让它们去找。使用小手推车或婴儿车带宠物散步也是有益的（图 14.6）。为动物创造新奇的环境是另一种丰富动物生活的方式。这包括定期更换宠物大部分时间所在区域的玩具和床。专为智力刺激而设计的玩具（图 14.7）尤其有帮助（如 Nina Ottosson 为犬设计的玩具，www.nina-ottosson.com）。

如果宠物喜欢其他犬、猫或人类，确保它们能与“朋友”交往并保持接触。为此，可以用小手推车或婴儿车带宠物去邻居家做客，或者邀请其他宠物和人到家里做客。

轻度的康复训练，例如教一个新的技巧，比如摸鼻子或伸爪，不会很费力，但却是很好的脑力锻炼。FitPAWS® 生产的几种产品（K9Fitbone™、平衡盘；www.fitpawsusa.com）可在家中用于教犬新技巧，以及按照建议进行锻炼，保持力量和灵活性（图 14.8）。专为犬设计的室内跑步机也可用于提供可控的康复训练。DogTread（www.dogtread.com）提供不同尺寸的跑步机。

图 14.4　Dr Buzby's 防滑指甲套

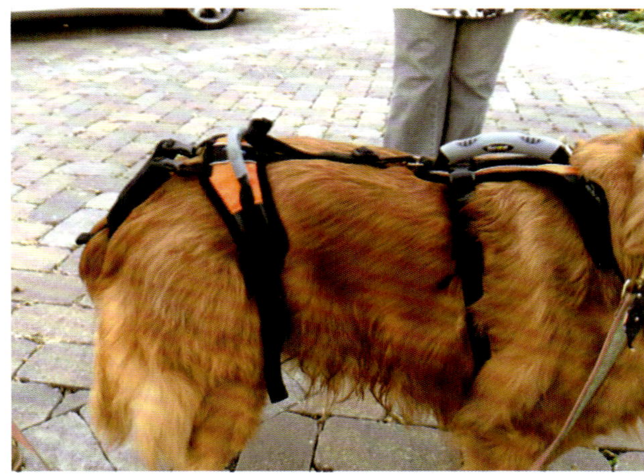

图 14.5　Help'em up 背带

图 14.6　用婴儿车带犬散步

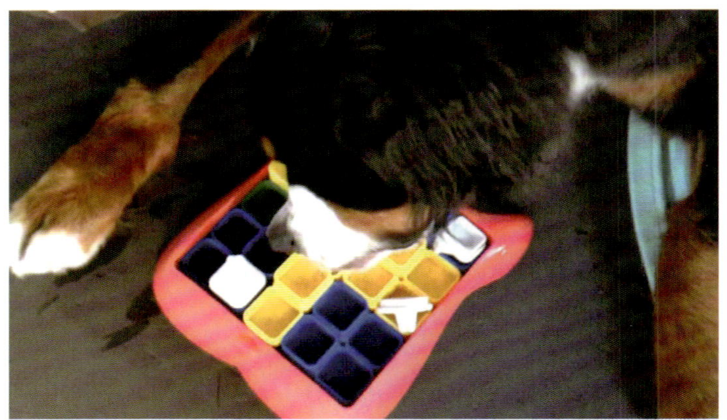

图 14.7　脑力游戏

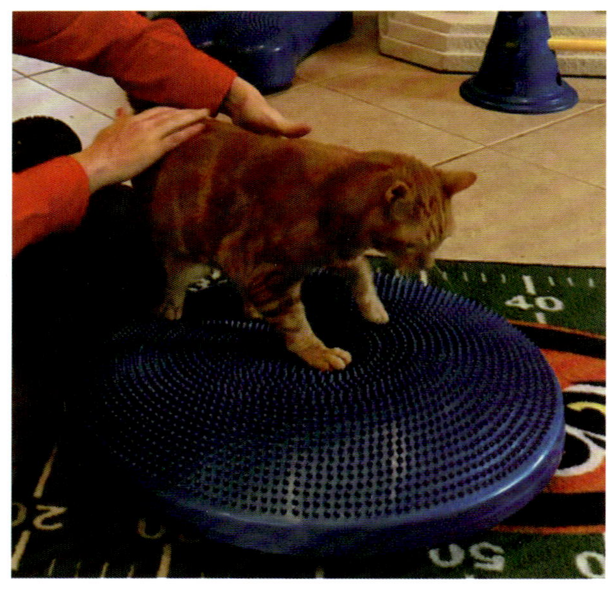

图 14.8　平衡盘上的猫

柔韧性和活动范围

活动范围和柔韧性是有区别的。活动范围指关节的活动范围；柔韧性指肌肉和肌腱的弹性。通常，柔韧性问题出现在两个关节的肌肉上，而不是一个关节的肌肉上。一旦确定了受影响的肌肉，就可以开始以拉伸该肌肉为重点的治疗性训练。对于行动力尚可的患者，建议先进行某种形式的热身运动，然后再开始拉伸运动。对于行动不便的患者，可在热身时使用电刺激或超声波疗法。

平衡和本体感受

许多老年患者在身体意识，尤其是本体感受方面存在问题。本体感受被定义为对身体位置的感知。来自本体感受器（机械感受器）的传入信息有助于意识感觉、整体姿势和节段姿势。改善本体感受可增强患者的神经肌肉控制能力和功能性关节稳定性。治疗性锻炼可通过多种途径解决这一问题。对于身体虚弱的患者，本体感受训练可以是简单的辅助站立，在治疗师的轻柔搀扶下摇晃逐渐发展为站立。当患者能够在不失去平衡的情况下完成这些动作时，可以增加更多的挑战，例如，随着患者体力的增强，在平衡盘（或沙发垫）上用两只前脚进行这些训练，到能在平衡盘或垫子、沙地、雪地、浅水、高草地和其他不稳定的表面上行走。

更积极的本体感受训练包括走过“一堆”PVC 栏杆或走过设置为不规则高度和距离的木栅栏障碍（图 14.9）。站在一个小蹦床或床上，当犬在这种平面上的稳定性有所提高时，可以通过轻推的方式增加轻微的扰动，使犬失去

图 14.9 木栅栏障碍

平衡，但不要把它们推倒。应从各个方向对它们进行推搡，因为这将增强本体感受和力量。平衡盘或平衡块是另一种本体感受训练工具。可以将犬放在这些木块上，要求它站立。然后可以将木块推开、向前滑动、合拢等，要求犬重新建立平衡。俯冲式冲浪板是一种小型泡沫塑料冲浪板，可在泳池或浴缸中使用。让犬站在冲浪板上面，同时提供轻柔的支撑，防止犬跳下或摔倒。在散步时改变路线走“八”字形，或练习以“之”字形在路边行走，也能增强犬的主动本体感受。

按摩

大多数宠主都可以学习一些简单的按摩技巧，从而缓解宠物的肌肉酸痛和关节僵硬（表 14.3）。治疗性按摩是对软组织（皮肤和肌肉）的操作，目的是增加血液供应。按摩的效果包括减轻疼痛（急性和慢性）、减轻局部乳酸堆积和水肿、增加组织柔韧性和分解组织间粘连、降低压力 / 皮质醇水平，同时加强人与动物之间的联系。按摩的基本技巧很容易在家庭或临床环境中应用，尤其适用于临终关怀病例的管理和安慰（Ballner, 2001）。

水疗

水疗几乎可以在任何水体、浴缸、游泳池或水下跑步机中进行（图 14.10）。水疗可以让虚弱或平衡不好的患者站立而不用担心摔倒。它之所以有益，是因为它可以让肌肉主动收缩，而不会对关节产生太多的冲击力。游泳和水下跑步机疗法不仅对受伤的患者有益，而且对骨关节炎和肥胖症患者也有好处。此外，它还可以用于调理健康的运动犬类。游泳和水下跑步机可以帮助调节心血管，而不会对肌肉骨骼系统产生太多的压力。水的温度、静水压、浮力和阻力特性是水疗在兽医康复中如此有价值的原因。

轮椅

通常情况下，老年患者真正缺失的是后肢力量或患有严重的关节炎。轮椅有不同的配置。有针对后肢功能障碍的轮椅，针对前肢问题的轮椅，还有辅助支持四肢的四轮轮椅。在订购轮椅之前，应对每位患者进行适当的测量。每家公司都有不同的测量要求，他们也非常了解如何为宠物制造最合适的轮椅。

表 14.3　按摩技巧

训练	描述
触摸法（手按）	这是一种起始姿势，双手只是与患者接触，施加最小的力。有意识地使用双手可以对患者产生镇静作用，减轻焦虑，降低皮质醇水平，并通过门控机制减轻疼痛感
揉捏法（捏合）	施加深层压下并压迫下层肌肉的动作。捏合、绞拧、滚动皮肤和捏起挤压都是揉捏动作。这些动作都是用手掌表面、手指表面和拇指进行的。在揉捏过程中，双手应紧贴按摩部位，动作应缓慢而有节奏
轻抚法（长而流畅的手法）	在按摩开始和结束时使用的舒缓抚摸动作。轻抚法也用作不同动作之间的衔接动作。这是一种用手掌做环形抚摸动作的按摩方式。按摩力度可大可小，但不会拖拽皮肤，使用指尖的软垫部分或手掌表面进行按摩，从肢体底部开始，推向心脏，就像身体上的机械泵一样，以促进静脉和淋巴回流
推压法（轻轻挤压）	这个动作采用有节奏的加压按摩，并使用手掌进行。按压的目的是分散肌纤维。按压时，不应在皮肤上滑动。对肌肉中心部分进行按压最有效，通常是从近中心部位到远端进行按压（即从躯干向四肢）
摩掌法（专注）	在局部小范围内进行的集中按摩。治疗师的手掌或手指需要保持一定的稳定性和持续的压力，以达到最佳效果。这种手法能使表层组织与底层结构相接触。环形或横向操作可用于分离组织。在与皮肤保持紧密接触的情况下，进行环形、纵向或横向的肌纤维运动。可以使用掌根、手指、绷紧的手指和拇指来专注于特定区域。按压的力度要大，但不能太深
敲击法（轻拍）	有节奏地敲击，最常用手的边缘、手掌或指尖进行。敲击法有多种类型，包括击打（紧握拳头轻击目标部位）、拍打（用手指轻轻拍打）、轻叩（用指尖）和拔罐式（手呈杯状并轻轻敲击目标部位）。敲击法主要用于“唤醒”神经系统。敲击具有刺激作用，可以释放组织中的淋巴积聚物
颤动法	摇晃或振动身体。通常在按摩结束时进行，通过运动来刺激身体

矫形器

在某些情况下，骨科问题（如前十字韧带断裂）无法进行手术治疗。在这种情况下，矫形器是帮助保持活动能力的重要工具。制造矫形器的公司和兽医可以确定患者是否能从矫形器的支撑中受益。

图 14.10　水下跑步机

辅助设备

宠物的指关节和脚趾拖行会让宠主感到沮丧，因为这可能导致宠物每次外出散步时都会流血。有几种不同的物品可以帮助减少指关节和脚趾拖行问题。Soft Claws® 指甲套可以为脚趾拖行的宠物提供另一层保护。Toe-Up®（吊带）矫形器是专为帮助那些患有后肢关节炎的犬而开发的。该吊带通过支撑中间的两个脚趾来防止因趾关节弯曲而互相缠绕，并通过一条可调节的弹力绳与跗关节上的带子相连。

如果需要长时间使用 Toe-Up 脚趾吊带，或者犬的趾间皮肤脆弱或敏感，还可以使用 Ruffwear® 靴子。Thera-Paw® 还为轻度至中度后肢远端无力的宠物生产标准和定制的辅助设备，后肢背屈辅助设备（Thera-Paw）可减少关节内翻、跗关节弯曲、增强本体感受并改善步态。同一家公司还为前肢（前肢背屈辅助设备）提供了指关节和脚趾拖行的选项。每只宠物都必须符合一定的标准，这些设备才能发挥作用。对于后肢整体严重无力的宠物，Biko 渐进式阻力带可能更适合。该装置包括跖骨袖带和渐进式阻力带，将其夹在紧身胸带的“D”形环上，有助于推动整个肢体。需要注意的是，该装置不帮助矫正宠物的爪子，宠物可能仍然会屈曲关节。Help' em up™ 背带还有一个可连接到背带上的康复套件，它也可以帮助解决一些关节和脚趾拖行的情况（图

14.9）。如果前肢或后肢在地板上外展的问题比较严重，DogLeggs 可以提供绑带。这些固定带可限制肢体外展的幅度。固定带的长度可以调节。对于有神经功能障碍的犬或猫，如果需要，可以在绑带周围放置一个更坚硬的物品，以防止在康复治疗期间肢体内收。

制订计划

在为老年患者制订康复计划时，考虑到受衰老影响的各个系统，必须全面斟酌。在行动不便的情况下，肌肉骨骼和神经系统是主要关注点。可能影响肌肉骨骼和神经系统的常见衰老病症包括肿瘤、肌少症、退行性关节疾病、肥胖症、骨质疏松症、椎间盘疾病、退行性脊髓病、纤维软骨栓塞、腰荐部疾病、老年性喉麻痹、多发性神经病和认知功能障碍。

应进行体格检查、神经学检查和骨科检查，以确定需要解决的身体方面的限制，并记录基线信息。附录 14.1 是神经学检查清单的示例，附录 14.2 是骨科检查清单的示例。在骨科检查过程中，使用动态关节角度计测量活动范围很有帮助，因为这将提供四肢的初始活动范围数据。这些测量结果也有助于确定治疗过程中取得的进展。附录 14.3 展示了活动能力检查清单的示例。

最重要的是要讨论宠主的治疗目标。如果在实施一个深思熟虑的康复计划过程中，患者从几乎无法从地板上站起来，到可以轻松地站起来并在屋内穿梭，但仍然无法使用犬专用门，这样的结果是宠主真正想要的吗？他们会认为康复治疗是成功的吗？宠主的需求或期望对于理疗计划的成功至关重要。体格检查、神经学检查和骨科检查将帮助您与犬主一起制定合理的目标。制订治疗计划的另一个关键因素是确定宠主在家能做什么，以及宠主是否有能力将宠物送到提供激光、水下跑步机或其他专业服务的机构。有时，让一只大型犬每周上下几次车实在是太麻烦了。专栏 14.1 展示了 George 的治疗计划示例。

这并不是一份全面的清单，而是一份帮助我们更好地了解可用于帮助老年患者的选择的概述。兽医康复学正在成为管理宠物行动问题不可或缺的一部分。每天都有新的科学疗法出现，为我们提供更好的治疗方法，改善患者的生活质量。

专栏 14.1 治疗计划示例

以下是一个行动能力强但身体虚弱的老年患者 George 的治疗计划示例，George 是一只 12 岁的黄色拉布拉多猎犬，体重 31.75 kg（70 lb）。请记住，每个康复计划都应该为患者量身定制。

体格检查结果：脚趾拖行导致后脚指甲中间部分变短；摇摆步态；肌肉紧绷，有触发点。

目标：保持肢体功能，减缓肌肉萎缩，并防止其他部位因过度使用而疼痛。

药物：确定需要用药治疗的疼痛部位。George 正在服用甲状腺药物、非甾体抗炎药和每月一次的 Adequan® 注射。

生活方式：根据患者情况与宠主讨论。

- George 目前超重，减肥可能会帮助他保持更长的活动时间。
- 确保 George 每天至少摄入 1 g/lb（1 lb ≈ 0.45 kg）的蛋白质，这样饮食中就有足够的蛋白质来维持肌肉的生长。（可以使用犬粮计算器来计算和比较犬粮中营养成分的比例，如 Dog Food Advisor: http://www.dogfoodadvisor.com/dog-feeding-tips/dog-food-calculator）。
- 在 George 可以到达的每个地方（包括它去外面的路径）铺上防滑垫或瑜伽垫。
- 在房屋内，每个台阶上都应该铺设防滑垫，包括最下面和最上面的地板。
- 如果 George 喜欢躺在地板上凉爽的地方而不是跑步机上，可以在地板上放一个小风扇，鼓励他在有支撑点的地方睡觉。
- 如果有大小便失禁的问题，可以剪掉可能潮湿或污染部位的被毛。
- 修剪 George 脚底部脚垫之间的被毛。
- 如果房子里有一些地方地面湿滑，无法铺上防滑垫，可以使用 Dr.Buzby's 防滑指甲套™（http://www.orthopets.co.uk/mobility-solutions/ToeGrips）。
- 确保白天有人在家时，让 George 至少每 2 h 站立一次。
- 如果 George 走路时摇晃幅度很大、脚趾拖行或难以从地板上站起来，则建议使用可以帮助他站起来的背带或吊带。
- 在他不那么活跃的时候，可以把他带到窗户边或玻璃门前，使他可以观察外面的世界。
- 如果 George 无法通过体力消耗能量，脑力游戏是一种非常有效的方式。
- George 以后可能需要轮椅。有些宠主觉得轮椅很可怕，可能需要时间来改变这个想法。等到有必要时再开始使用轮椅，因为理想情况下，我们希望尽可能长时间地使用肌肉，避免对轮椅产生依赖。
- 如果 George 喜欢社交，可以邀请人类朋友或其他动物朋友来家里做客（他可能更喜欢其中之一）。
- 老年犬也能学会新花样！在治疗设备上教授新技能或做一些有趣的训练是非常有益的。George 体型太大，宠主不方便在屋外牵遛，也可以在屋内使用犬专用的跑步机进行训练。

专栏 14.1 （续）

治疗

- 激光疗法可帮助减少因后肢无力而更加用力的肌肉触发点。
- 针灸将有助于整体健康，解决后肢本体感受障碍，还可用于针治疗触发点。
- 脊椎按摩疗法有助于神经调节、减轻疼痛、确保脊柱的正确对齐和活动，这些改善也会导致步态改善。
- 按摩对于增加肌肉的血流量、缓解触发点、确保代偿性肌肉的健康非常重要。
- 经皮神经肌肉电刺激有助于缓解特定区域的疼痛。
- 神经肌肉电刺激有助于对抗肌肉萎缩。
- 在运动前，应使用超声波疗法或热敷包来使肌肉升温。
- 宠主每天进行四肢关节的活动范围训练和按摩。

康复训练

- 每天散步 2 次，散步时走“八”字形或“之”字形。
- “击掌”——刚开始时每个前肢击掌 2 ~ 3 次，随着 George 变得强壮，每周增加击掌次数。
- 从坐到站——从每天连续两三次开始，逐渐增加次数。
- 马术训练障碍——随着 George 变得更加强壮，可以增加高度或缩短两点之间的距离。

延伸阅读

Ballner, M. (2001) Dog Massage: A Whiskers - to - Tail Guide to Your Dog's Ultimate Petting Experience. New York, NY: St. Martin's Press.

Brandt, K. D. (2010) Diagnosis and Nonsurgical Management of Osteoarthritis (5th ed.) Caddo, OK: Professional Communications Inc.

Brody, L. T. (2011). “Impaired Range of Motion and Joint Mobility.” In L. T. Brodie and C. M. Hall (eds). Therapeutic Exercise: Moving Toward Function (3rd ed.), pp. 124–167. Baltimore, MD: Williams and Wilkins.

Bennett, D. and Morton, C. J. (2009) “A Study of Owner Observed Behavioral and Lifestyle Changes in Cats with Musculoskeletal Disease Before and After Analgesic Therapy.” Feline Medicine and Surgery, 11(12): 997–1004.

Canapp, D. A. (2007) “Select Modalities.” Clinical Techniques in Small Animal Practice, 22(4):160–165.

Chai, R. J., Vukovic, J., Dunlop, S., Grounds, M. D., Shavlakadze, T. (2011) “Striking Denervation of Neuromuscular Junctions Without Lumbar Motoneuron Loss in Geriatric Mouse Muscle”. PLoS One, 6: e28090. doi: 10.1371/journal.pone.0028090.

Clarke, S. P., and Bennett, D. (2006) “Feline Osteoarthritis: A Prospective Study of 28 Cases.” Journal of Small Animal Practice, 47: 439 –445.

Crone, C. (1993) “Reciprocal Inhibition in Man.” Danish Medical Bulletin, 40: 571–581.

Crook, T., McGowan, C., Pead, M. (2007) “Effect of Passive Stretching on the Range of Motion of Osteoarthritic Joints in 10 Labrador Retrievers." Veterinary Record, 160: 545–547.

Cruz-Jentoft, A. J., Baeyens, J. P., Bauer, J. M., Boirie, Y., Cederholm, T., Landi, F. (2010) "Sarcopenia: European Consensus on Definition and Diagnosis: Report of the European Working Group on Sarcopenia in Older People." Age and Ageing, 39(4): 412–423.

Deschenes, M. R. (2004) "Effects of Aging on Muscle Fibre Type and Size." Sports Medicine,. 34(12): 809–824.

Farnfield, M. M., Breen, L., Carey, K. A., Garnham, A., Cameron - Smith, D. (2012) "Activation of mTOR Signalling in Young and Old Human Skeletal Muscle in Response to Combined Resistance Exercise and Whey Protein Ingestion." Applied Physiology Nutrition and Metabolism, 37: 21–30.

Freeman, L. M. (2012) "Cachexia and Sarcopenia: Emerging Syndromes of Importance in Dogs and Cats." Journal of Veterinary Internal Medicine, 26: 3–17.

Fyfe, M. C. and Bullock, M. I. (1985) "Therapeutic Ultrasound: Some Historical Background and Development in Knowledge of its Effect on Healing." Australian Journal of Physiotherapy, 31(6): 220–224.

Ge, H. - Y. and Arendt - Nielsen, L. (2011) "Latent Myofascial Trigger Points." Current Pain and Headache Reports, 15(5): 386–392.

Ge, H. - Y., Arendt - Nielsen, L., Madeleine, P. (2012) "Accelerated Muscle Fatigability of Latent Myofascial Trigger Points in Humans." Pain Medicine, 13: 957–964.

Ge, H - Y., Fernández - de - las - Peñas, C., Yue, S. - W. (2011) "Myofascial Trigger Points: Spontaneous Electrical Activity and its Consequences for Pain Induction and Propagation." Chinese Medicine, 6: 13. doi: 10.1186/1749 - 8546 - 6 - 13.

Hamm, K. and Alexander, C. M. (2010) "Challenging Presumptions: Is Reciprocal Inhibition Truly Reciprocal? A Study of Reciprocal Inhibition Between Knee Extensors and Flexors in Humans." Manual Therapy, 15(4): 388–393.

Hardie, E. M., Roe, S. C., Martin, F. R. J. (2002) "Radiographic Evidence of Degenerative Joint Disease in Geriatric Cats: 100 Cases (1994–1997)." Journal of the American Veterinary Medical Association, 220(5): 628–632.

Hayes K. W. (1993) "Conductive Heat." In Manual for Physical Agents (4th ed.)., pp 9–15. Norwalk, CT: Appleton and Lange.

Hourdebaigt, J. P. (2004) Canine Massage: A Complete Reference Manual (2nd ed.). Wenatchee, WA: Dogwise Publishing.

Ibarra, J. M., Ge, H. - Y., Wang, C., Vizcaino, V. M., Graven - Nielsen, T., Arendt - Nielsen, L. (2011) "Latent Myofascial Trigger Points are Associated with an Increased Antagonistic Muscle Activity During Agonist Muscle Contraction." Journal of Pain, 12: 1282–1288.

Jennett, S. (2008) Churchill Livingstone's Dictionary of Sport and Exercise Science and Medicine. Elsevier Limited.

Johnson, J. and Levine, D. (2004) "Electrical Stimulation." In D. L. Millis, D. Levine and R. A. Taylor, Canine Rehabilitation and Physical Therapy, pp. 289–302. St. Louis, MO: W.B. Elsevier Saunders.

Krüger, J. P., Endres, M., Neumann, K., Stuhlmüller, B., Morawietz, L., Häupl, T., Kaps, C. (2012) "Chondrogenic Differentiation of Human Subchondral Progenitor Cells is Affected by Synovial Fluid from Donors with Osteoarthritis or Rheumatoid Arthritis." Journal of Orthopaedic Surgery and Research, 7: 10. doi: 10.1186/1749 - 799X - 7 - 10.

Landi, F., Marzetti, E., Martone, A. M., Bernabei, R., Onder, G. (2014) "Exercise as a Remedy for Sarcopenia." Current Opinion In Clinical Nutrition and Metabolic Care, 17: 25–31.

Lascelles, B. D. (2010) "Feline Degenerative Joint Disease." Veterinary Surgery, 39(1): 2–13.

Maeda, Y., Lisi, T. L., Vance, C. G. T., and Sluka, K. A. (2007) "Release of GABA and Activation of GABAA in the Spinal Cord Mediates the Effects of TENS in Rats." Brain Research, 1136(1): 43–50.

Mannheimer, J. S. and Lampe, G. N. (1984) Clinical Transcutaneous Electrical Nerve Stimulation. Philadelphia, PA: Davis.

Mayo Clinic. (2014) "Myofascial pain syndrome." Available at http://www.mayoclinic.org/diseases - conditions/myofascial - pain - syndrome/basics/definition/con - 20033195.

Millis, D. L., Tichenor, M., Hecht, S. (2014) "Prevalence of Osteoarthritis in Dogs Undergoing Routine Dental Prophylaxis." Proceedings of the World Small Animal Veterinary Association Meeting, Cape Town, South Africa.

Morley, J. E., Baumgartner, R. N., Roubenoff, R., Mayer, J., Nair, K. S. (2001) "Sarcopenia." Journal of Laboratory Clinical Medicine, 137(4): 231–243.

Muir, W. W. III, Wiese, A. J., Wittum, T. E. (2004) "Prevalence and Characteristics of Pain in Dogs and Cats Examined as Outpatients at a Veterinary Teaching Hospital." Journal of the American Veterinary Medical Association, 224(9): 1459–1463.

Palmer, J. E., and Knight, K. L. (1996) "Ankle and Thigh Skin Surface Temperature Changes with Repeated Ice Pack Application." Journal of Athletic Training, 31: 319–323.

Petty, M. C. (2012) "Myofascial Pain Syndrome in Dogs." DVM360 News Center. Available at http://veterinarynews.dvm360.com/myofascial - pain - syndrome - dogs. Scarlett, J. M. and Donoghue, S. (1998) "Associations Between Body Condition and Disease in Cats." Journal of the American Veterinary Medical Association, 212: 1725–1731.

Shmalberg, J. (2014) "ACVN Nutrition Notes: Canine Performance and Rehabilitative Nutrition. Part 1: Canine Performance Nutrition." Today's Veterinary Practice, 4(6): 72–76.

Simons, D. G., Travell, J. G., Simons, L. S. (1999) Myofascial Pain and Dysfunction: Upper Half of Body. The Trigger Point Manual. Volume 1. Baltimore, MD: Lippincott Williams and Wilkins.

Sutherland, J. C. (2002) "Biological Effects of Polychromatic Light." Photochemistry and Photobiology, 76: 164–170.

Vance, C. T., Dailey, D. L., Rakel, B. A., Sluka, K. A. (2014) "Using TENS for Pain Control: The State of the Evidence." Pain Management, 4(3): 197–209.

Veterinary Specialty Care (n.d.) "Hyperbaric Therapy Chamber." Available at http://veterinaryspecialtycare.com/diagnostic/hyperbaric - therapy - chamber.

Wall, P. D. (1994) Textbook of Pain (3rd ed.). London, UK: Churchill Livingstone.

Wall, R. (2104) Introduction to Myofascial Trigger Points in Dogs. Topics in Companion Animal Medicine, 29: 43–48.

Youssef, A. R., Longino, D., Seerattan, R., Leonard, T., Herzog, W. (2009) “Muscle Weakness Causes Joint Degeneration in Rabbits.” Osteoarthritis and Cartilage, 17: 1228–1235.

网络资源

运动问题领域的继续教育

田纳西大学，犬类康复计划证书（CCRP）：http://ccrp.utvetce.com

犬类康复研究所，犬类康复治疗师认证（CCRP）：http://www.caninerehabinstitute.com

康复绿洲（兽医脊椎推拿疗法、兽医按摩及康复治疗）：http://healingoasis.edu

Curacore（为兽医提供的医疗针灸）：https://www.onehealthsim.org

Chi Institute（传统中医）：http://www.tcvm.com

Myopain 研讨会（犬类触发点的疗法）：http://www.myopainseminars.com

动物的选择，动物脊椎矫正学院：https://optionsforanimals.com

芝加哥犬类按摩学院：http://www.chicagoschoolofcaninemassage.com

产品

Assisi Loop®: NPAID®（非药物抗炎设备），经美国食品和药物管理局批准的设备，采用靶向脉冲电磁场技术。

http://www.assisianimalhealth.com

http://www.mtavet.com

平衡盘、瑜伽球、花生球：

适用于难以承受身体全部重量的动物，因为它们可以跨坐在瑜伽球或花生球上，但仍能保持直立姿势并锻炼核心力量。有助于拉伸，增加后肢的负重，也可用于弯曲肘部和肩部。

https://fitpawsusa.com

www.balancedcanineproducts.com/index.htm www.totofit.com

犬用轮椅、推车和后肢支撑带：

http://eddieswheels.com

http://www.handicappedpets.com

http://doggon.com

http://ruffrollin.com

木栅栏障碍杆、障碍跑道和运动器材：

在步态再训练和本体感受方面非常重要。宠主也可以在家里使用常见的家用物品（扫帚、软管、PVC 管、耙子、枕头等）自制障碍跑道。

https://fitpawsusa.com

www.balancedcanineproducts.com/index.htm

关节角度测量计：

测量关节角度（屈 / 伸）的专用“尺子”。使用该工具时，使用正确的地标以获得准确的测量结果非常重要。

http://www.balancedcanineproducts.com/goniometer.htm

老年保健品：

http://animalnecessity.com

Gulick、Gulick Ⅱ Plus 卷尺：

一种专门的卷尺，可对肌肉周长进行一致的测量。当在卷尺末端看到球时，即施加了 4 oz* 的压力，这使得多个使用者可以获得大致相同的测量结果，使用者之间的差异极小。

www.fitnessmart.com/fitstore2/products/67020.html

激光：

激光治疗可缓解疼痛和炎症，减少肿胀，刺激神经再生和参与组织修复。

http://www.litecure.com/companion

http://respondsystems.com

http://www.k - laser.com

http://www.celasers.com

http://spectravet.com

防滑材料：

用于犬的指甲或脚垫上，以防止滑倒。

https://www.toegrips.com

http://www.therapaw.com

矫形器和义肢：

针对犬的肢体进行定制。适用于多种病症，包括臂丛神经损伤、肌腱部分撕裂、腕关节过度伸展等。

www.orthopets.com

http://www.therapaw.com

http://www.animalorthocare.com

http://www.dogleggs.com

https://goherogo.com

* oz 为非法定计量单位，1 oz ≈ 28.35 g。

PEMF（脉冲电磁场）治疗床：

PEMF 自 20 世纪 70 年代以来一直用于刺激细胞和激活自然的细胞过程。

http://respondsystems.com/pemf

防护靴：

http://www.therapaw.com

http://pawzdogboots.com

冲击波：

声能技术用于治疗导致马和犬慢性疼痛和跛行的各种肌肉骨骼损伤。

http://www.pulsevet.com

支持护具：

http://helpemup.com

陆地跑步机：

最常用于强化和调节，以及重新训练犬的前后平衡和正常的脚部位置。陆地跑步机通常可以倾斜，以便将更多的重量放在后肢上，从而有助于增强体质。

http://dogtread.com

www.fitfurlife.com/dog - treadmills

水下跑步机：

增强肌肉力量，减少对关节的影响，也有助于步态再训练和本体感受。

http://h2oforfitness.com

www.hudsonaquatic.com

平衡板：

用于加强核心肌群，通过保持动物轻微失衡，使它们必须使用核心肌肉来保持平衡。

https://fitpaws.com

www.balancedcanineproducts.com/index.htm

附录 14.1　神经学检查清单示例

神经学检查表

患者信息

宠物姓名：______________　年龄：______________
宠主姓名：______________　品种：______________

既往史

____
____

脑神经

□ CN Ⅰ	□ 嗅神经	□ 嗅觉
□ CN Ⅱ	□ 视神经	□ 威胁反应、视力、瞳孔对光反射
□ CN Ⅲ	□ 动眼神经	□ 瞳孔对光反射、斜视、眼球震颤
□ CN Ⅳ	□ 滑车神经	□ 斜视、眼球震颤
□ CN Ⅴ	□ 三叉神经	□ 下颌张力、面部感觉、颞肌质量
□ CN Ⅵ	□ 外展神经	□ 斜视、眼球震颤
□ CN Ⅶ	□ 面神经	□ 威胁反应、眼睑反射、嘴唇下垂、耳朵运动、面部对称性
□ CN Ⅷ	□ 前庭耳蜗神经	□ 眼球震颤、头部倾斜、听力
□ CN Ⅸ	□ 舌咽神经	□ 咽反射、吞咽
□ CN Ⅹ	□ 迷走神经	□ 咽反射、吞咽
□ CN Ⅺ	□ 副神经	□ 头和肩部运动
□ CN Ⅻ	□ 舌下神经	□ 舌运动

病史

□ 抽搐 （前脑或系统性疾病）	□ 全身性 □ 局灶性	□ 精神运动
□ 行为 （大脑疾病）	□ 异常 □ 嚎叫 □ 不适当地排泄	□ 无目的游走 □ 被困在角落
（间脑疾病）	□ 体温 ↑或↓ □ 食欲 ↑或↓	□ 水分摄取 ↑或↓
□ 震颤	□ 意向性震颤（小脑） □ 肌强直（肌病） □ 姿势性震颤（虚弱）	□ 肌阵挛（脱髓鞘、抽搐）
□ 听觉（脑干疾病、耳病）	□ 非常深度的睡眠 □ 容易受惊	□ 对已学习的指令无反应

续表

□ 视觉 （前脑疾病、CN Ⅱ 疾病、眼科疾病）	□ 光照充足的情况下乱撞	□ 光照不充足的情况下乱撞
□ 吞咽 （脑干疾病）	□ 反流 □ 声音变化	□ 吞咽功能障碍
□ 呼吸 （颈脊髓疾病）	□ 胸腹式呼吸	□ 腹式呼吸
精神状态		
□ 意识水平 （脑干疾病 > 前脑疾病）	0——昏迷 1——沉郁、迟钝 4——焦躁、具有攻击性	2——正常 3——兴奋
□ 痴呆 （前脑疾病）		
视觉		
□ 虹膜 / 瞳孔 （猫白血病病毒、活跃性前脑水肿）	□ 虹膜活动（瞳孔大小变化）	□ 瞳孔半散大（“D” 形）
（前脑疾病、脑干疾病）	□ 瞳孔直接对光反射 ↑ 或 ↓ □ 瞳孔间接对光反射 ↑ 或 ↓ □ 瞳孔缩小 左眼 / 右眼	□ 瞳孔散大 左眼 / 右眼 □ 瞳孔大小不等 左眼 / 右眼
□ 霍纳综合征 （脑干疾病、颈部疾病、T1–T3 疾病、胸部疾病、耳病）	□ 上眼睑下垂 左眼 / 右眼 □ 瞳孔缩小 左眼 / 右眼	□ 眼球凹陷 左眼 / 右眼 □ 瞬膜脱垂 左眼 / 右眼
□ 眼球震颤 （内耳疾病、中耳疾病、CN Ⅷ疾病 > 脑干疾病）	□ 自发性水平震颤 →	□ 快速向左或向右，左眼 / 右眼 / 双眼
（脑干疾病 > 内耳疾病、中耳疾病、CN Ⅷ疾病）	□ 自发性垂直震颤 →	□ 快速向上或向下，左眼 / 右眼 / 双眼
（脑干疾病 > 内耳疾病、中耳疾病、CN Ⅷ疾病）	□ 旋转震颤 →	□ 左眼 / 右眼 / 双眼
（脑干疾病）	□ 位置性震颤 →	□ 水平、垂直或旋转
□ 视力 （前脑疾病）	□ 光照充足追踪试验 ↑ 或 ↓ □ 光照充足障碍物试验 ↑ 或 ↓	□ 光照不充足追踪试验 ↑ 或 ↓ □ 光照不充足障碍物试验 ↑ 或 ↓
□ 威胁反应 （前脑疾病、脑干疾病、小脑疾病、年纪太小）	□ 鼻侧左眼 ↑ 或 ↓ □ 外侧左眼 ↑ 或 ↓	□ 鼻侧右眼 ↑ 或 ↓ □ 外侧右眼 ↑ 或 ↓
□ 角膜 （脑干疾病、昏迷）	□ 角膜反射左眼 ↑ 或 ↓	□ 角膜反射右眼 ↑ 或 ↓
（CN Ⅲ疾病、CN Ⅶ疾病）	□ 角膜干燥左眼 / 右眼	□ 鼻子干燥左眼 / 右眼

续表

步态		
□ 头部姿势		
（前脑疾病）	□ 头部向左转向	□ 头部向右转向
（脑干疾病、耳病、CN Ⅷ疾病）	□ 头部向左倾斜	□ 头部向右倾斜
（脑干疾病）	□ 左眼斜视	□ 右眼斜视
（小脑疾病、双侧前庭疾病）	□ 头摆动	
（前脑疾病）	□ 头下压	
UMN——反射亢进，力量维持，增强肌肉静息张力，肢体痉挛 LMN——反射减退，肌无力，降低肌肉静息张力，肢体运动产生张力的能力降低		
□ 姿势反应 （脑病、脊髓疾病、外周神经疾病、UMN 疾病、LMN 疾病）	□ 本体感受 □ 视觉放置 □ 独轮车反应	□ 触觉放置 □ 单侧行走
□ 跳跃反应	□ UMN——宽的跳跃	□ LMN——窄的跳跃
□ 步幅		
（疼痛或 LMN 疾病）	□ 短步距 左或右前肢（颈 / 胸）	□ 短步距 左或右后肢（脊髓）
（UMN 疾病或小脑疾病）	□ 长步距	
□ 共济失调		
（前脑疾病、脑干疾病、脊髓疾病、外周神经疾病）	□ 感觉——本体感受缺陷，宽基步态，足背翻转	
（小脑疾病）	□ 小脑——辩距过度，意向性震颤	
（CN Ⅷ疾病、内耳疾病或中耳疾病）	□ 单侧前庭——头倾斜、眼球震颤	
（双侧 CN Ⅷ疾病、耳病或脑干疾病）	□ 双侧前庭——头部摇晃	
（大脑疾病）	□ 无目的游走	□ 大半径的转圈
反射		
□ 肱二头肌反射	□ LMN=C6–C8，肌皮神经	□ UMN=C6 以上 CNS 病变
□ 肱三头肌反射	□ LMN=C7–T2，上桡神经	□ UMN=C7 以上 CNS 病变
□ 桡侧腕伸肌反射	□ LMN=C7–T2，上桡神经 & 下桡神经	□ UMN=C7 以上 CNS 病变
□ 屈肌反射	□ 前肢 LMN=C6–T2、腋神经、肌皮神经、桡神经、正中神经或尺神经	□ 前肢 UMN（交叉伸肌反射）=C6 以上 CNS 病变
	□ 后肢 LMN=L7–S2，坐骨神经	□ 后肢 LMN（荐椎前区域结束）=L6–L7 以上 CNS 病变

续表

□ 腹壁反射	□ 一侧 LMN 异常，其他正常 =C8–T1，臂丛神经、胸外侧神经	□ 脊髓损伤在 1–4 个脊髓阶段之前
□ 膝跳反射	□ LMN=L6–S2 脊髓，坐骨神经	□ UMN=L6 以上 CNS 病变
□ 腓骨肌反射	□ LMN=L4–L6 脊髓，股神经 □ 假性脊髓反射亢进，L6–S1 脊髓	□ UMN=L4 以上 CNS 病变
□ 会阴反射	□ LMN=S1–Cd 脊髓，会阴和阴部神经	

肌节

前肢神经	脊髓节段	肌肉
□ 肩胛上神经	□（C5）、C6、C7	□ 冈上肌、冈下肌
□ 肩胛下神经	□ C6、C7	□ 肩胛下肌
□ 肌皮神经	□ C6、C7、C8	□ 肱二头肌、肱肌、喙肱肌
□ 腋神经	□（C6）、C7、C8	□ 三角肌、大圆肌 / 小圆肌、深胸肌、浅胸肌
□ 桡神经	□ C7、C8、T1、（T2）	□ 肱三头肌，伸肌，外侧尺肌
□ 正中神经	□ C8、T1、（T2）	□ 桡侧腕屈肌，指浅屈肌
□ 尺神经	□ C8、T1、（T2）	□ 尺侧腕屈肌，指深屈肌
后肢神经		
□ 股神经	□ L4、L5、L6	□ 髂腰肌、四头肌、缝匠肌
□ 闭孔神经	□（L4）、L5、L6	□ 闭孔外肌、耻骨肌、股薄肌、内收肌
□ 臀前神经	□ L6、L7、S1	□ 臀中肌 / 臀深肌、阔筋膜张肌
□ 臀后神经	□ L7、（S1、S2）	□ 臀浅肌 / 臀中肌
□ 坐骨神经	□ L6、L7、S1、（S1、S2）	□ 股二头肌、半腱肌和半膜肌
□ 腓总神经	□ L6、L7	□ 腓骨长肌、侧趾伸肌、长趾伸肌、胫前肌
□ 胫神经	□ L7、S1	□ 腓肠肌、腘肌、指浅屈肌、指深屈肌
□ 阴部神经	□ S1、S2、S3	□ 肛门外括约肌

笔记

签名　　　　日期

附录 14.2　骨科检查清单示例

骨科检查表

患者信息

宠物姓名：＿＿＿＿＿＿＿＿＿＿＿＿　年龄：＿＿＿＿＿＿＿＿＿＿＿＿

宠主姓名：＿＿＿＿＿＿＿＿＿＿＿＿　品种：＿＿＿＿＿＿＿＿＿＿＿＿

既往史

＿＿＿＿＿＿＿＿＿＿＿＿＿＿＿＿＿＿＿＿＿＿＿＿＿＿＿＿＿＿

＿＿＿＿＿＿＿＿＿＿＿＿＿＿＿＿＿＿＿＿＿＿＿＿＿＿＿＿＿＿

观察

□ 行走跛行	□ 0 行走正常	□ 3 严重的负重跛行
	□ 1 轻微跛行	□ 4 间歇性不负重跛行
	□ 2 明显的负重跛行	□ 5 持续性不负重跛行
□ 姿势	□ 背线（脊柱后凸 – 脊柱前凸）	□ 整体对称
	□ 单肢不负重	□ 肌肉张力
	□ 坐下测试	□ 能从坐着或躺着时站起来
□ 行为	□ 自然	□ 害羞
	□ 自信	□ 攻击性

关节活动范围

疼痛评分	0——关节触诊时无疼痛	2——关节触诊时中度疼痛
	1——关节触诊时轻度疼痛	3——关节触诊时剧烈疼痛
	4——不允许触诊关节	
□ 指 / 趾关节（前肢 & 后肢）	□ 屈曲	□ 伸展
	□ 内侧偏移	□ 外侧偏移
	□ 牵拉	□ 籽骨
	□ 退行性关节炎	□ 疼痛评分 0、1、2、3、4
□ 跗关节	□ 屈曲（38°　）	□ 伸展（165°　）
	□ 内侧偏移	□ 外侧偏移
	□ 牵拉约 90°	□ 站立时过伸试验
	□ 退行性关节炎	□ 疼痛评分 0、1、2、3、4
□ 膝关节	□ 屈曲（41°　）	□ 伸展（162°　）
	□ 内侧偏移	□ 外侧偏移
	□ 前抽屉试验	□ 半月板测试
	□ 退行性关节炎	□ 疼痛评分 0、1、2、3、4

续表

关节活动范围（续）		
□ 髋关节	□ 屈曲（50°　）	□ 伸展（162°　）
	□ 内旋转	□ 外旋转
	□ 外展	□ Barlow、Barden+Ortolani 试验
		□ 疼痛评分 0、1、2、3、4
□ 腕关节	□ 屈曲（32°　）	□ 伸展（196°　）
	□ 内侧偏移	□ 外侧偏移
	□ 退行性关节炎	□ 疼痛评分 0、1、2、3、4
□ 肘关节	□ 屈曲（36°　）	□ 伸展（166°　）
	□ 旋前	□ 旋后
	□ 牵拉约 90°	□ 疼痛评分 0、1、2、3、4
	□ 退行性关节炎	
□ 肩关节	□ 屈曲（57°　）	□ 伸展（165°　）
	□ 内旋转	□ 外旋转
	□ 牵拉约 90°	□ 疼痛评分 0、1、2、3、4
	□ 退行性关节炎	
骨骼和肌肉触诊		
□ 颞下颌关节	□ 外侧偏移	□ 前侧偏移
	□ 咬肌	□ 颞肌和额肌
□ 脊柱	□ 颈椎	□ 相邻肌肉
	□ 胸椎	□ 第一根肋骨
	□ 轴上肌	□ 多裂肌
	□ 第 2 ～ 13 根肋骨	□ 轴下肌
	□ 肋间肌	□ 胸骨和剑状软骨
	□ 腰椎	□ 轴上肌
	□ 多裂肌	□ 腰方肌
	□ 髂腰肌	
	□ 骨盆	□ 荐椎
	□ 荐结节韧带	□ 尾椎
□ 跗骨	□ 跟骨突	□ 踝骨
	□ 检查关节积液	□ 跟腱
□ 膝关节	□ 股骨远端和上髁	□ 胫骨近端、髁突和胫骨嵴
	□ 髌骨	□ 髌腱
	□ 腓骨	□ 内侧支撑结构
	□ 腘淋巴结	□ 屈肌腱
	□ 股四头肌	□ 跟腱
	□ 胫前肌	□ 腓肠肌
□ 髋骨	□ 股骨大转子	□ 臀肌
	□ 耻骨肌	□ 缝匠肌
	□ 阔筋膜张肌	□ 腹股沟淋巴结
	□ 股薄肌	

续表

□ 腕骨	□ 桡骨远端和尺骨 □ 腕骨 □ 伸肌腱	□ 茎突 □ 掌骨 □ 屈肌腱
□ 肘	□ 鹰嘴 □ 内侧面 □ 肱二头肌和肱肌	□ 上髁 □ 桡骨头 □ 肱三头肌
□ 肩	□ 肩胛骨 □ 肱骨 □ 肱二头肌腱 □ 冈下肌 □ 小圆肌 □ 大圆肌	□ 肩胛下肌 □ 冈上肌 □ 肱三头肌长头 □ 背阔肌 □ 肩胛前淋巴结

笔记

签名　　　　　日期

附录 14.3　活动能力检查清单示例

活动能力检查表

患者信息

宠物姓名：______________________　年龄：______________________

宠主姓名：______________________　品种：______________________

既往史

____

____

药物

□ 非甾体抗炎药	□ 金刚烷胺	□ 多硫酸化糖胺聚糖
□ 类固醇	□ 加巴喷丁	□ 氨基葡萄糖补充剂
□ 芬太尼贴片	□ 曲马多	□ 维生素 B_{12}
□ 丁丙诺啡	□ 关节注射	□ 皮下输液

生活方式

□ 减肥	□ 自洁	□ 可以看到窗外
□ 摄入 1 g/lb 的蛋白质	□ 修剪脚底毛	□ 脑力游戏
□ 地板上跑步	□ Dr Buzby 的防滑指甲套	□ 轮椅或手推车 / 婴儿车
□ 楼梯 & 平地上跑步	□ 每 2 h 帮助起身	□ 把动物朋友带到家中
□ 在地上翻滚	□ Help'em up 的护具或背带	□ 小游戏，FitPAWS 或者 DogTread

治疗

□ 激光疗法	□ 针灸 / 干针	□ 正骨疗法
□ 治疗性超声	□ 经皮神经肌肉电刺激 / 神经肌肉电刺激	□ 高压氧疗法
□ 水下跑步机		□ 按摩疗法

关节活动范围和康复训练

□ 脚趾屈曲	□ 脚趾屈曲	□ 热敷 10 min	□ 坐下到站立
□ 尾巴按压	□ 腕关节屈曲 / 伸展	□ 冷敷 10 min	□ 高位坐姿到站立
□ 跗关节屈曲 / 伸展	□ 肘关节屈曲 / 伸展	□ 栅栏障碍	□ 向后走
□ 膝关节屈曲 / 伸展	□ 肩关节屈曲 / 伸展	□ 站在平衡盘上	□ 摇晃 / 举起爪子
□ 髋关节屈曲 / 伸展	□ 双侧脚底刺激	□ 双圆盘站立	□ 穿插绕走 / 走“八”字
□ 跗关节绑带	□ 按摩疗法	□ 平衡转移	□ 行走时长______min

宠主目标：____

____

笔记：____

____

____

签名　　　　日期

第 15 章　与年龄有关的胃肠道疾病和营养考量

Shea Cox

本章讨论了与年龄相关的胃肠道系统的形态学和生理学变化，包括对老年患者营养的考虑。目前缺乏研究健康动物衰老过程中胃肠道变化的直接证据和模型。因此，与年龄相关的具体变化信息通常是从人类研究中推断出来的，并且必须从人医和兽医资源中获取信息。

与年龄相关的胃肠道变化

胃肠道的正常老化与结构和功能的改变有关。需要注意的是，衰老只引起胃肠道整体结构的细微变化，除非伴随共病，否则对功能的影响通常很小。

味觉和嗅觉

随着宠物年龄的增长，其味蕾数量开始减少，味蕾再生水平下降。嗅觉也由于嗅球纤维的减少和嗅觉受体凋亡率的增加而减弱。黏液可以帮助气味在鼻腔内停留足够长的时间，以被神经末梢识别，其在鼻腔的产生减少会进一步导致嗅觉丧失（Fortney, 2008）。

胃肠运动功能

在人体研究中，肠肌间神经丛和黏膜下神经丛显示出与年龄相关的变化，这种变化会随着时间的推移而加剧。这些变化主要涉及胆碱能神经元和并发的肠胶质细胞丢失。与近端部位相比，远端胃肠道的丢失似乎更多（Salles, 2007）。在胃肠道的交感神经、迷走神经、背根神经和肠氮能神经支配中可能发生营养不良性轴突水肿，这些自主神经系统的变化可以部分解释老年患者与年龄相关的胃肠运动功能下降（Orr 和 Chen, 2002）。

虽然随着年龄的增长，胃肠运动功能障碍的患病率增加，但年龄本身的直接影响很小。运动功能的改变更有可能是原发疾病（如胃肠道肿瘤、炎症或神经系统疾病、全身性疾病）或药物作用的结果。

食道

临床上显著的食道功能障碍并不仅仅由年龄引起，尽管在人类中已经描述了与年龄相关的轻度变化。这些变化包括收缩幅度降低，吞咽后蠕动波数量、食道体部紊乱性收缩的增加，以及食道平滑肌的整体减弱。尽管存在这些与年龄相关的变化，但即使在高龄患者中，食道功能通常也很正常（Shaker 和 Staff, 2001）。

胃

胃轻瘫和胃排空延迟在老年患者中更常见。这通常不是由于年龄本身，而是由于存在其他疾病（如慢性肾病或甲状腺功能减退），这些疾病会导致胃肠转运时间减慢和胃排空障碍（O'Mahony et al., 2002）。胃黏膜随年龄增长而发生变化，包括胃黏膜萎缩和胃酸分泌量减少。虽然胃酸分泌量随着年龄的增长而减少，但大多数健康老年人能够维持正常的胃酸分泌水平（Nakamura et al., 2006）。胃蛋白酶的分泌不随年龄增长而下降，但胃碳酸氢盐、钠离子和非壁细胞液的分泌随年龄增长而下降。胃黏膜血流量也随着年龄的增长而减少，大多数器官的血流量也是如此，这可能导致黏膜损伤后愈合缓慢（Hall et al., 2005）。胃内前列腺素的合成可能减少,增加非甾体抗炎药（non-steroidal anti-inflammatories，NSAIDs）对黏膜的不良反应的敏感性，这是老年患者的一个重要考虑因素。虽然胃老化可能导致胃上皮异常，但大多数改变通常是慢性损伤的结果，如共病的影响或药物（如 NSAID 胃炎；Salles, 2009）。黏膜保护机制也可能随着年龄的增长而受损（Newton, 2004）。

小肠动力

小肠动力负责消化食物，吸收营养物质，清除细胞碎片、分泌物和残留的未消化物质。在人类和动物的小肠中，与年龄相关的形态学变化包括肌间神经丛神经元数量的减少和内脏血流量的减少（Wade 和 Cowen, 2004）。正常的吸收表面保持不变，空肠的表面积与容积比和肠上皮细胞高度保持不变（Nagar 和 Roberts, 1999）。黏膜再生随年龄增长而增加（Hall et al., 2005）。在健康人群中，口粪转运时间不会随年龄增长而发生显著变化，但在疾病存在时，口粪转运时间会发生改变。

结肠动力

在动物模型中已经注意到肠神经退行性变化在便秘中的作用。便秘和结肠运动功能的改变通常不是衰老的直接后果，而是由于存在其他潜在疾病过程。

免疫功能

胃肠道表面是最大的单一免疫器官，肠道内很多细胞能够产生免疫球蛋白（Blechman 和 Gelb, 1999），而衰老伴随着黏膜和分泌性免疫反应的下降。变化包括调节性细胞因子的产生减少、T 细胞群减少、对抗原的抗体反应减弱及淋巴组织的组成发生变化（Santiago et al., 2011）。T 细胞和 B 细胞的总数通常保持稳定（Gomez et al., 2005）。肠黏膜免疫衰老（自然年龄增长导致的免疫系统逐渐退化）的发生，可能是免疫球蛋白 A 浆细胞归巢减少的结果（Schmuckeretal et al., 2003）。虽然年龄与表面上皮和上皮内淋巴细胞的数量无关，但脂质吸收在一定程度上受损，可能是由于血流减少和缺血（Meier 和 Sturm, 2009）。更好地理解和研究 T 细胞代谢、激素和微生物群可能会对与衰老相关的免疫反应提供进一步了解。

肝胆系统

在人类研究中，肝脏体积和血流量在 30 ~ 100 岁会减少 20% ~ 40%（Wynneetal et al., 1989）。此外，肝细胞增殖反应似乎在老年人中下降，这可能对肝脏患病后的再生能力产生影响，也与肝细胞端粒长度减少有关（Takuboetal et al., 2000）。在动物中，尽管整体肝功能变化很小，但 P450 酶系统普遍下降（McLachlan 和 Pont, 2012）。尽管这些与年龄相关的肝功能变化已被充分证明，但年龄本身与肝功能血液学检查的显著异常无关（Schmucker, 2005）。

胆囊经历的年龄相关变化最小。由于结缔组织数量的增加，胆管确实会轻微扩张（Tohno et al., 2004），但胆囊收缩一般不受影响。

常见的胃肠道疾病

老年宠物的胃肠病理学呈多样化，可影响胃肠道的所有部位。

吸收不良

维生素 B_{12}（钴胺素）缺乏症可发生于所有年龄段，老年群体略好发。缺乏症最常见的原因是钴胺素吸收不良，本章稍后将对此进行更详细的讨论。

腹泻

腹泻在老年群体中常见。可能使老年患者易患腹泻的因素包括对肠道微生物的防御能力降低、免疫系统发生变化（如B细胞和T细胞减少）、抗体和细胞因子生成减少，以及IgA分泌减少导致的黏膜免疫力下降。衰老还与肠道菌群的改变有关，厌氧菌和双歧杆菌的菌落减少，同时肠杆菌的定殖增加。药物引起的腹泻是另一个潜在病因，而且在老年患者中可能是常见原因，由于经常多重用药来控制其他与年龄相关的疾病。

便秘

结肠运动在粪便形成过程中起重要作用。便秘是老年患者的一种常见综合征，它是一个描述排便困难的术语，而不是具体的疾病实体（McCreaetal et al., 2008）。衰老与胃肠道的肠神经变性及细胞数量和密度的显著下降有关（Phillipsetal et al., 2007）。虽然平滑肌松弛仍然正常，但胆碱能神经元的数量减少（Bernardetal et al., 2009）。一项对啮齿类动物的外源性结肠神经的研究表明，肌间神经丛的交感运动神经元发生了与年龄显著相关的变性，结肠转运能力下降（Bernardetal et al., 2009）。也有很多关于与年龄相关的人结肠外源性神经变化的信息，包括卡哈尔（Cajal）间质细胞（肠道起搏器）的退行性过程，可能是随着年龄的增长导致便秘的潜在原因（Wiskur和Greenwood-Van Meerveld, 2010）。这种变化的功能性后果是由于收缩减少而延迟了大肠的运输，从而导致了低效的蠕动（Wiskur和Greenwood-Van Meerveld, 2010）。如前所述，多种因素均可导致便秘的发生，包括共病（如代谢性或内分泌疾病、阻塞性病变）、药物（如阿片类药物）和脱水。

胰腺炎

老龄不是胰腺炎发生的风险因素。然而，如果出现与年龄相关的器官功能下降或存在共病，老龄可能会对预后产生负面影响。与年龄对功能的影响不同，胰腺结构确实会随着年龄的增长而发生改变，人体研究显示胰腺导管增生、小叶变性和脂肪浸润的改变，类似于慢性胰腺炎的变化（Ross和Forsmark, 2001）。

胃肠癌

随着年龄的增长，恶性肿瘤的发生率增加。诸如 DNA 损伤和功能失调蛋白积累等现象在衰老过程和癌症中很常见。癌变和衰老同样涉及代谢和免疫衰老的改变、启动子的超甲基化和端粒缩短（Araietal et al., 2010）。

药理学和治疗方面的考量

衰老可影响药物的生物转化，与衰老相关的变化会影响药物的药代动力学和药效学。系统和器官功能受损进一步导致潜在药物不良反应的可能性增加。

如前所述，年龄增长会导致身体整体组成的变化。随着身体脂肪的增加，肌肉量的减少，全身水分的减少，高极性水溶性药物的分布体积会减少，而亲脂性药物的分布体积会随着年龄的增长而增加（Rivera 和 Antognini, 2009）。例如，在老年宠物中，肌肉减少，全身脂肪增加，脂溶性药物会倾向于在脂肪组织中积累，并产生长期的影响，因为这些药物的消除是缓慢和减少的（Howland, 2009）。在长期给药的情况下，剂量是一个重要考虑因素，以帮助预防潜在的不良反应或毒副作用。

虽然随着年龄的增长，胃肠道会发生变化，但大多数药物的被动扩散吸收没有变化（Sostressetal et al., 2009）。然而，在评估口服生物利用度时，必须考虑肠黏膜的体循环前消除和肝脏的首过效应。随着年龄的增长，肝脏质量和肝脏灌注减少，可能导致那些在体内被迅速清除的药物的血药浓度升高。老年群体的给药方案需要基于与年龄相关的药代动力学变化，这可能是具有挑战性的，因为在老年群体中，很少有临床试验指导给药的安全性和有效性（Rivera 和 Antognini, 2009）。

除胃肠道（特别是小肠）外，随着年龄的增长，药物在体内的代谢和消除过程也会发生变化，表现为肝脏清除药物的能力降低和药物在体内停留的时间过长（半衰期）。大多数药物从胃肠道吸收后通过肝脏。此外，大多数药物在最终排泄之前需要通过几种细胞色素 P450 依赖的 Ⅰ 期和 Ⅱ 期途径（如乙酰化、葡萄糖醛酸化或磺化）生物转化为极性更强的代谢物。肝血流量和质量一般会随着年龄的增长而下降，那些经肝脏大量代谢的药物可能会受到这些变化的影响。肝血流量随着年龄的增长而下降，导致生物转化削弱，从而影响药物的代谢和效果（Rosenthal 和 Nussinovitch, 2008）。

虽然药物的直接吸收一般不受影响，但由于与其他药物、营养物质和共病的相互作用，药物作用可能不同。老年患者多重用药现象常见，临床医生应注意可能导致胃肠道不良反应的药物。

营养与消化

衰老的两个主要影响包括适应营养变化的能力下降，以及处理大量营养过剩或缺乏的储备能力下降。老年患者常合并亚临床疾病，进一步影响其营养状况和健康。正因为如此，营养的作用不仅在预防疾病方面变得越来越重要，而且还有助于维持老年宠物的生活质量（图 15.1）。

衰老对营养需求的影响

能量需求

维持能量的需求随着宠物年龄的增长而减少。这主要是由于身体成分的变化，主要是肌肉质量的减少和脂肪组织的增加，这反过来导致总体基础代谢率的下降。许多宠物随着年龄的增长变得不那么活跃，进一步减少了它们的整体能量需求。营养物质的消化率也存在年龄相关的降低，尤其是脂肪和蛋白质的消化率。这种减少进一步影响身体和肌肉状况，进而影响宠物所需的能量（Perez-Camargo, 2004）。

据文献记载，与年轻的成年犬相比，7 岁以上的犬的能量需求下降幅度最大，维持能量需求下降了约 20%（Harper, 1998）。然而，在另一项评估蝴蝶犬、拉布拉多猎犬和大丹犬的研究中发现，和小型犬相比，大型犬有更高的维持

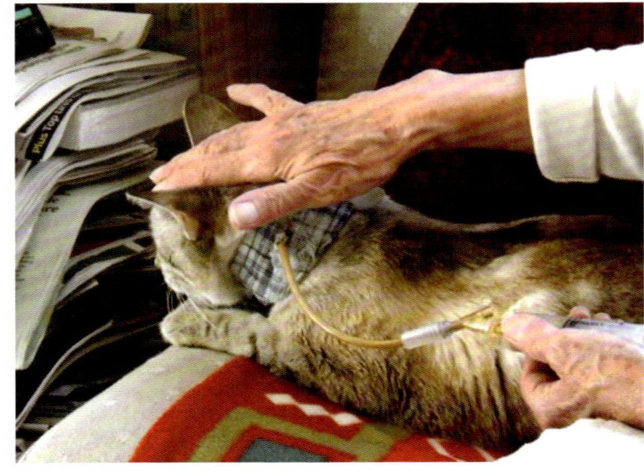

图 15.1　Lily，管饲

能量需求，这与肌肉量增加但脂肪量减少有关（Speakman, 2003）。与其他物种相似，许多猫的需求似乎有所下降（Laflamme 和 Ballam, 2002），然而，11 岁以上的猫，单位体重的维持能量需求增加（Cupp, 2004）。

如果能量需求减少但能量摄入没有减少，则可能导致肥胖。然而，肥胖的患病率随着犬猫年龄的增长而下降，12 岁以上的犬猫体重过轻的比例高于其他年龄组（Lundetal et al., 2006）。

蛋白质

衰老与肌肉量减少相关，如前所述，维持能量需求与肌肉量相关（图 15.2 和图 15.3）。正因如此，膳食蛋白质摄入量是老年宠物需要满足的重要营养需求。充足的蛋白质摄入会减缓肌肉量的损失，而不充足的蛋白质摄入会增加肌肉量损失的速度（Kealy, 1999）。在健康的老年宠物中，没必要限制蛋白质的摄入（实际上可能是有害的），限制蛋白质会导致肌肉量进一步减少，从而增加发病率和死亡率（Cuppetal et al., 2004）。如果膳食蛋白质不足，那么肌肉中的蛋白质将被动员起来，以帮助支持必需的功能性蛋白质合成。虽然老年宠物可以适应减少的蛋白质摄入并仍然保持氮平衡，但它最终会进展到一个蛋白质耗尽的状态，这与逐渐但持续的肌肉量减少有关。这些宠物可能看起来很健康，但它们对感染等环境伤害的反应能力可能会下降（Wannemacher 和 McCoy, 1966）。

图 15.2　Benny，胃肠性体重减轻

图 15.3　Meli，胃肠性体重减轻

脂肪

脂肪消化率可能随着年龄的增长而降低。然而，对于需要增加能量摄入的患者，可能需要增加膳食脂肪。

纤维

犬猫没有特定的膳食纤维需求，尽管纤维不仅影响营养物质的可利用性，而且影响胃肠道功能和胃肠道微生物群。增加膳食纤维也可以帮助由于肠道动力下降而容易发生便秘的宠物。然而，确实需要小心，因为膳食纤维含量高的饮食通常含有更少的脂肪和更低的热量密度。这可能会导致能量摄入减少，继而导致体重和体况下降（Bartges, 2014）。

其他营养素

氧化损伤在衰老过程中发挥重要作用，可导致抗氧化营养素的缺乏。这反过来会对抗氧化功能、免疫功能和健康标志物产生不利影响（Freeman, 2005）。ω-3 脂肪酸可能在老年患者中发挥重要作用,因为它们可以减轻炎症，对年龄相关的共病如骨关节炎和肾脏疾病有益。

肠道脂肪消化率降低的老年患者，维生素、矿物质和电解质的利用率也可能降低。

水摄入量是一项重要的营养监测，因为随着宠物年龄的增长，肾小球滤过率和尿液浓缩能力下降，使老年群体容易脱水。老年宠物的口渴反应也可能降低。衰老过程改变了与口渴和饱腹感相关的重要生理控制系统。在人类研究中，有证据表明，老年人之所以如此，是因为他们的基线渗透压更高，因此口渴感的渗透压控制点也更高（敏感性几乎没有变化），并且对压力感受器的卸载（低血容量）和加载（高血容量）做出反应时，口渴和饱腹感降低（Kenney 和 Chiu, 2001）。

体重减轻

随着时间的推移，身体成分的调节是动态的，随着宠物年龄的增长，有体重减轻的倾向。导致体重减轻的原因有很多，如下：

- 身体对能量摄入的调节。
- 摄入的热量不足。
- 正常的、与年龄相关的食欲下降，其部分原因可能是能量消耗减少，以及味觉和嗅觉减退。

- 废用性萎缩。
- 激素调节的变化和 / 或激素缺乏。
- 疾病或共病的影响，如慢性肾病。
- 这些因素的任意组合。

治疗注意事项

饮食

老年宠物的最佳饮食主要取决于宠物的整体健康状况。专栏 15.1 给出了关于老年宠物饮食考虑的一般性建议。

食欲刺激剂

赛庚啶和米氮平是老年临终关怀患者常用的两种食欲刺激剂。传闻赛庚啶对许多患者有疗效，但其疗效从未经过科学评估，通常需要每天 2 次给药，这对主人而言可能具有挑战性。米氮平的应用越来越广泛，由于其作为 5HT3 受体的作用，除了刺激食欲外，还表现出止吐的特性。对其药效学和药代动力学的探索也使其在猫上应用更加有效。由于较高剂量通常更容易引起猫的不良反应（如过度兴奋、嚎叫和震颤），因此建议低剂量、高频次使用（1.875 mg/d，慢性肾病动物可隔天 1 次）（Quimby, 2015）。主人应注意米氮平和赛庚啶不能同时使用，因为米氮平是一种 5- 羟色胺激动剂，赛庚啶是一种非选择性 5- 羟色胺拮抗剂。赛庚啶实际上被用作米氮平过量引起的 5- 羟色胺效应的解毒剂。

专栏 15.1　关于老年宠物饮食注意事项的建议

- 对于代谢效率正常、健康、持续保持体况的老年患者，继续规律饮食是非常合理的。
- 对于代谢效率正常、健康，但体重增加、体况评分增加的老年患者，应考虑限制热量和 / 或高纤维饮食。
- 对于代谢效率低，但其他方面健康，体重减轻，体况和 / 或肌肉状况不佳的老年患者，应给予热量密度更高和蛋白质含量更高的饮食。
- 对于代谢效率低下和临床不健康的老年患者，饮食建议的方向是改变对基础疾病有影响的营养物质。
- 此时不需要限制健康的老年宠物的其他营养物质，如蛋白质。

钴胺素补充剂

钴胺素（维生素 B_{12}）是多种酶系统的必需辅助因子，在多种氨基酸的代谢中起主要作用。由于钴胺素具有重要的代谢作用，缺乏这种维生素可导致多种临床症状，包括胃肠道、血液、免疫和神经系统的症状，因此必须予以纠正。

钴胺素的吸收是一个复杂的过程，受多种因素和机制的影响。钴胺素最初与膳食蛋白质结合，然后在胃酸和蛋白酶的作用下在胃和十二指肠释放。R- 蛋白是一种载体蛋白，可结合任何游离的钴胺素，直到它转运到十二指肠。在这里，钴胺素被转移并结合另一种蛋白质，即内因子，在人类和犬中，它由胃和胰腺释放，而在猫中，它只由胰腺释放。然后回肠中的肠细胞吸收钴胺素 / 内因子复合物，吸收后，钴胺素从内因子中释放并被转移到另一组载体蛋白上，即钴胺素转运蛋白，从而使维生素进入细胞（Steiner, 2014）。

明确诊断钴胺素缺乏可能具有挑战性，因为症状可能无特异性，并且可能因发病时的年龄、缺乏的严重程度和疾病的持续时间而异。例如，钴胺素缺乏患者可能只表现出轻微的胃肠道疾病症状，这可能是钴胺素缺乏的原因，也可能是其后果。

就胃肠道而言，钴胺素缺乏可损害肠黏膜再生，进而导致黏膜萎缩，进一步加重腹泻，使患者对常规治疗无反应。通常发现，钴胺素缺乏引起的潜在胃肠道疾病的患者，在补充钴胺素之前不会对治疗产生反应。评估犬猫钴胺素状态的唯一参考指标是血清钴胺素浓度，但在临终关怀老年患者中，当以姑息治疗代替诊断时，对其进行经验性治疗是可以接受的。

钴胺素缺乏通常继发于钴胺素吸收能力降低，因此通过饮食补充钴胺素通常无法有效恢复体内的钴胺素储备。正因如此，补充钴胺素的首选途径是肠外注射。钴胺素是一种可以皮下给药的无刺激性物质。作者经验性地使用以下给药方案：猫 250 μg/ 次，犬 500 ~ 1500 μg/ 次，皮下注射，每周 1 次，共 6 周，然后每两周 1 次，共 6 周，然后每月 1 次。需要注意的是，不应使用复合维生素制剂注射，因为其中钴胺素含量太低，而且经常引起注射部位疼痛（Ruaux, 2002）。

姑息治疗的考虑因素

当合并多种内科共病（如癌症或肾衰竭）时，姑息治疗尤其重要，这些共病共同削弱了以胃肠道问题为主的老年患者的身体。对于有胃肠道问题的老年动物，姑息治疗的目标更多地集中在控制发病率和提高生活质量方面。对于有胃肠道症状的老年动物，姑息治疗通常包括治疗厌食、恶心、呕吐、腹泻、便秘、脱水和任何与症状或疾病相关的不适。

结论

老年患者可能发生胃肠道变化，但年龄本身的直接影响很小，而且胃肠道功能的改变通常是其他原发性疾病过程的结果。除了这些胃肠道变化之外，还要了解共病的相互作用，这将确保我们满足患者的需求，帮助它们在老年保持高质量的生活。

延伸阅读

Arai, T., Kasahara, I., Sawabe, M., Honma, N., Aida, J., Tabubo, K. (2010) “Role of Methylation of the hMLH1 Gene Promoter in the Development of Gastric and Colorectal Carcinoma in the Elderly.” Geriatrics and Gerontology International, 10(Suppl 1): S207–212.

Bartges, J. (2014) “Feeding Geriatric Patients: What is the Best Nutritional Approach?” Paper presented at the American College of Veterinary Internal Medicine, Knoxville, TN.

Bernard, C. E., Gibbons, S. J., Gomez-Pinilla, P. J., Lurken, M. S., Schmalz, P. F., Roeder, J. L., et al. (2009) “Effect of Age on the Enteric Nervous System of the Human Colon.” Neurogastroenterology and Motility, 21: 746–e46.

Blechman, M. B., and Gelb, A. M. (1999) “Aging and Gastrointestinal Physiology.” Clinical Geriatric Medicine, 15: 429–438.

Cupp, C., Perez-Camargo, G., Patil, A., Kerr, W. (2004) “Long-Term Food Consumption and Body Weight Changes in a Controlled Population of Geriatric Cats.” Compendium for Continuing Education for the Practicing Veterinarian, 26 (Suppl2A): 60.

Freeman, L. M., Rush, J. E., Milbury, P. E., Blumberg, J. B. (2005) “Antioxidant Status and Biomarkers of Oxidative Stress in Dogs with Congestive Heart Failure.” Journal of Veterinary Internal Medicine, 19: 537–541.

Fortney, W. (2008) Aging Process: Why Pets Age and How We Can Influence the Process. Atlantic Coast Veterinary Conference, Manhattan, KS. DVM360. Available at http:// veterinarycalendar. dvm360.com/aging - process - why - pets - age - and - how - we - can - influence - process - proceedings.

Gomez, C. R., Boehmer, E. D., Kovacs, E. J. (2005) “The Aging Innate Immune System.” Current Opinion in Immunology, 17(5): 457–562.

Hall, K. E., Proctor, D. D., Fisher, L., Rose, S. (2005) “American Gastroenterology Future Trends Committee Report: Effects of Aging of the Population on Gastroenterology Practice, Education and Research.” Gastroenterology, 129:1305–1338.

Harper, E. J. (1998) "Changing Perspectives on Aging and Energy Requirements: Aging and Energy Intakes in Humans, Dogs and Cats." Journal of Nutrition, 128 : 2623–6S.

Howland, R. (2009) "Effects of Aging on Pharmacokinetic and Pharmacodynamic Drug Processes." Journal of Psychosocial Nursing and Mental Health Services, 47:15–18.

Kealy, R. D. (1999) "Factors Influencing Lean Body Mass in Aging Dogs." Compendium for Continuing Education for the Practicing Veterinarian, 21: 34–37.

Kenney, W. L., and Chiu P. (2001) "Influence of Age on Thirst and Fluid Intake." Medicine and Science in Sports and Exercise, 33(9): 1524–1532.

Laflamme, D. P., and Ballam, J. M. (2002) "Effect of Age on Maintenance Energy Requirements of Adult Cats." Compendium for Continuing Education for the Practicing Veterinarian, 24 (Suppl9A): 82.

Lund, E. M., Armstrong, P. J., Kirk, C. A., Klausner, J. S. (2006) "Prevalence and Risk Factors for Obesity in Adult Dogs from Private Veterinary Practices." International Journal of Applied Research in Veterinary Medicine, 4: 177–186.

McCrea, G. L., Miaskowski, C., Stotts, N. A., et al. (2008) "Pathophysiology of Constipation in the Older Adult." World Journal of Gastroenterology, 14: 2631–2638.

McLachlan, A. J., Pont, L. G. (2012) "Drug Metabolism in Older People: A Key Consideration in Achieving Optimal Outcomes with Medicines." Journal of Gerontolology A Biological Sciences and Medical Sciences, 67(2): 175–180.

Meier, J., and Sturm, A. (2009) "The Intestinal Epithelial Barrier: Does it Become Impaired with Age?" Digestive Diseases, 27(3): 240–245.

Nagar, A., and Roberts, I. M. (1999) "Small Bowel Diseases in the Elderly." Clinical Geriatric Medicine, 15(3):473–486.

Nakamura K, Ogoshi K, Makuuchi H. (2006) "Influence of Aging, Gastric Mucosal Atrophy and Dietary Habits on Gastric Secretion." Hepatogastroenterology, 53(70): 624–628.

Newton, J. L. (2004) "Changes in Upper Gastrointestinal Physiology with Age." Mechanisms of Ageing and Developement, 125(12): 867–870.

O'Mahony, D., O'Leary, P., Quigley, E. M. (2002) "Aging and Intestinal Motility: A Review of Factors that Affect Intestinal Motility in the Aged." Drugs and Aging, 19: 515–527.

Orr, W. C., and Chen, C. L. (2002) "Aging and Neural Control of the GI Tract: IV. Clinical and Physiological Aspects of Gastrointestinal Motility and Aging." American Journal of Physiology Gastrointestinal and Liver Physiology, 283(6): G1226–1231.

Perez-Camargo, G. (2004) "Cat Nutrition: What's New in the Old?" Compendium for Continuing Education for the Practicing Veterinarian, 26(Suppl2A): 5–10.

Phillips, R. J., Pairitz, J. C., Powley, T. L. (2007) "Age-Related Neuronal Loss in the Submucosal Plexus of the Colon of Fischer 344 Rats." Neurobiolical Aging, 28: 1124–1137.

Quimby, J. (2015) "Evidence-Based Treatment of Chronic Renal Disease in Cats." In American College of Veterinary Internal Medicine (ACVIM) Forum, Indianapolis, IN, 3–6 June 2015, pp. 184–186. Lakewood, CO: ACVIM; 2015.

Rivera, R., and Antognini, J. (2009) "Perioperative Drug Therapy in Elderly Patients."

Anesthesiology, 110: 1176–1181.

Rosenthal, T., and Nussinovitch, N. (2008) "Managing Hypertension in the Elderly in Light of the Changes During Aging." Blood Pressure, 17: 186–194.

Ross, S. O., and Forsmark, C. E. (2001) "Pancreatic and Biliary Disorders in the Elderly." Gastroenterology Clinics of North America, 30(2): 531–545.

Ruaux, C. (2002) "Cobalamin and Gastrointestinal Disease." In Proceedings of the 20th ACVIM Congress, Dallas, TX, May–June 2002, pp. 500–503.

Salles, N. (2007) "Basic Mechanisms of the Aging Gastrointestinal Tract." Digestive Diseases, 25(2): 112–117.

Salles, N. (2009) "Is Stomach Spontaneously Ageing? Pathophysiology of the Aging Stomach." Best Practice and Research Clinical Gastroenterology, 23(6): 805–819.

Santiago, A. F., Alves, A.C., Oliveira, R. P., Fernandes, R. M., Paula-Silva, J., Assis, F. A., Carvalho, C. R., Weiner, H. L., Faria, A. M. (2011) "Aging correlates with reduction in regulatory-type cytokines and T cells in the gut. Immunobiology, 216(10): 1085–1093.

Schmucker, D. L. (2005) "Age-Related Changes in Liver Structure and Function: Implications for Disease?" Experimental Gerontology, 40(8–9): 650–659.

Schmucker, D. L., Owen, R. L., Outenreath, R., Thoreux, K. (2003) "Basis for the Age- Related Decline in Intestinal Mucosal Immunity." Clinical and Developmental Immunology, 10(2–4): 167–172.

Shaker, R., and Staff, D. (2001) "Esophageal Disorders in the Elderly." Gastroenterology Clinics of North AmErica, 30: 335–361.

Sostress, C., Gargallo, C., Lanas, A. (2009) "Drug-Related Damage of the Ageing Gastrointestinal Tract." Best Practice and Research Clinical Gastroenterology, 23: 849–860.

Speakman, J. R., van Acker, A., Harper, E. J. (2003) "Age-Related Changes in the Metabolism and Body Composition of Three Dog Breeds and their Relationship to Life Expectancy." Aging Cell, 2: 265–275.

Steiner, J. M. (2014) "Why Measure Vitamin B12?" In The Great African Adventure, 39th World Small Animal Veterinary Association Congress, Cape Town, South Africa Proceedings, pp. 383–386. Geneva: Kenes International.

Takubo, K., Nakamura, K., Izumiyama, N., Furugori, E., Sawabe, M., Arai, T., et al. (2000) "Telomere Shortening with Aging in Human Liver." Journal of Gerontology A Biological Sciences and Medical Sciences, 55(11): B533–536.

Tamura J, Kubota K, Murakami H, et al. Immunomodulation by vitamin B12: augmentation of CD8+ T lymphocytes and NK cell activity in vitamin B12 deficient patients by methyl B12 treat- ment. Clin Exp Immunol. 1999;116 : 28–32.

Tohno, Y., Tohno, S., Yamada, M. O., Azuma, C., Moriwake, Y., Minami, T. et al. (2004) "Age-related changes of elements and relationships among elements in the common bile and pancreatic ducts. Biological Trace Element Research, 101(1): 47–60.

Wade, P. R., and Cowen, T. (2004) "Neurodegeneration: A Key Factor in the Ageing Gut." Neurogastroenterology and Motility, 16(Suppl 1): 19–23.

Wannemacher, R. W. Jr., and McCoy, J. R. (1996) “Determination of Optimal Dietary Protein Requirements of Young and Old Dogs.” Journal of Nutrition, 88: 66–74.

Wiskur, B., and Greenwood-Van Meerveld, B. (2010) “The Aging Colon: The Role of Enteric Neurodegeneration in Constipation.” Current Gastroenterology Reports, 12: 507–512.

Wurtman JJ, Lieberman H, Tsay R et al. Calorie and nutrient intakes of elderly and young subjects measured under identical conditions. J Gerontol 1988;43:B174–180.

Wynne, H. A., Cope, L. H., Mutch, E., Rawlins, M. D., Woodhouse, K. W., James, O. F. (1989) “The Effect of Age upon Liver Volume and Apparent Liver Blood Flow in Healthy Man.” Hepatology, 9(2): 297–301.

第 16 章　尿失禁和大便失禁

Faith Banks

尿失禁

尿失禁是指尿液不自主的排泄。它可能是由膀胱储存功能障碍、尿道功能障碍或结构异常引起的（Rothrock, 2015）。患有尿失禁的宠物无法自主地控制排尿。因此，在诊断时需要与行为性排尿问题（顺从性排尿）、单纯缺乏室内训练导致乱尿、焦虑的猫或未去势的公猫的领地标记，以及因认知功能障碍综合征导致的老年性室内乱尿进行区分。强迫性尿失禁可能与尿失禁相似，见于患有严重下泌尿道疾病的猫，或患有严重膀胱炎或结石的犬。虽然它们膀胱中的尿液量可能很少，但宠物会强烈感到需要排空膀胱，从而在不适当的位置排尿。对于真正的尿失禁，宠主可能会看到宠物滴尿，也可能会看到宠物的外阴或包皮周围的被毛潮湿，或者在宠物睡觉的垫子上看到尿迹。

正常的排尿包括尿液储存阶段和尿液排泄阶段（Rothrock, 2015）。这个听起来简单却又复杂的神经系统的故障可能导致尿失禁。尿失禁可以分为神经源性或非神经源性原因。根据神经系统中病变的位置，神经源性原因可以进一步分为上运动神经元损伤和下运动神经元损伤。

尿失禁的原因

神经源性尿失禁有两个原因。在 L7 处荐脊髓段的颅侧病变会导致较高级中枢的抑制性控制中断，因此在排尿反射期间交感神经张力异常高。这会导致“上运动神经元（upper motor neuron，UMN）膀胱”——痉挛或反射性膀胱，而下运动神经元（lower motor neuron，LMN）病变（L7 尾侧）会表现松弛或无张力膀胱。在患有此病症的宠物中，会发生尿流不畅和膀胱排空不完全。随着时间的推移，这种膀胱扩张将导致膀胱平滑肌无力，使膀胱无法正常收缩或排空（Rothrock, 2015）。荐脊髓段、盆腔神经和 / 或会阴神经部位的病变会导致盆腔感觉减弱或消失及排尿肌收缩丧失。膀胱肌变得松弛且过度膨胀，进而导致持久性膀胱无力和随之而来的溢流性尿失禁（Rothrock, 2015）。

非神经源性尿失禁的原因可以是先天性或获得性的。在本章中，我们重点讨论获得性原因，因为先天性原因通常会在老年阶段之前得到解决。获得性异常可能是膀胱或尿道的炎症或浸润性疾病（如肿瘤），这会阻碍正常排尿。这些潜在原因通常可以通过全面的病史、体格检查和最小数据库来区分，包括尿液分析和尿液培养。可能需要进行影像学检查以辅助排除尿路结石或肿瘤。

老年犬尿失禁最常见的原因是尿道括约肌功能性尿失禁（urethral sphincter mechanism incontinence，USMI）、尿路感染，以及引起多尿和多饮（从而使储存阶段超负荷）的疾病。在老年犬猫中，如果存在认知功能障碍综合征，则可能会出现室内乱尿的情况。这些宠物通常会摆出排尿（或排便）的姿势，与真正的尿道括约肌功能性尿失禁相反，在真正的尿道括约肌功能性尿失禁中，当宠物睡觉时可能会看到尿液从它们身上不自主渗出来。

与年轻犬相比，老年犬更容易患上膀胱肿瘤，但这在犬中并不是一种常见的肿瘤。最常见的膀胱肿瘤类型是移行细胞癌（Krawiec, 1989）。由于移行细胞癌具有侵袭性转移的特点，且位于膀胱颈，使得手术切除困难，因此这种肿瘤的治疗通常是姑息性的。化疗药物正在评估中，但目前，吡罗昔康是缓解该疾病相关症状的首选抗炎药物。

尿道括约肌功能性尿失禁最常见于大型品种、绝育母犬，但也可能出现在公犬中。它是犬类尿失禁最常见的诊断原因（图 16.1）。发病时间可早至绝育后 3 年，但在老年犬中更为常见。

图 16.1 Serissa 不仅患有括约肌松弛症，还患有糖尿病和库欣病，导致在室内频繁排尿（在地毯上）。宠主最初使用了犬用尿不湿，但后来改用女性卫生巾，因为它们更易于使用且更经济

大约 20% 的绝育母犬因为括约肌功能不全而导致尿失禁。体重低于 20 kg 的犬发病率较低，仅为 10%，而体重超过 20 kg 的犬发病率达到 30%。杜宾犬、拳师犬和巨型雪纳瑞最容易发生括约肌功能不全（Chew 和 Brown, 2004）。

宠主看到的尿失禁的显著症状是宠物在休息时漏尿，或者在宠物停留的地方留下湿漉漉的痕迹。这可能会持续发生或间歇发生。遗尿是指宠物在休息或睡眠时排尿或漏尿的情况。这些犬在清醒时可能会正常排尿，因此，排尿阶段是正常的，但充盈阶段由于括约肌保存尿液的功能缺失而表现异常。造成此症状的原因多种多样，但个体解剖结构、绝育手术期间阔韧带切除影响盆腔内的内尿道括约肌，以及缺乏雌激素对内括约肌的受体刺激都有可能是相关因素之一（Rothrock, 2015）。肥胖也可能起到一定作用。

尿道括约肌功能性尿失禁是一种可控制良好的疾病。确保进行正确的诊断和治疗至关重要，以便宠主不会因为不断的乱尿而感到过于沮丧，进而损害宠主和宠物之间的情感纽带。

尿道括约肌功能性尿失禁的治疗

雌激素是治疗犬激素反应性尿失禁的常用药物。它通过增加尿道平滑肌中 α 受体的数量和反应性来增强尿道闭合。己烯雌酚是一种合成的雌激素，也是用于治疗激素反应性尿失禁的最常用药物（0.1 ~ 1 mg/ 犬，每天 1 次，连续用药 5 ~ 7 d，然后每周给药 1 次或 2 次）。雌激素在尿失禁患犬中可有效缓解症状，其有效率为 60% ~ 80%（Chew, 2004）。

雌三醇（Incurin™，Merck）是一种在欧洲和美国可获得的药物。Incurin 的产品信息报告称，在用药 6 周内，99% 患犬的症状有所改善或完全控制。起始剂量为每只犬 2 mg/d，持续一周，然后每周减量，逐渐减至最低有效剂量（Lane, 2013）。

α－肾上腺素能激动剂苯丙醇胺（phenylpropanolamine，PPA）（1.5 mg/kg，口服，每 8 ~ 24 h 口服 1 次）也在小规模研究中得到了 90% 或更高的治疗反应。该药物能刺激内尿道括约肌内的受体，增加括约肌的静息张力（Rothrock, 2015）。它可以与雌激素联合使用以治疗难治性病例，通常需要每天使用 1 ~ 3 次。

麻黄碱也是一种 α－肾上腺素能激动剂，类似于 PPA，2 ~ 4 mg/kg，口服，每天 2 次，但可能有更多不良反应，如心动过速（Rothrock, 2015）。

另一类对犬尿道括约肌功能性尿失禁有效的药物是抗胆碱能药物。这些药物不对括约肌产生作用，而是通过放松肌纤维对膀胱本身产生作用，并使尿液储存更容易（Rothrock, 2015）。丙咪嗪是一种抗焦虑药物，也属于抗胆碱能药物。如果己烯雌酚和 PPA 联合使用无效，可以选择这种药物。

在公犬中，睾酮对前列腺有靶向作用，并且在控制尿失禁综合征方面似乎比雌激素更有效。不良反应可能包括与雄性有关的负面行为。

在老年患者中，手术干预并不是一个常见的选择，因为药物管理通常非常有效。在必要时，治疗尿失禁的手术选择包括阴道壁尿道悬吊术和膀胱尿道固定术。阴道壁尿道悬吊术涉及将阴道固定在腹部前方，从而夹住并压迫尿道。膀胱尿道固定术是对上述手术的一种改良，也适用于雄性动物。尿道肌纤维被固定并压缩到尿道中（Rothrock, 2015）。上述药物将与这些手术同时使用。

治疗尿道括约肌无力最新的疗法是通过内窥镜将胶原蛋白注射剂注射到尿道中。这种方法有很大的潜力，尤其是与上述药物同时使用时。它需要进行多次注射。目前，这种治疗方式并不常见。

针灸可能在治疗尿失禁方面有所帮助。兽医针灸师常用的一组穴位称为肾之要穴，由 4 个穴位组成：GV–4（命门穴）、BL–23（肾俞穴）、BL–52（志室穴）和 GB–25（京门穴）。

兽医脊柱按摩也可用于帮助改善老年犬的膀胱功能。如果发现第十二胸椎到第七腰椎区域出现半脱位，恢复胸腰椎节段的正常活动范围可以增加膀胱的交感神经张力以改善尿失禁情况（Lowell, 2003）。

在开始进行治疗管理后，应对犬进行例行随访，包括体格检查、测量血压和最小数据库检查（包括全血细胞计数、生化分析、尿液分析及细菌培养和药敏试验）。

虽然尿失禁可能影响人与宠物之间的纽带，但这是一种可以很好地被治疗的疾病。通过早期干预、客户教育和医疗管理，这个问题可以被成功解决，从而显著减少宠物在家中乱尿的问题，使宠主接受宠物上床的行为，而不是浑身湿漉漉的，减少宠主的心理压力。

大便失禁

进去的东西必定要出来。遗憾的是，随着宠物的年龄增长，许多宠物将失去控制排便的能力，无法控制排便的时间和位置。大便失禁是指无法控制排便，从而导致粪便无意识地排出。因此，患有大便失禁的宠物可能不会摆出排便的姿势，它们可能没有意识到它们正在排便（Katherman 和 Shell, 2014）。这个问题通常始于一个在房间角落里随机发现的粪球，而这个房间是犬睡觉的地方。有时可以看到宠物在咳嗽、爬楼梯或从卧位起立时粪便从体内排出。如果大便失禁是由神经学原因引起的，还可能伴有尿失禁。

大便失禁可能在任何年龄的宠物中出现，但随着年龄增长，与大便失禁相关的某些疾病变得更加常见。诊断通常基于详细的病史、体格检查和神经系统检查（图 16.2）。随后可能需要进行 X 线检查和磁共振成像以帮助定位脊髓病变。有时候，需要转诊至神经学专家以帮助定位病变并决定是否需要手术。大便失禁与性别无关，通常有一半的患者年龄超过 11 岁（Guilford, 1990）。

大便失禁对于宠主来说是一个非常具有挑战性的问题，因为与患有这种疾病的宠物生活在一起既不愉快又不卫生。此外，大型犬常出现大便失禁，并伴有大量粪便排出，因此大便失禁也经常在这类犬种中出现。这对人和动物之间的关系来说并不好，并且当尿失禁或大便失禁（或两者兼有）成为常态时，许多宠物会被安乐死。幼犬或幼猫的尿布（图 16.3）可能适用于小型

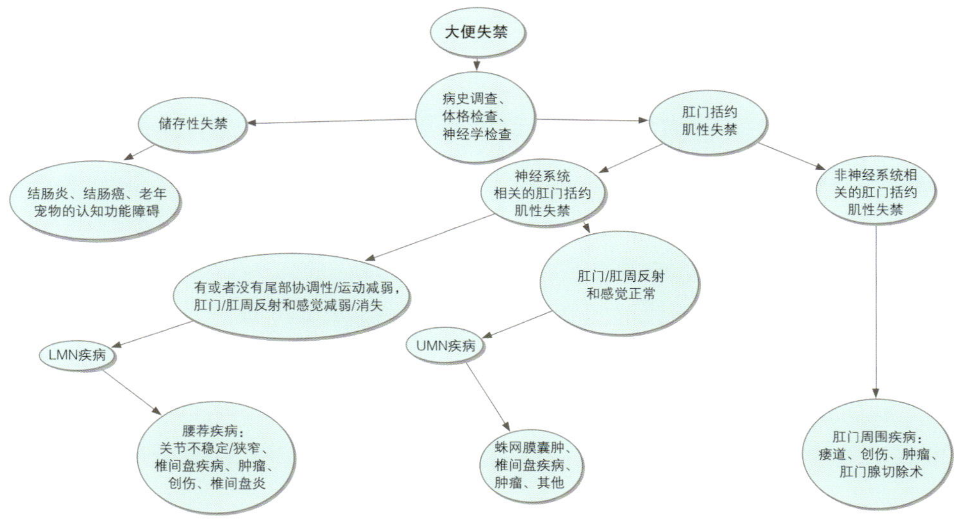

图 16.2　大便失禁的诊断流程

图 16.3 B.D 是一只易怒且老年的吉娃娃犬，其膀胱非常小。比起在寒冷或者下雨的户外环境中，它喜欢在柔软的地毯上排尿。穿上犬用尿布有助于它“憋住”，避免在屋内乱尿，从而维持了它和宠主的关系

犬和猫，但是给大型犬穿尿布可能难以控制或者不可取。被尿液污染的尿布可能对宠主来说比被粪便污染的尿布更容易清理。

这里并未讨论大便失禁的所有原因，因为我们假设在宠物进入老年期之前一直能够控制排便。基于这个假设，大便失禁可以分为两大类别：储存性失禁和肛门括约肌性失禁。肛门括约肌性失禁可以进一步细分为非神经相关和神经相关。

在储存性失禁中，意识控制力不堪重负，动物摆出排便姿势，但无法控制排便过程。这类失禁是由结肠或直肠的功能无法容纳粪便引起的，并且以频繁的有意识排便为特点。由于宠物能感知粪便的通过，因此它不能被归类为真正的大便失禁。在老年宠物中，可能会出现储存性失禁，这些宠物患有结肠或直肠疾病，如结肠炎或癌症。如果结肠不能正常处理食物、吸收水分和储存粪便，就会排出大量的粪便。健康的老年宠物如果无法控制排便的冲动，可能会出现短暂的大便失禁。

结肠和直肠腺癌可见于犬，并且通过手术可以获得较高的治愈率。肛门囊腺癌也经常在 10 岁以上的犬中出现，并且在公犬和母犬中的患病率相等。通过手术和化疗治疗肛门囊腺癌的犬中位生存期约为 18 个月（Thomson, 2005）。

肛门括约肌是一种环状肌肉，用于打开和关闭肛门口（Smith 和 Tilley, 2015）。非神经相关的肛门括约肌性失禁是指肌肉或神经无法充分控制括约肌有效地容纳粪便，导致粪便从肛门不受控制地排出来（Guilford, 1990）。这种类型的大便失禁可能在老年宠物中出现，这些宠物可能患有肛周瘘、括约肌

损伤（如之前的肛门囊切除术）或肿瘤，从而影响括约肌。幸运的是，犬很少发生肛门肿瘤，猫更为罕见。最常见的肛门肿瘤是肛门囊腺癌和良性肛周腺瘤，但也可能出现肛周腺癌、鳞状细胞癌和黑色素瘤（Rothrock, 2011）。

神经相关的肛门括约肌性失禁进一步分为下运动神经元和上运动神经元的原因。在患有 LMN 病变的犬中，通常会出现肛门张力减少，会阴和耻骨－肛门反射减弱，肛门和直肠感觉减退，有时候会出现尾部协调性和运动减弱。在既有双下肢瘫痪又有本体感受缺陷的情况下，病变扩展到坐骨神经的颅侧。这些犬通常会出现腰荐关节不稳定 / 狭窄、椎间盘炎、严重的脊椎疾病、椎间盘疾病、肿瘤或有创伤的证据（Katherman 和 Shell, 2014）。退行性脊髓病和马尾综合征常见于老年大型犬，亦可导致大便失禁。

临床症状的严重程度将取决于第七腰椎、荐神经根和尾神经根受压迫的范围。会阴部神经根的损伤会导致大便失禁和尿失禁，而尾神经根损伤则造成尾巴无力或瘫痪。坐骨神经根的损伤导致跛行、后肢无力、本体感受缺失和肌肉萎缩（Davies 和 Shell, 2001）。

上运动神经元性失禁不如下运动神经元性失禁常见。在这种情况下，肛门和会阴的张力、反射和感觉都是正常的。但这些犬可能仍然表现出截瘫或四肢瘫痪的症状（Katherman 和 Shell, 2014）。根据病变的位置，可能还会出现尿失禁、尿液排空困难。尿失禁和大便失禁的存在强烈提示神经源性肛门括约肌性失禁。蛛网膜囊肿是上运动神经元性大便失禁的常见原因。上运动神经元性大便失禁通过手术矫正后的预后良好至中等，但与之相比，下运动神经元疾病相关的预后较差（Katherman 和 Shell, 2014）。这就是病变定位有用的原因，因为与上运动神经元疾病相比，下运动神经元疾病治疗潜在原因和相关失禁的预后有很大差异。可以通过侧位和背腹位 / 腹背位 X 线片、脊髓造影、计算机断层扫描或磁共振成像来进行诊断。

目前尚无治疗大便失禁的特效方法，因此治疗应集中于解决导致失禁的潜在原因。目前，还没有被证明可以逆转大便失禁的药物，但有几种药物可以尝试用来改善此问题。以下是已被提出来改善大便失禁的方法（Katherman 和 Shell, 2014）：

- 苯丙醇胺：1.5 ～ 2 mg/kg，每 8 ～ 12 h 口服 1 次，可能有助于增加内括约肌的静息张力。
- 地芬诺酯（Lomotil®）：在犬中的给药剂量为每 6 ～ 8 h 口服 1 次，一次 0.05 ～ 0.2 mg/kg，在猫中的给药剂量为每 12 h 口服 1 次，一次 0.05 ～ 0.1 mg/kg，可以帮助减缓大便通过。副作用可能有便秘、腹胀和镇静。这是一个标签外使用的药物。

- 注射用洛哌丁胺（Immodium®）：初始剂量为 0.04 ～ 0.2 mg/kg，每 8 ～ 12 h 口服 1 次，然后减至最低有效剂量。这可能引起便秘，在猫上不被批准使用且不推荐。此药物不适用于柯利犬、喜乐蒂牧羊犬和英国牧羊犬，因为这些品种可能携带 MDR1 基因的突变形式，限制其对该药物的代谢能力。

与年轻的宠物相比，老年宠物的排泄需求可能会增加。它们可能需要更频繁地到户外排泄，或者在家中放置更多的猫砂盆，以便在它们有排泄的冲动时随时可以使用。犬门或室内放尿垫可以帮助老年宠物更容易进入可以排泄的区域。关节炎或退行性关节疾病会使动物做出排泄的姿势变得更加困难，因此当宠物有机会排便时，可能无法完全清空直肠或膀胱。肌肉流失和肌无力进一步加剧了这个问题。通过缓解与起床和外出排泄相关的活动限制，管理宠物的疼痛可以改善大便失禁的情况。非甾体抗炎药、加巴喷丁、营养保健品和阿片类药物都可用于镇痛（单独使用或联合使用）。认知功能障碍综合征引起的意识减退可能导致宠物对外部环境的认知减少，也可能导致他们难以向宠主发出“上厕所”的信号（Hunthausen, 2008）。解决认知功能障碍可能对解决家中排便问题有所帮助。随着年龄的增长，身体也开始退化。可能涉及多种因素，包括后肢肌肉萎缩，以及随后导致的后肢无力和衰老。

尽管药物可能是必要的，但改变宠物的日常作息也可以在管理大便失禁时非常有帮助。定时喂食可以帮助宠主监测进食和排便的时间。将饮食改为易消化的食物，从而产生少量的粪便；或者相反地，增加纤维摄入以产生更坚实的粪便，这样可能会刺激犬的直肠，使它们更加意识到直肠膨胀的迹象和排便的需要。

在饭后 15 ～ 20 min 带犬外出排便可能是有帮助的。将大小便失禁的宠物限制在易于清理的区域，将减轻宠主的压力。移除贵重的地毯将防止进一步损坏。还可以使用婴儿门或游戏围栏限制大小便失禁的宠物进入房屋的任何区域。如前所述，宠物尿布可以在一些能够耐受穿戴和事后清理的宠物上使用。对于有大便失禁问题的户外宠物，必须特别注意防止蝇蛆感染的产生。

对宠主的其他帮助

鼓励宠主不要对年迈的宠物发脾气或进行惩罚，因为它们的排尿、排便可能不是有意为之或可控制的。以下是一些可以帮助宠物和周围环境保持干燥的产品示例：

- 犬用尿布（图 16.3）。
- 腹部束带。
- 尿布垫。
- 防水床垫。
- 地毯。
- 橡胶垫。

这些物品可以在当地宠物商店购买，也可以在专业宠物网站线上购买。

遗憾的是，失禁问题影响人与动物之间的情感纽带，许多宠物频繁失禁后被安乐死。了解失禁背后的潜在原因，对环境、饮食和治疗做出一些改变，可能有助于宠主和他们的失禁宠物和平地生活在一起。

延伸阅读

Brooks, W. C. (2012) “Urinary Incontinence.” Pet Health Library, Veterinary Information Network. Available at http://www.veterinarypartner.com/Content. plx?P=A&S=0&C=0&A=1724.

Chew, D. C., and Brown, S. A. (2004) “Fixing the Dripping in Senior Female Dogs.” IAMS Senior Care 2004. Veterinary Information Network. Available at http:// www.vin.com/members/cms/project/defaultadv1.aspx?id=3853279&pid=11171& catid=&.

Davies, C. and Shell, L. (2001) “Fecal Incontinence.” In Common Small Animal Diagnoses: An Algorithmic Approach, Section 7. Philadelphia, PA: Saunders.

Guilford, W.G. (1990) “Fecal Incontinence in Dogs and Cats.” Compendium of Continuing Education for Veterinarians, 12(3): 313–326.

Hunthausen, W. L. (2008) “Canine House Soiling Proceedings.” Available at http://veterinarycalendar.dvm360.com/canine-housesoiling-proceedings?id=&sk=&date=&pageID=6.

Katherman, A. E., and Shell, L. (2014) “Fecal Incontinence.” Veterinary Information Network. Available at http://www.vin.com/Members/Associate/Associate.plx?from=GetDzInfo&Diseaseld=2712.

Krawiec, D. R. (1989) “Urologic Disorders of the Geriatric Dog.” Veterinary Clinics of North America Small Animal Practice, 19(1): 75–85.

Lane, I. F. (2013) “Medical Management of Canine Incontinence.” University of Tennessee, Knoxville at Central Veterinary Conference 2013, Washington DC. Veterinary Information

Network. Available at http://www.vin.com/members/cms/project/ defaultadv1.aspx?id=6566212&pid=11377&catid=&

Lowell, D. N. (2003) "Use of Acupuncture and Chiropractic for Urinary Incontinence." Presented at the Western Veterinary Conference 2003.

Rothrock, K. (2015) "Urinary Incontinence." Veterinary Information Network. Available at http://www.vin.com/Members/Associate/Associate.plx?from=GetDzInfo& Diseaseld=1108.

Rothrock, K. (2011) "Anal Neoplasia." Veterinary Information Network. Available at http:// www.vin.com/Members/Associate/Associate.plx?DiseaseId=709.

Smith, F. and Tilley, L. (2015) "Incontinence, Fecal." In Blackwell's Five-Minute Veterinary Consult: Canine and Feline, (6th ed.), pp. 745–746. Ames IA: Wiley Blackwell.

Thomson, M. (2005) "The Rear-End of the Dog." Presented at the Australian College of Veterinary Scientists Science Week 2005.

第 17 章　体温调节

Brad Bates

随着宠物的年龄增长，其调节体温的能力减弱，使它们对环境温度变化的适应能力降低（Doctors Foster 和 Smith Inc, 2016）。老年宠物存在多种变化，这些变化导致体温调节的丧失，从而使它们更容易出现低温或高温的情况。本章回顾了体温调节机制，宠物在衰老过程中发生的特定变化，以及这些变化对体温调节的影响，并概述了保护老年宠物免受低温或高温影响所采取的管理措施。

体温生理学：简要回顾

前庭下丘脑调节体温并将其维持在一个狭窄的范围内，通常被称为下丘脑的“设定点”（Cunningham 和 Klein, 2007）。表 17.1 显示了各种家养动物的正常直肠温度。来自中枢和外周身体感受器以及其他输入的信息在下丘脑内集成，然后影响身体中的散热或保温过程。这些过程中有一部分随着宠物的年龄增长而保持不变，但在老年患者中会出现一些特定的变化。这些变化可能导致体温的丧失或维持体温的能力下降，从而导致体温过低。相反，一些老年疾病可能容易使老年宠物的体温升高，并引发中暑。

体温取决于热量输入和热量输出之间严格调节的平衡。在老年宠物中，调节这种平衡的能力通常受到损害（Cunningham 和 Klein, 2007）。体内的热量输入来自外部来源，如环境温度，以及内部来源，包括新陈代谢和营养物氧化产生的体热（Reineke, 2009）。肌肉功能也有助于体内热量的产生（Cunningham 和 Klein, 2007）。在食物代谢的每个阶段产生的热量最终通过蒸发、传导、对流和辐射从身体中散失出去。对这些机制的具体讨论超出了本章的范围。老年患者的变化，包括皮下脂肪的减少，可能会影响这些散热和保温过程（Cunningham 和 Klein, 2007）。

动物可在两种情况下从环境中获得热量：一种是当环境温度高于体温时，另一种是当辐射热源应用于或靠近身体时（Cunningham 和 Klein, 2007）。对于老年宠物的一般护理来说，管理环境温度更加重要。了解宠物的理想环境温

表 17.1 各种家养动物的正常直肠温度

品种	温度（℃）	
	平均值	范围
犬	38.9	37.9 ~ 39.9
猫	38.6	38.1 ~ 39.2
马	37.7	37.2 ~ 38.2
肉牛	38.3	36.7 ~ 39.1
奶牛	38.6	38.0 ~ 39.3
山羊	39.1	38.5 ~ 39.7
驴	37.4	36.4 ~ 38.4
猪	39.2	38.7 ~ 39.8
绵羊	39.1	38.5 ~ 39.9
鸡	41.8	40.6 ~ 43.0
兔子	39.4	38.6 ~ 40.1

改编自 Cunningham 和 Klein（2007）；Aiello 和 Moses（2012）。

度范围是很重要的，这个范围因物种而异。在本章的后面，我们将回顾一些可以用来提供辐射热或帮助给宠物保温的管理措施。

体温偏离下丘脑“设定点”会启动生理过程以提高或降低体温。例如，当核心体温升高至超过该点时，下丘脑会启动并调节冷却机制。与猫和人类不同，犬会开始喘气，从而引发蒸发冷却，作为对体温升高的响应的第一个过程（Reineke, 2009）。在犬身体中的下一个过程，通常是猫和其他动物中的第一个过程，是外周静脉扩张（血管扩张），以及心输出量增加（Reineke, 2009）。这些过程共同导致蒸发、传导、对流和辐射，这些都有助于身体冷却（Reineke, 2009）。体温过高和潜在的中暑是由正常体温调节的丧失导致的。请参见下文对中暑的简要描述。

体温降低会引起颤抖和寻热行为。虽然颤抖可以有效恢复体温，但是会显著增加代谢的氧需求。这可能导致“氧债”，对心脏和/或呼吸系统疾病患者来说可能具有重要意义（Reuss-Lamky, 2015）。寻热行为包括靠近暖气口和在炉子周围活动，甚至躺在电脑等温暖的表面上，这是猫常见的行为之一（图 17.1）。

图 17.1　Bodhi，一只 18 岁的肾衰竭患猫，开始躺在宠主的笔记本电脑上

体温过低

体温过低被定义为体温低于正常的下丘脑“设定点”（Reineke, 2009; Palmer, 2012）。犬和猫的正常体温范围为 37.8 ~ 39.2℃（表 17.1）。仅仅比这个正常值低 1℃的体温降低就可能对健康产生不利影响，特别是对于那些已经年老且存在健康问题的动物。体型较小的老年宠物更容易受到体温过低的影响，这是因为它们具有较高的体表面积与体重比，这加剧了它们体温调节能力的下降（Palmer, 2012）。在照护体型较小的老年宠物时，要格外注意环境温度。请参阅下文，了解确保老年宠物体温适宜的管理技术。专栏 17.1 描述了一只老年猫 Bodhi 的案例。

老年患者体温调节变化

老年动物会因体温降低发生生理反应，如血管收缩和颤抖，但与年轻患者相比，它们的体温相对较低（Glowaski, 2002）。此外，随着年龄的增长，老年宠物收缩血管和减少皮肤血流的能力降低，导致与年轻宠物相比，老年宠物暴露在寒冷环境中时热量的损失更大。这些老年患者体温调节能力的改变使它们易受体温过低的影响（Glowaski, 2002）。因此，许多宠物会寻找更温暖的地方睡觉或躺卧。一只过去喜欢冰冷的瓷砖地板的犬现在可能更偏爱床或毯子。或者一只猫可能会躺在阳光明媚的窗台上，甚至抢占一个温暖的笔记本电脑上的位置（图 17.1）。

专栏 17.1　体温调节案例研究

患者：Bodhi（15 岁，雄性家养短毛猫）

病史

Bodhi 13 岁时被一个救助机构收养。它被收养时患有 2 期肾衰竭。救助机构没有提供相关的病史，也不知道他为什么被送到那里。Bodhi 的饮食是兽医开的肾脏处方饮食，他很喜欢。

Bodhi 服用氨氯地平治疗高血压，每隔 1 d 进行 100 mL 皮下补液，每周皮下注射 1 次维生素 B_{12}。

讨论

Bodhi 一家在一年中都把房子保持在 22.2℃。尽管如此，Bodhi 仍然会使用宠主的笔记本电脑作为热源（图 17.1）。他的家人还发现，他会躺在家里一个有阳光的地方。经过与兽医讨论，他的母亲为 Bodhi 买了一个加热床（图 17.2）。从此，他的家人注意到，他不再经常卧在温暖的电脑上，甚至看起来更快乐、更舒适了。他也喜欢躺在门外阳光明媚的地方。

图 17.2　Bodhi 的家人给他购买了一个带有加热垫的猫床

老年宠物体温过低的易感性

人类研究表明，老年人在寒冷环境中进行体温调节和保持核心体温的能力下降，因此与年轻人相比，体温过低的风险增加（Young, 1991）。老年人与年龄相关的变化，包括在寒冷环境中增加代谢产热的能力降低和皮肤血管收缩反应减慢（Young, 1991）。这些发现也在老年宠物身上得到了证实，预计也会发生类似的变化。

类似的人类研究显示出一些性别差异，这些差异在动物中可能存在，也可能不存在。此外，一些研究表明，与年龄相关的寒冷暴露的影响更可能与年龄相关的身体状况和体能变化有关，而不是直接与年龄有关（Young, 1991）。其他研究旨在区分年龄的影响与并发因素的影响（如健康状况、身体成分和慢性病的影响），结果表明体温耐受性似乎受年龄的影响最小，与这些身体变化的关系更大（Kenney 和 Munce, 2003）。有可能在动物中也存在同样的相关性。这些发现的意义在于有可能集中预防和管理与年龄相关的身体变化和疾病（如体重 / 体况评分的下降或增加、体能 / 耐力和潜在疾病的药物治疗），作为预防体温异常的手段。

代谢率随年龄的变化

代谢率影响身体的产热能力，随着代谢率的降低，体内产生热量的能力也会降低。随着宠物年龄的增长，它们的基础代谢率会随之下降。这是老年宠物体温调节能力下降的一个主要因素，尤其是在环境温度变化和极端情况下（Cunningham 和 Klein, 2007）。随着宠物年龄的增长，防止代谢率下降可能难以实现，但是确保摄入足够的热量并提供均衡的饮食，可以通过营养代谢和维持身体状况来产生足够的体热或改善体热的产生。

随着年龄增长，身体状况和皮下脂肪减少

随着宠物年龄的增长和步入老年阶段，脂肪和肌肉退化导致的体重减轻是主要且常见的问题。肌少症是一种与年龄相关的肌肉质量损失，是老年宠物群体的常见临床症状（Kenney 和 Munce, 2003; Cunningham 和 Klein, 2007）。如前所述，人类和动物的衰老与暴露在寒冷中时血管收缩反应的减弱有关。当患者暴露在寒冷的环境中时，肌少症会加剧这种现象。肌肉的这种损失也会导致肌肉活动减少和因新陈代谢降低导致产生的热量减少（Kenney 和 Munce, 2003）。因此，体况评分的下降和皮下脂肪的减少会使宠物容易发生体温过低。

虽然在成年期间体表面积可能不会发生显著变化，但在老年时期，体表面积通常会增加。与体型较大的动物相比，体型较小的动物每千克体重的体表面积相对较大。随着宠物年龄的增长并进入老年期，由于肌肉和脂肪的减少，

它们的身体状况和整体体积往往会下降。由此产生的体表面积增加使得有更大的面积用来散热（Cunningham 和 Klein, 2007）。此外，脂肪代谢是体内产生热量的一种非常有效的方式。随着年龄的增长，身体脂肪的含量降低，脂肪代谢产生的热量也相应减少。体脂的减少会影响全身热量的产生，并可能导致老年宠物出现体温过低的情况（Cunningham 和 Klein, 2007）。

体温过高

体温过高被定义为当热量产生和 / 或输入超过热量损耗时发生的体温升高。术语“体温过高”包括发热（热原性）以及非热原性疾病过程。发热时，称为热原的化学介质作用于下丘脑前部，以提高下丘脑“设定点”（Reineke, 2009）。这导致内部机制和过程，以及行为发生变化，这些变化可以增加体温，主要有助于控制潜在的疾病过程。由于某些保护性生理机制，发热很少引起非热原性体温过高和随后的中暑等并发症。需要注意的是，大多数研究表明，真正的发热实际上对患者有益，并且可以降低与传染病相关的发病率和死亡率（Reineke, 2009）。然而，中暑是一种非热原性体温过高的情况，严重到足以引起多器官功能障碍，通常包括中枢神经系统损伤（Reineke, 2009）。

中暑

中暑是一种体温的极端升高，可以由运动和非运动因素引起，或两者兼有。大多数老年宠物的中暑是由于过度运动造成的,通常被视为温暖季节临近，宠物没有机会适应环境温度的变化。某些内部因素可能会通过影响老年宠物的散热能力来使其易中暑，这些因素包括肥胖、喉麻痹、气管塌陷，以及短头犬极端的解剖特征。外部因素，如极端的环境温度和湿度、通风不良的住所及饮水不足，也会导致体温过高和随后的中暑（Reineke, 2009）。

中暑是一种急症，其临床症状通常包括严重而过度的喘气、虚脱、昏倒、意识改变和胃肠道症状，如食欲下降、呕吐和腹泻。中暑的发作通常是外部因素（如环境温度高）和内部因素（如肥胖和 / 或喉麻痹）共同作用的结果。直肠温度升高与上述典型临床症状支持中暑的诊断。重要的是要记住，严重脱水会导致（直肠）组织灌注不良（低血容量），以及采取帮助宠物降温的措施可能会导致直肠温度恢复正常或降低，使诊断变得更加困难。虽然老年患者可能会发生中暑，但这种情况罕见，因为他们衰老后的生理特性更容易导致低温状态。

中暑的并发症很常见，包括患者身体上的几种暂时性和永久性变化。这些变化是由于组织灌注不良，继发于低血容量和严重的血管舒张，以及过度喘气、呕吐、腹泻导致的体液流失，甚至因弥散性血管内凝血（disseminated intravascular coagulation，DIC）导致的出血。DIC 在中暑中很常见，并导致预后很差。DIC 是一种凝血失衡的状态，最初会触发凝血过程，导致高凝状态，并有可能在小血管中形成血栓。凝血会迅速失控，最终导致血小板和凝血因子耗尽，出现低凝状态（Stokol, 2014）。皮质盲是中暑的常见症状，如果患者经过治疗病情好转，症状就会消失（Reineke, 2009）。

中暑的宠物往往预后不良。因为存在许多全身性并发症，所以治疗可能费用昂贵且具有挑战性。总体死亡率可能高达 50%，并且由于紧急治疗的延迟，预后可能更差（Reineke, 2009）。

影响体温调节的老年疾病

由于人体组织是较差的热导体，热量通过循环中的对流方式从代谢热源（例如，肝脏、心脏或肢体肌肉）传递到全身。因此，任何影响循环系统的疾病过程也会影响热量在全身扩散的能力。因此，可能引起严重脱水的疾病也会影响维持正常体温的能力。这些疾病包括但不限于糖尿病、甲状腺功能亢进、库欣病和肾病（Cunningham 和 Klein, 2007）。

患有心力衰竭的老年人和宠物通常需要使用利尿剂。在人体中，已经有研究证明利尿剂可能会增加体温调节功能失常和体温过高的风险，这是因为它会降低心输出量，并导致与低血容量相关的热量散发受损（Szakacs, 2015）。在使用利尿剂治疗的老年宠物中也发现了类似的现象。

老年人的一些疾病会增加热量的产生，因此可能导致体温过高。这些疾病包括甲状腺功能亢进、嗜铬细胞瘤和肥胖等（Szakacs, 2015）。同样，老年宠物患有类似疾病的话也可能存在发热的倾向。此外，如前所述，某些与动物年龄和品种相关的疾病，如喉麻痹和气管塌陷，由于散热机制受损，也可能导致动物出现体温过高（Reineke, 2009）。与年龄相关的因素，包括肥胖和进行性气管软骨功能障碍，会加剧短头犬的解剖变化，并在这些宠物进入老年阶段时导致进行性呼吸困难。正常呼吸和喘息的受损增加了这些宠物出现体温过高和中暑的风险。

体温过低和体温过高的影响

过度和持续的体温过低和体温过高对几乎所有的主要器官系统都有不利影响。体温过低可导致心输出量减少，从而增加心律失常的风险，并进一步减少组织灌注和氧合。组织循环不良可能会增加药物相关不良反应的风险，这是由药物代谢延迟，以及肝脏代谢降低和/或肾功能受损导致的药物清除障碍所致（Glowaski, 2002; Reuss-Lamky, 2015）。与组织氧合不良相关的肠道运动减弱可能会延长药物的吸收时间，导致更高的血药浓度和潜在的不良反应（Glowaski, 2002）。这些变化可能会导致老年宠物在药物治疗中出现的不良反应增加。此外，心输出量的下降，以及随之而来的组织灌注和氧合能力的减弱会导致和加重器官功能障碍，包括慢性肾病和其他疾病。此外，体温过低会导致免疫功能受到抑制，从而增加感染风险并延迟伤口愈合（Reuss-Lamky, 2015）。由于血小板功能受损和对凝血过程产生影响，还可能出现出血现象。体温过低引起的血管收缩会导致相应的组织缺氧，而缺氧会导致伤口愈合减慢，这可能使老年宠物更容易患皮肤炎症、感染和褥疮。药物清除能力的降低可能导致与药物使用相关的严重且不可逆的器官损伤（Glowaski, 2002）。

当体温过高导致中暑时，其影响最严重。可以预料，长时间的体温过高，特别是在犬过度喘气时，会导致因气道体液流失引起的脱水。如前所述，与体温升高相关的脱水会使老年宠物的常见疾病更加复杂，并使它们更容易出现体温过高反应。

老年宠物管理：预防体温过低和体温过高

预防体温过低比体温过低的治疗更加简单和高效。预防和治疗体温过低的简单措施包括：提供温暖的环境、毛巾、毯子或衣物（如毛衣），以及使用加热设备/热源（Reuss-Lamky, 2015）。

加热设备包括加热毯和加热床（图17.2）、辐射加热灯、加热米袋和加热水容器。这些热源依赖于将热量传输到身体核心的能力。提高核心体温的能力取决于皮肤温度、患者的身体状况和热量循环的能力（患者的循环状态，即水合水平）（Reuss-Lamky, 2015）。由于身体核心与远端皮肤表面是隔离的，所以加热装置的效果可能是不可预测的。尽管如此，皮肤温度仍是向身体核心提供有效传热的一个重要考虑因素（Reuss-Lamky, 2015）。因此，专注于增加对老年宠物的热量供应和增加皮肤温度可以有效地提高核心体温和预防体温过低。需要注意的是，为了有效地恢复体温，至少要有 60% 的体表面积与外部热源接触（Reuss-Lamky, 2015）。

对于诸如 BAIR Hugger® 之类的对流式暖风设备和 HotDog® Warmer（Augustine Biomedical + Design）等电热织物加热器，主要用于医院麻醉期间和麻醉后。这些设备往往是预防和治疗由麻醉引起的体温过低的最有效手段（Reuss-Lamky, 2015）。在家庭环境中使用这些设备可能是不可行的或不必要的。

使用商用的电热垫和加热灯时必须小心，因为它们会导致过热、热损伤和触电（Kenney 和 Munce, 2003; Reuss-Lamky, 2015）。当使用外部热源时，应该在宠物所在的位置放置一个温度计来监测实际提供的热量（Glowaski, 2002）。此外，应该在热源和患者之间放置适当的屏障（毛巾或毯子）。如果电热垫接触到液体，也有可能会发生触电（Palmer, 2012）。对于存在尿失禁、呕吐和 / 或腹泻的宠物来说，这可能是一个令人担忧的问题。

如果使用加热水容器，重要的是要将其加热到 41.6℃或更低的温度，以避免烫伤皮肤和温度不均匀。同样重要的是，在温度降低到与患者体温一致时将其移除，因为那时它们会导致热量流失，使宠物容易发生体温过低（Reuss-Lamky, 2015）。

冷却装置可以是一个简单的风扇，放置在宠物附近或上方，或者是空调设备，用以保持舒适的温度。这对于短头犬和其他宠物的喉麻痹或气管塌陷相关的疾病尤其重要，因为这些疾病的症状是呼吸功能受损导致的散热受损和喘息增加。可以将酒精喷雾瓶放在宠物附近，当怀疑过热或中暑时，可以迅速给宠物的脚垫和耳廓喷洒酒精。在紧急情况下或明显中暑时，也可以给予冷却后的皮下补液。重要的是不要用冰水给宠物降温，因为非常冷的液体会使末梢血管收缩并影响散热。有一些产品可以帮助宠物降温，包括 Kool Collar®（图 17.3）。这款产品可以像项圈一样戴在脖子上，内部有可以冷却的管道插入项圈，为宠物提供凉爽的感觉。

老年宠物与体温调节相关的生活质量评估

通常情况下，体温过低和体温过高的影响作为老年宠物的整体生活质量评估的一部分常常被忽略。宠物无法表达它们的感觉，但我们可以很容易地理解长期感受寒冷或炎热的感觉。这些是老年人常见的抱怨，由于无法有效

图 17.3 老年犬戴着 Kool Collar® 帮助它在炎热的月份保持凉爽

地应对这些变化，往往会感到沮丧。虽然体温调节不良会影响宠物的舒适度和生活质量，但这很少会成为人道安乐死的决定因素。更有可能的是，无法维持正常的身体状况要么被忽视，要么被视为导致决定安乐死的更明显变化的一个因素。

应注意调节老年宠物的体温变化，以增加其舒适度。简单的管理措施和意识可以在很大程度上使老年宠物更加舒适。如前所述，保持正常体温可以帮助维持组织 / 器官的灌注和氧合，并可能减少药物的副作用。对于这些管理技术无法使宠物的体温正常化，或者家庭或照护人无法提供这些必要措施的情况，体温调节丧失在决定进行人道安乐死时发挥重要作用，尤其是当其他重要的影响生活质量的问题变得明显时。

延伸阅读

Cunningham, J. and Klein B. (2007) "Thermoregulation." In: Textbook of Veterinary Physiology (4th ed.), pp. 639–650. St Louis, MO: Elsevier Saunders.

Doctors Foster and Smith Inc. (n.d.) "Normal Aging and Expected Changes in Older (Senior, Geriatric) Dogs." Available at http://www.peteducation.com/article. cfm?c=2+2110&aid=614.

Glowaski, M. (2002) "Anesthesia for the Geriatric Patient." Presented at Tufts Animal Expo, Tufts University, North Grafton, MA. North Grafton, MA, USA

Kenney, W. L. and Munce T. A. (2003) "Aging and Human Temperature Regulation." Journal of Applied Physiology, 95(6): 2598–2603.

Merck Veterinary Manual (2016). "Normal Rectal Temperature Ranges." Kenilworth, NJ: Merck Sharp and Dohme Corp. Available at https://www.msdvetmanual.com/ appendixes/reference-guides/normal-rectal-temperature-ranges.

Palmer, D. (2012) "The Hype About Hypos - Part 2: Hypotension, Hypovolemia and Hypothermia." Presented at International Veterinary Emergency and Critical Care Symposium 2012. Auburn University College of Veterinary Medicine, Auburn, AL.

Reineke, E. (2009) "Heatstroke and Hyperthermia." Presented at International Veterinary Emergency and Critical Care Symposium. University of Pennsylvania, Philadelphia, PA.

Reuss-Lamky, H. (2015) "Hypothermia: What's the Hype?" Presented at 37th Annual OAVT Conference and Trade Show. Oakland Veterinary Referral Services, Bloomfield Hills, MI.

Stokol, T. (2014) "Disseminated Intravascular Coagulation: Past, Present and Future." Conference Proceedings, American College of Veterinary Internal Medicine Forum: ACVIM 2014, Ithaca, NY.

Szakacs, J. (2015) "Disorders of Thermoregulation." Universitas Scientiarum Szegediensis. Available at http://web.med.u-szeged.hu/patph/Thermoregulation.

Young, A. J. (1991) "Effects of Aging on Human Cold Tolerance." Aging Research, 17(3): 205–213.

第 18 章　管理老年患者的疼痛

Michael Petty 和 Sheilah Robertson

许多临床兽医对是否使用镇痛药或镇静药以及麻醉药治疗老年动物时犹豫不决。遗憾的是，这意味着许多老年患者不必要地遭受与慢性疾病相关的疼痛，或者被剥夺了享受镇静或麻醉的治疗程序的益处。疼痛是一种复杂的多维体验，包含感官和情感成分，它会对动物的生活质量和人与动物之间的关系产生重大的负面影响。本章旨在为临床兽医建立信心，有效且安全地处理老年患者。

常规考虑因素

虽然老年患者可能属于特定的“年龄组”，但他们的健康状况差别很大。已经提出了老年人群的一个亚分类。这包括健康患者、亚临床器官功能障碍患者和有明显症状的患者（KuKanich, 2012）。与年龄和疾病相关的器官功能和机体成分的变化会影响药物的药代动力学（吸收、分布、代谢和排泄），老年患者的用药剂量和给药间隔可能需要调整。器官功能障碍可能检测到也可能检测不到。在许多病例中，肾功能和肝功能显著下降，但常规血液学和生化检查不能反映出这一点。心脏病也可能存在无明显症状或异常的情况，患者可能没有可检测到的心脏杂音或运动不耐受的病史，但超声心动图可显示心功能下降的证据。这种程度不足以引起明显的疾病，但足以引起对使用某些麻醉药和镇静药的关注。

在给药时，我们寻求的是药物的药效学效应，而在老年患者中，由于身体成分的变化（如肌肉质量减少）、药物受体和神经递质的变化，药效可能会有所不同（Landsberg et al., 2010）。年龄和疾病相关的药代动力学和药效学变化可能导致不良反应，除非临床兽医对每个治疗方案进行个体化处理。

恢复力下降

在对老年犬和猫进行麻醉或镇静时，或者在生理紊乱恢复过程中，它们恢复的速度明显较慢，或者不像年轻时那样能够迅速恢复。本章稍后将对这些生理变化加以描述。此外，许多老年动物似乎对痛苦的刺激、事件和状况有更强烈的反应，而这可能并不会对年轻患者产生影响。

并行治疗

许多宠主并没有透露他们正在给宠物使用非处方药、补充剂或植物性药物。一些宠主可能认为这些信息不重要，而另一些宠主可能因为给宠物使用兽医未开具的药物而感到尴尬，从而不愿透露。不管原因是什么，重要的是要询问他们是否在使用任何药物（如阿司匹林，很多人认为这不是一种药物）或补充剂，并让他们明白这是出于药物相互作用的考虑。一种令人担忧的补充剂是圣约翰草，因为许多此类用来缓解慢性疼痛的药物也会对 5- 羟色胺产生影响，并可能使患者处于 5- 羟色胺综合征的风险中（Mohammad-Zadeh et al., 2008; KuKanich, 2013）。

另一个问题在转诊情况下更常见，就是确定动物是否经另一位兽医治疗过，可能也开了处方药。考虑非处方补充剂可能产生相互作用的潜在风险，同样也适用于药物。相关问题参阅专栏 18.1。

行为考虑因素

老年动物可能对环境的变化反应较差，并且许多动物显示出认知功能障碍的临床症状（Benaryeh, 2015）。当面临住院或接受长期住院治疗时，一些动

专栏 18.1　患者病史示例

在［此处填写机构名称］，了解患者的病史非常重要，尤其是在药物方面。包括由我们或任何其他兽医开具的处方药、非处方药或制剂，包括人类药物或补充剂，以及植物 / 草药补充剂。一些宠物食品，如用于缓解关节炎的食品，也可能含有补充剂，列出这些补充剂也很重要。我们开具的药物与其中的一些药物组合可能会导致不必要的不良事件。请回答下面的问题。

（1）如果您的宠物曾在多个兽医机构就诊，请留下这些医院的名称和联系电话，以便我们共享宠物的医疗记录。

（2）如果您的宠物正在服用任何处方药，请列出药物名称、使用的剂量和频率。

（3）如果您的宠物正在服用任何非处方药或补充剂，请列出它们的名称、剂量和给药频率。

（4）如果您的宠物正在服用任何植物 / 草药补充剂，请列出它们的名称，剂量和给药频率。

（5）请列出您饲喂犬或猫的食物的品牌和类型。

物似乎在进入一个陌生环境的瞬间就崩溃了。这可能是拒绝与宠主互动的微小事件，但也可能导致更严重的问题，如拒绝进食或饮水。鼓励宠主带来并留下宠物熟悉的玩具或毯子，这通常对任何动物来说都是一种安慰，尤其是对老年动物（图 18.1）。住院时间越短越好。如果可能的话，把这些患者的治疗安排在早上，这样它们就可以在当天出院。

护理对于老年动物尤其重要。应该特别关注重要的事项，如食物（如手喂）和液体摄入。对于所有老年动物，应在笼子里铺上垫子，因为大多数老年动物都患有一定程度的退行性关节疾病（图 18.1）。应该花时间与住院的动物进行社交（在进行如给药或测量直肠温度等医疗操作的时间之外），让它们感到更放松，防止它们可能会认为这是不好的事情，并有机会发现患者疼痛的迹象，这些迹象可能不会从远距离观察到或在治疗期间立即显现出来。

诊断学

随着人口老龄化，共病发生的可能性增加，所以在开始任何治疗之前进行适当的诊断检测变得非常重要。X 线片、血液生化、全血细胞计数和尿液分析不应被视为一次完整的检查，而应视为一次最小数据库的检查。当需要麻醉或镇静时，采取措施以最大限度地减少不良事件的风险是至关重要的。

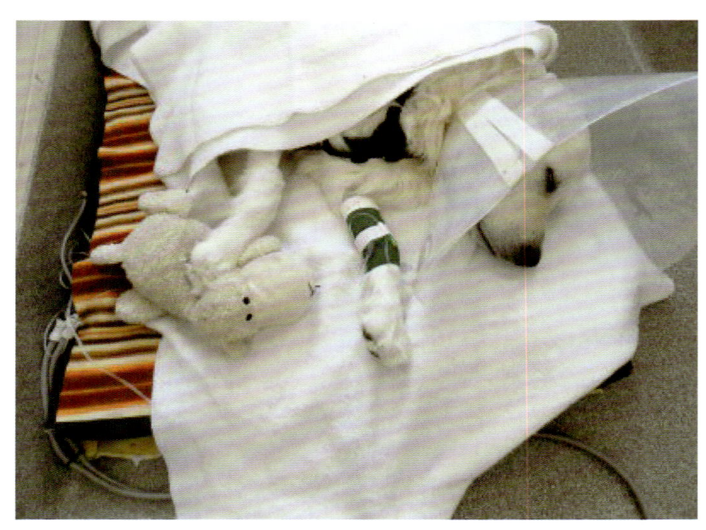

图 18.1 适合老年患者的康复笼。循环水毯提供温暖，可吸收床垫在发生意外时允许尿液排出，软垫在许多患者出现关节疼痛时提供缓冲，毯子提供额外的温暖，犬自己的玩具提供安慰。这只犬还戴着一个背带来帮助它起身

无论身体状况如何，老年都被认为是犬和猫全身麻醉死亡的风险因素（Brodbelt, 2009）。请记住，你不仅仅是在诊断疼痛，而是在诊断可能不明显但可能会影响治疗方法的选择及其结果的共病。

治疗

一般原则

长期疼痛的治疗可能具有挑战性，并且在大多数情况下需要经历反复试验、成功和失败。由于许多导致慢性疼痛的疾病是不可治愈的，所以客户必须明白，我们的目标是让他们的宠物感到舒适，而不是治愈潜在的疾病。同时也应该清楚的是，要使宠物感到舒适，即需要时间投入，也需要经济投入。一般来说，需要采用多模式方法，这可能涉及多种不同的药物（包括对特定类别的药物进行试用,如非甾体抗炎药）和非药物治疗。治疗不是一成不变的，需要根据基础疾病的进展和患者对治疗的反应进行调整。

最好从较低剂量开始，然后逐渐增加剂量，直到达到预期效果，同时监测不良反应。这既适用于“立即”起作用的药物，如麻醉药（例如，静脉注射麻醉药时要缓慢推注），也适用于长期服用的药物，如非甾体抗炎药。

另一种方法是尽可能使用可逆转的药物。这些药物包括 μ – 激动剂（如美沙酮和吗啡）、α –2 肾上腺素能激动剂（如右美托咪定）和苯二氮䓬类药物（如咪达唑仑）。然而，这些药物主要用于短期急性疼痛管理和需要镇静的情况。下面是一些具体的建议，但作为一个基本的经验法则，作者建议您考虑初始使用剂量为健康成年动物处方药物剂量的一半。

心肺

老年动物的血流动力学和心脏有许多变化。例如，犬中最常见的心脏疾病是二尖瓣反流，其发病率随着年龄的增长而增加（Hamlin, 2005），同时犬和猫的肺部系统也普遍发生变化，如肺泡弹性降低（Baetge 和 Matthews, 2012）。这些变化导致氧气输送减少，从而对那些依赖氧气供应的关键身体组织造成风险。

中枢神经系统

平均肺泡浓度是衡量吸入麻醉需求的一种指标，随着年龄的增长而下降。

确切的机制尚不清楚。然而，众所周知，衰老会导致大脑质量和神经髓鞘形成的减少，神经细胞凋亡增加，神经递质的消耗以及受体对这些神经递质亲和力的降低。

肝脏

随着动物年龄的增长，它们代谢药物的能力可能变得不可预测。肝脏血流减少（例如，在心脏疾病中）和肝功能改变将影响药物代谢。遗憾的是，目前还没有可靠的肝功能测试，并且在老年动物中缺乏可用于指导剂量调整的数据（KuKanich, 2012）。

代谢

对于大多数老年患者来说，身体肌肉质量会稳步下降，同时身体脂肪会增加。这可能会导致脂溶性药物和水溶性药物的效果发生变化。老年犬甲状腺功能减退的比例较高，进一步降低了基础代谢率。

肾脏

肾功能下降在老年动物中更常见，再加上心血管功能下降（如前所述），会损害老年患者肾脏的排泄能力（如对猫使用氯胺酮）或清除能力（如加巴喷丁）。

治疗长期疼痛的药物

退行性关节疾病是犬和猫慢性疼痛的最常见原因。最有效的治疗方法之一是使用非甾体抗炎药。

非甾体抗炎药

非甾体抗炎药（NSAID）在老年人群中的副作用（Monteiro-Steagall et al., 2013）与其他年龄组相似，因此，当用于治疗老年动物的疼痛时，没有特殊理由不应使用非甾体抗炎药。当然，还是需要考虑到常规的禁忌证。围绕食欲需要特别关注的一个地方是：食欲的丧失可能是非甾体抗炎药导致胃溃疡的一个指标。许多老年宠物的饮食不规律，这使得宠主难以确定这是否可能是正常的食欲周期的波动，还是宠物因溃疡形成而出现的食欲不振。照护人必须特别警惕胃溃疡的其他症状，如黑便和呕吐物中带血。原则上，除非宠物当天主动进食，否则宠主不应该给宠物服用非甾体抗炎药。

非甾体抗炎药在肾病患猫中的应用

许多患有退行性关节疾病的猫也患有慢性肾病（Marino et al., 2014）。与犬不同，猫的肾脏疾病并存炎症反应。大多数猫可以长期服用非甾体抗炎药，只要遵循上述一般预防措施，并且根据慢性用药的适当剂量适合长期使用，美洛昔康在许多国家被批准长期用于猫，但在美国不能使用。事实上，在一些猫身上，使用非甾体抗炎药可以减缓其肾脏疾病的发展，而且没有证据表明非甾体抗炎药会缩短它们的寿命（Gowan et al., 2011, 2012）。

金刚烷胺

伤害性信号可以通过几种途径到达大脑。其中一种途径涉及 N- 甲基 -D- 天冬氨酸（N-methyl-D-aspartate，NMDA）受体，这是一种位于脊髓背角的谷氨酸受体。这种受体的激活在伤害性信号的传递和慢性疼痛状态的发展中发挥了作用，如痛觉过敏（对正常疼痛刺激的阈值降低）和触觉过敏（对通常无害的刺激的反应）。金刚烷胺最初是作为流感药物开发的，它可以降低 NMDA 受体的活性，并使感觉信息的传递正常化。一项针对仅对非甾体抗炎药无效的犬的研究显示，金刚烷胺与美洛昔康联合使用可以治疗与骨关节炎相关的慢性疼痛（Lascelles et al., 2008）。

加巴喷丁和普瑞巴林

加巴喷丁和普瑞巴林的确切作用机制尚不清楚，但在几种动物模型中均能有效减轻痛觉过敏。它们较少的不良反应使得这些药物被广泛用于治疗包括老年患者在内的人类的各种疼痛症状（Rose 和 Kam, 2002）。虽然目前没有大型的兽医临床研究评估加巴喷丁在慢性疼痛状态中的疗效，但有令人参考使用的病例报告和疼痛专家对其使用的支持。

如前所述，动物的肾功能可能降低，这种降低在常规血液生化检查中不能被发现。加巴喷丁不会发生分解代谢，而是以原形通过尿液排出（Rose 和 Kam, 2002）。任何肾功能的下降都会导致加巴喷丁的排泄减少，从而显著增加其作用持续时间和血药浓度。因此，对于任何年龄较大的动物，从正常起始剂量的一半左右开始使用加巴喷丁是一个好主意，然后逐渐增加剂量到实现预期的效果。大多数犬（通常不包括猫）在开始使用加巴喷丁治疗后会经历一段嗜睡期，因此，最好在睡前给所有动物服用一剂，这样它们就会在一天中合适的时间犯困。如果嗜睡期持续超过 7 d，应怀疑亚临床肾脏疾病，并考虑降低剂量。

马罗匹坦

使用柠檬酸马罗匹坦控制疼痛一直存在争议。虽然有研究表明，在接受卵巢子宫切除术的犬中，使用马罗匹坦具有类似于吗啡的镇痛作用，但其疗效不一致，不应作为吗啡的替代品来使用（Marquez et al., 2015）。也许它更有益的作用是止吐。它具有预防阿片类药物和慢性肾病相关性呕吐的强大效果。似乎在许多物种中，呕吐和恶心都是不愉快的体验，往往比疼痛更难以忍受。应主要考虑马罗匹坦的止吐作用，如果它有助于减轻内脏疼痛，则应被认为是一个附加的作用。然而，马罗匹坦并不是一种有效的抗恶心药物，如果出现恶心（流涎、舔嘴唇）的症状，昂丹司琼更有可能有效。

对乙酰氨基酚（扑热息痛）

对乙酰氨基酚（扑热息痛）是一种绝对不能用于猫的药物，因为即使是一剂也可能致命。然而，可以安全地给予犬含有或不含有可待因的对乙酰氨基酚。一项没有安慰剂对照的研究表明，对乙酰氨基酚和可待因在疼痛基线测量中无效（KuKanich, 2016）。其他研究表明，对乙酰氨基酚在血浆中的半衰期很短，只有 1 h 左右。尽管对乙酰氨基酚（含或不含可待因）可以安全地给犬服用，但因为它的药效学不确定，所以它不应作为唯一的镇痛药物。

格拉普兰特

格拉普兰特是一类名为 piprant 的新型药物的一种。本品是一种非环氧合酶（COX）抑制性非甾体抗炎药，仅阻断前列腺素 E_2 EP4 受体。因为它是非环氧合酶抑制剂，所以它具有类似于环氧合酶抑制性非甾体抗炎药缓解疼痛的作用，但没有肾脏和胃的不良反应。该药物于 2016 年获得美国食品和药品监督管理局批准用于犬。

其他药物

没有科学证据支持口服曲马多、氢可酮和羟考酮可持续，可靠地缓解犬的慢性疼痛。这些药物的吸收和代谢存在显著的物种差异。例如，犬在给予曲马多后产生非常少的 O- 去甲基曲马多 M1 代谢物，这是该药物的阿片样物质作用所需的活性代谢物（Kogel et al., 2014）。然而，猫会产生高浓度的 M1 代谢物，从而产生阿片样物质和镇痛作用（KuKanich, 2013）。

曲马多、氢可酮和羟考酮都有风险，而且几乎没有证据表明它们对犬有效。曲马多可引起 5- 羟色胺综合征（KuKanich, 2013）。除非有新的证据支持使用这些药物，否则作者建议不要使用它们来缓解慢性疼痛。

慢性疼痛的新兴疗法

靶向新型疼痛介质

神经生长因子已被确定为炎症性和神经病理性疼痛的重要调节因子，因此是一种潜在的治疗靶点。神经生长因子水平在许多自然发生的急性和慢性疼痛病症以及疼痛的动物模型中会升高。在犬中，已经开发出一种完全犬源化的抗神经生长因子（nerve growth factor，NGF）单克隆抗体（NV-01），治疗必须针对特定物种，以避免免疫应答（Gearing et al., 2013）。在一项使用高岭土炎症性疼痛模型的临床前试验中，单克隆抗体减轻了跛行的情况，血清半衰期为 9 d，且耐受性良好。该药物的目标患者是骨关节炎患犬。在一项临床试验中，给犬静脉注射了单克隆抗体后，患犬的疼痛量表评分降低长达 4 周之久（Webster et al., 2014）。此外，还研发了一种针对猫的特异性抗神经生长因子单克隆抗体（NV-02）。

选择性神经毒素

通过抑制或破坏特定的伤害感受神经元而不影响其他感觉或运动功能，是控制严重疼痛的一个有吸引力的选择。树脂毒素通过硬膜下注射对患有疼痛和严重骨癌、骨关节炎的犬的痛觉感受神经元中的香草酸受体进行靶向干预，达到止痛效果（Brown et al., 2005; Karai et al., 2004）。这在患有骨癌的犬中，疼痛缓解效果非常好。

SP-SAP 是一种 P 物质和核糖体失活蛋白重组形式的化学缀合物，其作为靶向神经毒素，选择性地破坏脊髓背角中携带自然杀伤细胞 -1 受体的细胞。SP-SAP 是通过脊髓内注射给药的。在一项针对自然发生骨癌的犬进行的前瞻性双盲对照研究中，治疗后的前两周结果不一致，但两周后，与接受标准治疗的镇痛疗法（NSAID、曲马多和加巴喷丁）的犬相比，接受 SP-SAP 的犬的疼痛评分较低。然而，SP-SAP 组中的一些犬出现了共济失调（Brown 和 Agnello, 2013）。

姑息性立体定向放射外科

姑息性立体定向放射外科手术是将大剂量单次辐射精准递送到肿瘤靶点的一种技术。与替代治疗相比，这种技术已经成功应用于患有无包膜骨肉瘤的犬，治疗后疼痛减轻，并且肢体功能良好至极好（Farese et al., 2004）。这种治疗方法的主要局限性是成本和实用性。

物理疗法

非药物治疗在治疗老年疼痛患者中显得尤为重要。如第 14 章所述，除了少数例外情况，大多数动物都能耐受绝大多数的物理疗法。以下是可以考虑用于治疗疼痛的几种物理疗法。

复健（康复训练）

随着动物年龄的增长，肌肉质量下降是很常见的，这种情况称为肌少症。肌肉质量的损失在许多老年患者中都存在，但目前对这个病症我们还没有完全了解清楚。随着动物年龄的增长，经常观察到骨骼肌萎缩，这被认为是一种称为自噬过程的结果（Pagano et al., 2015），自噬是一种可能参与了肌少症的细胞成分降解和再循环的机制。肌肉质量的损失也可能继发于局部或全身退行性关节疾病。在退行性关节疾病中，这往往会成为一个恶性循环。疼痛的关节导致运动减少，运动减少导致肌肉质量减少，肌肉质量减少使得疼痛的关节失去了支撑，这使得运动变得更加痛苦，如此循环（见第 14 章）。最终，这可能会影响动物的活动能力，导致社交互动减少，继而对认知产生影响（见第 8 章）。专栏 18.2 描述了通过观察犬的站立姿势来评估关节状况。

肌肉质量的损失，如果严重到一定程度，可能导致动物无法执行身体的基本功能，包括进食和饮水，同时也会使调整姿势来进行排尿和排便变得困难。康复训练能够阻止或逆转这些变化。还可通过多种方法治疗疼痛，包括但不限于增加关节活动性，刺激神经肌肉输入和减轻炎症。

心血管疾病是进行某些康复锻炼时需要关注的问题，在开始任何新的康

专栏 18.2　姿势评估

关节健康的犬

关节健康的犬在站立时前腿位于肩部正下方，后腿位于臀部正下方，或者像图中展示的那样向后伸展。

患有骨关节炎的犬

患有关节炎的犬在站立时，一条或两条前腿位于肩部尾侧，后腿位于臀部正下方或略靠近臀部头侧。前腿的位置朝后用于通过向前转移重量来减轻骨盆的负重，后腿的位置朝前通常是后腿屈肌肌筋膜疼痛的结果，使其伸展时疼痛。

复训练之前，应该进行完整的心血管检查，特别是像使用跑步机这种方式进行的剧烈运动。即使没有心脏疾病，老年犬特别是像拉布拉多猎犬可能存在部分或者完全的喉麻痹，这也会影响运动能力，并对试图进行中等强度运动的犬的呼吸系统和心脏健康构成风险。

康复训练必须与动物的年龄、体型和目前的状况相匹配。对老年患者来说，剧烈运动往往是不合适的。相反，应该考虑慢节奏的训练，包括平衡练习、神经肌肉刺激和核心强化。动物康复的核心是动物和治疗师之间的互动。此外，还有一些练习可以教授给宠主，以便在家庭环境中进行更频繁的治疗，减少临床就诊次数（Petty, 2016a）。还有许多其他治疗方法可供治疗师使用。这些疗法包括激光疗法、脉冲电磁场疗法和冲击波疗法。本章没有对这些治疗方法进行详细探讨。如果您没有接受过这些技术的培训，应该咨询具有动物康复认证的治疗师，以了解哪些治疗方法可能适合您的宠物。

针灸

针灸是一种被证实有效的治疗方法，具有许多已知的益处，特别是在疼痛管理方面。包括美国国立卫生研究院（National Center for Complementary and Integrative Health, 2016）在内的许多组织，现在认为针灸对疼痛的治疗是有益的，既可以作为辅助疗法，也可以在某些病例中作为单独疗法。与其他物理疗法一样，它在器官功能障碍的情况下效果很好，并且可以与药物制剂结合使用，包括化疗和镇痛药物。美国有多个针灸认证机构和培训中心（专栏18.3）。

推拿

推拿作为一种治疗疼痛的方法常常被忽视。它有许多已知的益处，包括缓解肌筋膜疼痛、神经肌肉刺激，并且可以给动物带来幸福感。此外，它还可以增加患病区域的血液流动，并促进淋巴引流。虽然在某些疾病状态下，

专栏 18.3　美国针灸认证机构和培训中心列表

国际兽医针灸学会：www.ivas.org。

CuraCore 中西医结合教育中心（前身为 One Health SIM）。

谢氏中兽医研究所：tcvm.com。

如在癌症、骨折或严重心脏病的情况下，最好是让接受过推拿治疗培训的人来进行推拿，但大多数宠主可以很容易地接受基本推拿技术的培训。推拿通常可以加强宠主与宠物之间的联系（Petty, 2016b）。

减肥

老年患者往往会出现体重增加。这通常表现为全身脂肪增加，而肌肉质量减少，使得增加的体重成为老年动物的额外负担。动物体重增加可能会导致循环炎症因子水平增加，尽管这方面的证据并不像人类那样明确（Greenberg 和 Obin, 2006）。超重或肥胖也会对心血管和呼吸系统带来额外的负担。另一个重要因素是也会给动物患病的关节带来额外的负重。一些研究已经证明了减肥的好处。在一项研究中，体重减轻 10% 与服用非甾体抗炎药具有相同的减轻疼痛的效果，并且对跛行和运动步态分析有积极影响（Impellizeri et al., 2000; Marshall et al., 2010）。宠主可能需要关于老年犬猫的热量摄入和营养方面的指导，并且应该劝阻他们不要过度饲喂他们的宠物。在许多情况下，低热量的零食可以用来满足他们宠爱年迈宠物的需求。

肌筋膜疼痛

肌筋膜疼痛仍然是一种知之甚少的综合征，尽管它数百年前就在医学文献中被描述过（Dommerholt et al., 2011a）。对肌筋膜疼痛的完整解释对于本章来说过于冗长，下面是一个简要的解释。每当一块肌肉长时间处于收缩状态时，这块肌肉就会形成一种叫作紧绷带的东西，即使在肌肉放松的时候，这片肌纤维也会保持收缩状态。在患退行性关节疾病的情况下，由于长时间保持收缩以减轻关节炎患侧关节的负重，腿部可能会形成紧绷带（Dommerholt et al., 2011a）。这些紧绷带本身就会产生疼痛，它们也会对所涉及的关节造成额外的损伤。这些紧绷带的持续张力减小了关节间隙的空间，这不仅降低了关节的活动功能，还可能加速损坏受压的关节表面。

紧绷带的治疗通常包括推拿或所谓的触发点疗法。触发点疗法通过触诊找到紧绷带，然后将针灸针插入其中，引起脊髓反射，从而释放收缩的肌纤维（Dommerholt, 2011b）。除非可以完全治疗持续性原因，否则紧绷带会再次出现，需要定期治疗。由于骨关节炎无法治愈，因此需要在不同的时间间隔内进行再次治疗。

热疗和冷疗

对组织进行加热和冷却可用于控制疼痛，同时还能减轻水肿和肿胀，以及促进愈合。在康复指导性锻炼前后进行加热和冷却可以改善症状并缩短恢复时间。这种模式，就像本节中提到的其他模式一样，具有极少的禁忌证，即使在老年和衰弱的患者中也是如此。

冷冻疗法是指在急性情况下（如受伤或手术后）通过冷却减轻疼痛或炎症。慢性应用主要用于在开始康复锻炼之前减轻退行性关节疾病等疾病的慢性和急慢性疼痛。穿透组织的深度很少超过 2 ～ 4 cm（Nadler et al., 2004），除非结合压迫，如使用弹力绷带或 Game Ready™ 压迫系统。在选择目标组织时应牢记这一点。

冷冻疗法可以通过直接冰敷需要治疗的区域，将受影响的肢体浸入冰水中或使用冷敷袋来进行。冷敷袋是专门为康复治疗而制作的，与用于运输的冰袋不同。自制冷敷袋的制作方法是：将 3 份水和 1 份 90% 的异丙醇混合，放入密封的塑料袋中，然后冷冻。根据待处理区域的面积和深度，15 min 的治疗时间对大多数情况来说通常是足够的。这种冰敷可以重复进行，但是每次要等到组织恢复到正常体温后再进行。

预防措施包括对体型小或体温已经降低的动物（有时在手术后会出现这种情况）使用冷冻疗法时，在冷敷袋和皮肤之间加一层保护层，如薄棉布毛巾，用来分散寒冷，防止皮肤冻伤。最后，对浅表神经进行长时间的冷冻疗法会对神经造成损伤，导致神经的沃勒变性。这在治疗髋关节时尤其重要，因为坐骨神经与其非常接近。

热疗也可以用来减轻疼痛，同时还能改善关节活动能力和增加血液流动。与冷冻疗法不同，热疗最适合用于慢性或亚急性情况。这不仅包括像骨关节炎这样的慢性问题，还包括手术后大约一周愈合的亚急性问题。用于冷冻疗法的商业凝胶包也可以在微波炉中加热用于热疗。治疗通常是将热量施加在受影响的患处上，持续 15 ～ 20 min。

预防措施包括避免加热温度太高，有可能损伤皮肤和底层组织。绝对不要使用操作者手触感到不舒服的热源。在热源和患者的皮肤之间使用薄毛巾可以降低受伤的风险。每隔几分钟，操作人员应移开热源，触摸皮肤，检查是否过热。

生命终结的决定

大多数宠主都希望自己的宠物在睡梦中死去，这样他们就不用做决定了。然而，这种情况很少发生，相反，他们通常必须做出艰难的决定。即使有生活质量评估工具的帮助，许多人也会找一个额外的理由来推迟不可避免的事情。专栏 18.4 列出了一些可在网上获得的工具。有关生活质量评估工具的更多信息，请参阅第 24 章。

兽医团队在宠主的配合下，使用结构化工具对疼痛进行频繁评估，这不仅对衡量治疗结果很重要，而且对做出生命终结的决定也很重要。通过拍摄和存储照片和视频（带有拍摄日期）来跟踪动物是很有帮助的，这样宠主就可以回顾并看到宠物问题的进展。关于疼痛治疗的有效性的指导通常会帮助宠主做出决策。评估疼痛很重要，但并不是进行生活质量评估时要考虑的唯一因素。恶心是非常令人痛苦的，可能是治疗的不良反应或潜在疾病（如肾衰竭）的结果。

专栏 18.4　一些可以在网络上获取的生活质量和疼痛评估工具

宠物丧亡与哀悼协会（Association for Pet Loss and Bereavement）

生活质量评估量表 : http://www.aplb.org/resources/quality-of-life_scale.php

NewMetrica

VetMetrica:（犬猫）与健康相关的生活质量评估工具和急性疼痛测量 : http://www.newmetrica.com

田纳西大学诺克斯维尔分校兽医社会服务

生活质量评估量表（HHHHMM Scale）: http://vetsocialwork.utk.edu/quality-of-life_ resources

赫尔辛基大学兽医学院

赫尔辛基慢性疼痛指数 - 可供宠主和兽医使用的版本 : http:// www.vetmed.helsinki.fi/english/animalpain/hcpi

宾夕法尼亚大学兽医学院

犬疼痛量表 : http://www.vet.upenn.edu/research/clinical-trials/vcic/pennchart/cbpi-tool

北卡罗来纳州立大学兽医学院

猫肌肉骨骼疼痛指数 : https://cvm.ncsu.edu/research/labs/clinical-sciences/ comparative-pain-research/clinical-metrology-instruments

镇静和麻醉

在某些情况下，老年犬猫可能需要镇静或麻醉。例如，诊断成像（X 线检查、计算机断层扫描）、放置鼻胃管或食道饲管、内窥镜检查及获取组织切片。与犬相比，兽医更担心猫的镇静和麻醉，所以本章讨论的重点是猫。在本章中不可能全面概述老年动物的麻醉，但讨论了一些指导方针和一般原则。

与所有医疗程序一样，详细的病史调查非常重要，同时还要进行体格检查和相关的血液学检查。老年动物通常有一些心脏、肝脏和肾脏的损伤，这将改变镇静和麻醉药物的分布、代谢和排泄。正因为如此，许多人错误地认为单独使用吸入剂是合适的，因为它们的代谢最少。但不建议使用这种方法，因为吸入剂是最能抑制心血管和呼吸功能的麻醉药物。此外，对于猫来说，使用面罩或箱式诱导麻醉的方式是非常容易造成应激的。

低压力和对猫友好的处理是必不可少的。由应激和恐惧引起的心动过速会增加心率，从而增加心肌耗氧量，使肥厚型心肌病患猫的心室充盈时间缩短。使用费利威可以使猫在陌生环境中保持平静，并可能有助于静脉导管的放置（Kronen et al., 2006）。使用局部麻醉剂乳膏（利多卡因和普鲁卡因的共溶混合物）可以增加首次插入导管的成功率。

镇静和麻醉的方法是使用可逆或短效的药物。布托啡诺是一种短效药物，而美沙酮等阿片类药物是一种可逆的药物。咪达唑仑是一种可用于老年动物的药物，因为它可以产生镇静作用，并且可以通过肌肉注射给药（地西泮不能），它可以通过氟马西尼逆转。右美托咪定可以低剂量给药（2 ~ 3 μg/kg，IM），必要时可增加剂量，并可被阿替美唑逆转。推荐的诱导剂包括阿法沙龙和异丙酚，最好避免使用氯胺酮，因为它会导致心动过速。镇静药和镇痛药的使用可以减少麻醉药的使用量，并显著减少吸入麻醉药对心肺功能的抑制。在可能的情况下，应使用局部麻醉药，因为它们可以阻滞有害刺激并减少麻醉需求。例如，鼻内使用利多卡因将利于放置鼻胃管，并且通常可以通过镇静和局麻浸润来修复撕裂伤。专栏 18.5 给出了一个示例方案。

案例研究

案例研究 1：犬

Sarah 是一只体重 31.7 kg 的 13 岁绝育雌性金毛寻回犬，体况评分为 6/9，

专栏 18.5　老年猫的镇静方案示例

Isabella，一只 17 岁绝育母猫，体重 3.2 kg，体况评分为 3/9，需放置临时鼻胃管。
布托啡诺 0.2 mg/kg 肌肉注射（IM）+ 咪达唑仑 0.3 mg/kg 肌肉注射（IM）。
10 min 后未达到充分镇静，因此添加右美托咪定 2 μg/kg（IM）。3 min 后，镇静充分。
鼻内给予 2% 利多卡因 0.3 mL（6 mg，约 2 mg/kg），并完成手术。
无需逆转用药。

主要症状是上楼困难。宠主注意到它上楼困难已经有一段时间了，但直到 Sarah 摔倒在楼梯上，她才决定带 Sarah 去动物医院检查。在体检中，Sarah 很容易相处，但似乎与她的宠主和周围环境脱节。肌筋膜触诊发现她的三头肌、髂腰肌和股直肌有一些压痛点。在给她的大腿做伸展运动时有疼痛反应，可见她舔舐嘴唇，试着收回她伸出来的两条腿。此外，她左后脚上的指甲也被磨坏了。未发现神经功能障碍。根据检查结果，建议进行 X 线检查、血液学检查和尿液分析。

她的骨盆和腰部的 X 线片显示双侧髋关节发育不良并伴有严重的退行性关节病变（图 18.2）。L2 ~ L3 椎间盘钙化。在 X 线片上没有观察到其他明显的变化。血液学检查结果大部分正常，除了丙氨酸转氨酶（ALT）为 185 U/L（参考范围为 20 ~ 98 U/L）、血糖为 140 mg/dL（参考范围为 63 ~ 118 mg/dL）、血尿素氮（BUN）为 39 mg/dL（参考范围为 10 ~ 32 mg/dl）和肌酐为 1.9 mg/dL（参考范围为 0.6 ~ 1.4 mg/dL）。尿液是等渗尿，其他方面均正常。

在与客户讨论治疗方案后，决定为 Sarah 实施几种疗法和一个减肥计划。Sarah 在过去曾因更换犬粮而出现腹泻问题，并且已经吃了一段时间的非处方老年饮食。客户选择将 Sarah 的食物摄入量减少 15%，并减少给她饲喂零食的次数和数量。Sarah 每天口服 1 次 150 mg 的卡洛芬，每天晚上口服 1 次 100 mg 的加巴喷丁，并将频率增加至每天 3 次。Sarah 接受了触发点疗法来治疗肌筋膜疼痛，并于当天晚些时候出院。建议她在 3 周后复查并进行血液学检查。

经过复查，Sarah 的体重为 30.8 kg，宠主注意到她在爬楼梯时比以前更轻松。她说 Sarah 在服用加巴喷丁后似乎有些昏昏欲睡。体格检查显示肌筋膜疼痛减少，后腿伸展有所改善，且 Sarah 没有抵抗。血液学检查显示，BUN 现在为 49 mg/dL，ALT 为 168 U/L。决定停用卡洛芬，将加巴喷丁减少至每天 2 次，

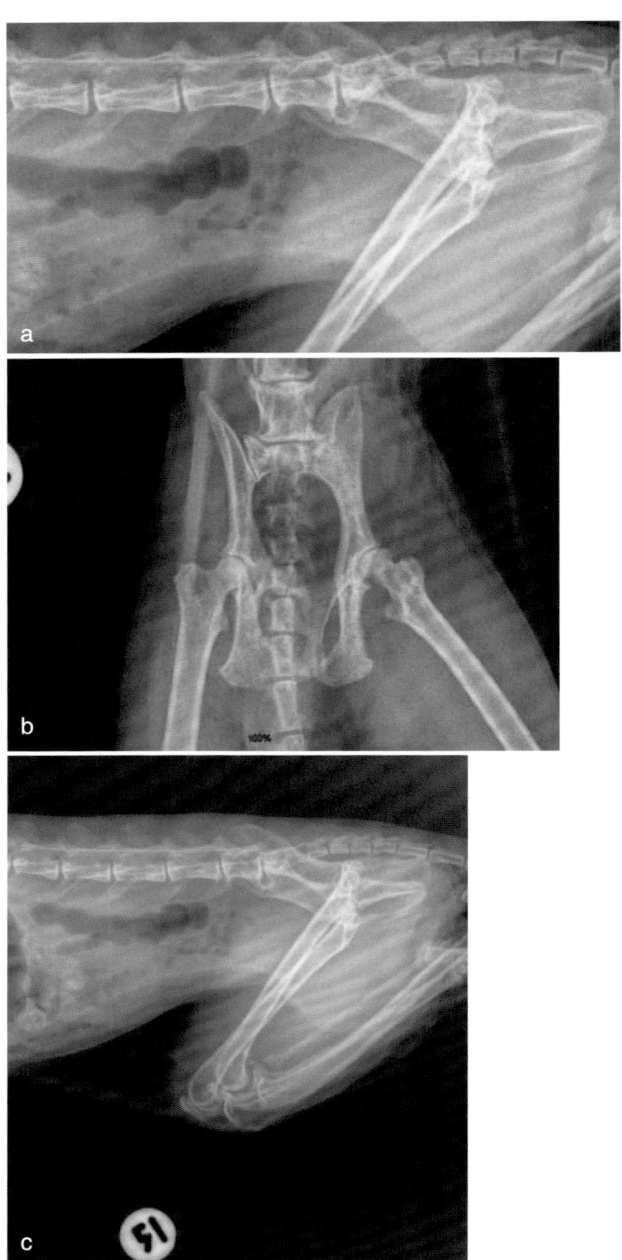

图 18.2 （a ~ c）骨盆和背部 X 线片显示髋关节发育不良，双侧髋关节患严重退行性关节疾病

并开始针灸治疗。

经过 3 次每周 1 次的针灸治疗后，Sarah 又可以轻松地爬楼梯了。将每日加巴喷丁的治疗剂量减少，她没有感到困倦，并且她的血液学检查结果已恢复到使用非甾体抗炎药前的水平。宠主还注意到 Sarah 似乎对家里和外出时的周围环境更感兴趣，包括她去诊所的行程。

讨论

尽管 Sarah 是一只虚构的犬，但她是由作者每周接触的一群患者组成的。我们经常遇到像她这样的老年犬，同时患有骨关节炎和轻度器官功能障碍。这并不妨碍我们使用非甾体抗炎药和加巴喷丁等药物进行治疗，但我们会非常谨慎并进行反复检查。

在慢性疼痛病例中经常出现认知功能障碍。案例研究提到，“Sarah 很容易相处，但似乎与她的宠主和周围环境脱节。”这种观察往往容易在繁忙的诊室中被忽视；收集病史、进行体格检查、手机响起，还有孩子们跑来跑去，这些都不利于安静的观察。处理疼痛的大脑中枢与“情绪”中枢密切相关。这可能会导致攻击性行为（在我们的经验中，这种行为更常见于急性疼痛发作），但更常见的情况是与周围环境脱节。有时动物表现得甚至不知道自己在哪里，或者站在检查室门的铰链侧发呆，甚至可能只是盯着空气。许多认知问题在疼痛治疗后得到改善。这可能是因为，在干预之后，动物能够做更多的事情（如增加运动，从而使生活更加丰富），并且能够减少对疼痛的关注，这有助于“重新激活”他们的大脑，并使他们对事物有更积极的展望。增加运动本身可以促进内源性内啡肽和脑啡肽的释放，从而减轻疼痛并改善情绪。

虽然 Sarah 的体重并不过重，但还是建议她减肥。每一点都有可能会有帮助，我们始终在展望未来，当某些药物治疗可能因为不良反应或器官衰竭而被排除在治疗清单之外时，宠主们会理解减肥的重要性并努力在宠物身上实现这一目标。

非甾体抗炎药可用于治疗轻度肾功能和肝功能障碍的犬。然而，这突显了治疗前血液学检查的重要性。如果在开始治疗后才进行第一次血液学检查，我们就不知道它是否比使用 NSAID 前更好、相同或更差。在 Sarah 的案例中，我们注意到了肾功能的恶化，所以决定停止使用非甾体抗炎药，转而改用其他治疗方法。如果客户不愿意接受替代治疗，我们可能会考虑继续使用非甾体抗炎药进行治疗，但坚持每两周进行一次检查。

加巴喷丁几乎没有不良反应，并且通常在治疗长期疼痛方面有很大的益处，因为它可以减少神经病理性疼痛。然而，由于它是由肾脏清除的，我们给 Sarah 服用了低剂量的加巴喷丁，在这种情况下，这是正确的做法；老年犬的持续嗜睡通常意味着加巴喷丁在下一次给药之前没有被迅速清除。在这种情况下，我们通过将使用频率调整为每天 2 次来降低剂量，但如果没有嗜睡的情况，我们可能会将每日剂量提高以获得最大效果。

多硫酸化糖胺聚糖（Adequan®）是治疗骨关节炎的一个很好的选择，但我们没有选择让 Sarah 接受多硫酸化糖胺聚糖的治疗，因为她的血糖水平已经很高了，可能会引发糖尿病。多硫酸化糖胺聚糖可以提高葡萄糖水平，所以我们在治疗方案中没有使用它。

针灸和其他替代及补充疗法未得到充分利用。我们看到许多兽医犯的最大的错误是在药物治疗无效时就放弃了。他们可能没有针灸的技能（我们也可以让 Sarah 接受康复疗法、推拿疗法等），而且出于各种原因不愿意转诊，可能是因为对没有这项技能感到尴尬，不愿意花钱，或者其他原因。即使我们可能无法进行这些诊断和治疗，我们也有责任为所有客户和患者提供下一步的诊断和治疗。

案例研究 2：猫

Sasha 是一只 13 岁的绝育雌性波斯猫，出现了急性疼痛症状。Sasha 体重为 3.2 kg，体况评分为 5/9。主诉症状为厌食、嚎叫和右后腿外展躺卧。

体格检查显示下腰椎触诊疼痛。Sasha 以右后腿外展的姿势侧躺着。两条腿摸起来很暖和，脉搏也正常。当给她的后腿做伸展运动时，出现了疼痛反应，包括发怒的嚎叫和后腿抵抗运动。

Sasha 因为剧烈疼痛而注射了丁丙诺啡。在放松状态下，对她的脊柱和骨盆进行了 X 线检查。发现她的腰荐交界处有严重的椎关节钙化症，以及两侧髋关节退行性关节疾病。血液学检查显示 Sasha 的实验室检查值正常。在与宠主讨论后，我们决定每周对 Sasha 进行一次针灸治疗，以立即减轻疼痛为目标，长期目标是每月至每 2 个月进行一次针灸维持治疗，并以 0.025 mg/kg 的剂量每 24 h 口服 1 次美洛昔康进行长期维持治疗。5 d 后进行了一次电话回访，Sasha 的宠主反馈说，她不再感到疼痛，并开始跳上窗台，这是她这几年来都没有做过的事情。

讨论

具有慢性疼痛的动物出现急性疼痛发作并不罕见，这会引起宠主和兽医的注意。虽然宠主以前没有报告 Sasha 有问题，但行为的变化（不再跳到高处）被忽视或被归咎于年龄的增长而不是疼痛。如果不是急性疼痛（可能是神经性的，也可能是马尾综合征）发作，慢性疼痛可能会被长时间忽视。在这些情况下，急性疼痛需要在短期内治疗，而慢性疼痛需要长期治疗。

向宠主展示正常猫和退行性关节疾病患猫的照片可以帮助诊断，因为这些姿势可能不会在检查室中表现出来（图 18.3）。观看在家里拍摄的图像或视频也可以帮助诊断猫是否患有退行性关节疾病。

尽管美洛昔康在美国仅被许可单次使用（注射），但在许多欧洲国家和澳大利亚地区已获得长期使用的许可，并且是安全和有效的。标签剂量为 0.05 mg/（kg・d），但大多数猫可以在较低剂量［0.01 ~ 0.03 mg/（kg・d）；Gunew et al., 2008］下成功管理。因此，应考虑在所有猫慢性疼痛问题中使用美洛昔康，特别是其他治疗方法未能缓解疼痛时。

为这些猫提供更便利的生活方式在治疗中起着重要作用，例如，猫砂盆应该"容易进入"（图 18.4），进食时抬高的食碗可以让猫更舒适（图 18.5）。方便到达喜爱的休息地点可以维持生活质量，并让猫生活在三维空间中，这对它们来说非常重要（图 18.6）。

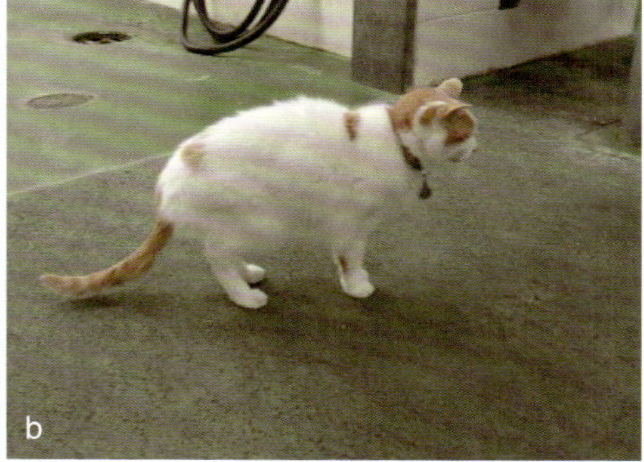

图 18.3　退行性关节疾病的诊断：（a）正常猫的姿势。（b）髋关节关节炎患猫的姿势

图 18.4 为行动不便的猫准备的方便进出的猫砂盆

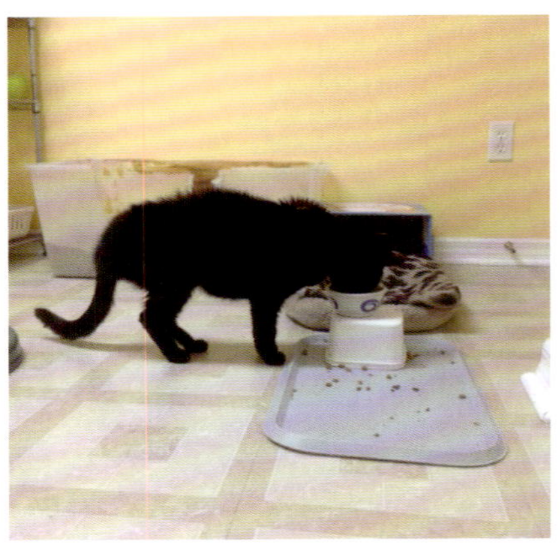

图 18.5 抬高的食碗对于患有关节疾病的猫来说更舒适

图 18.6 方便到达最喜欢的休息场所对生活质量很重要

延伸阅读

Baetge, C. L. and Matthews, N. S. (2012) "Anesthesia and Analgesia for Geriatric Veterinary Patients." Veterinary Clinics of North America Small Animal Practice, 42: 643–653.

Benaryeh, B. (2015) "Cognitive Dysfunction: Overview." Veterinary Team Brief, Nov/Dec: 25. Available at http://www.veterinaryteambrief.com/clinical-suite/cognitive- dysfunction/overview.

Brodbelt, D. (2009) "Perioperative Mortality in Small Animal Anaesthesia." Veterinary Journal, 182: 152–161.

Brown, D. C. and Agnello, K. (2013) "Intrathecal Substance P-Saporin in the Dog: Efficacy in Bone Cancer Pain." Anesthesiology, 119: 1178–1185.

Brown, D. C., Ladarola, M. J., Perkowski, S. Z., Erin, H., Shofer, F., Laszlo, K. J., Olah, Z., Mannes, A. J. (2005) "Physiologic and Antinociceptive Effects of Intrathecal Resiniferatoxin in a Canine Bone Cancer Model." Anesthesiology, 103: 1052–1059.

Dommerholt, J., Bron, C., Franssen, J. (2011a) "Myofascial Trigger Points: An Evidence- Informed Review." In Dommerholt, J. and Huijbregts, P. (eds), Myofacial Trigger Points: Pathophysiology and Evidence-Informed Diagnosis and Management, pp. 17–50. Sudbury, MA: Jones and Bartlett.

Dommerholt, J., Mayoral del Moral, O., Gröbli, C. (2011b) "Trigger Point Dry Needling." In Dommerholt, J. and Huijbregts, P. (eds), Myofacial Trigger Points: Pathophysiology and Evidence-Informed Diagnosis and Management, pp. 159–190. Sudbury, MA: Jones and Bartlett.

Farese, J. P., Milner, R., Thompson, M. S., Lester, N., Cooke, K., Fox, L., Hester, J., Bova, F. J. (2004) "Stereotactic Radiosurgery for Treatment of Osteosarcomas Involving the Distal Portions of the Limbs in Dogs." Journal of the American Veterinary Medical Association, 225: 1548, 1567–1572.

Gearing, D. P., Virtue, E. R., Gearing, R. P., Drew, A. C. (2013) "A Fully Caninised Anti-NGF Monoclonal Antibody for Pain Relief in Dogs." BMC Veterinary Research, 9: 226. doi: 10.1186/1746-6148-9-226.

Gowan, R. A., Baral, R. M., Lingard, A. E., Catt, M. J., Stansen, W., Johnston, L., Malik, R. (2012) "A Retrospective Analysis of the Effects of Meloxicam on the Longevity of Aged Cats with and Without Overt Chronic Kidney Disease." Journal of Feline Medicine and Surgery, 14(12): 876–881.

Gowan, R. A., Lingard, A. E., Johnston, L., Stansen, W., Brown, S. A., Malik, R. (2011) "Retrospective Case–Control Study of the Effects of Long-Term Dosing with Meloxicam on Renal Function in Aged Cats with Degenerative Joint Disease." Journal of Feline Medicine and Surgery, 13: 752–761.

Greenberg, A. S. and Obin, M. S. (2006) "Obesity and the Role of Adipose Tissue in Inflammation and Metabolism." American Journal of Clinical Nutrition, 83: 461S–465S.

Gunew, M. N., Menrath, V. H., Marshall, R. D. (2008) "Long-Term Safety, Efficacy and Palatability of Oral Meloxicam at 0.01–0.03 mg/Kg for Treatment of Osteoarthritic Pain in Cats." Journal of Feline Medicine and Surgery, 10: 235–241.

Hamlin, R. L. (2005) "Geriatric Heart Disease in Dogs." Veterinary Clinics of North America Small Animal Practice, 35: 597–615.

Impellizeri, J. A., Tetrick, M. A., Muir, P. (2000) "Effect of Weight Reduction on Clinical Signs of Lameness in Dogs with Hip Osteoarthritis." Journal of the American Veterinary Medical Association, 216: 1089–1091.

Karai, L., Brown, D. C., Mannes, A. J., Connelly, S. T., Brown, J., Gandal, M., Wellisch, O. M., Neubert, J. K., Olah, Z., Iadarola, M. J. (2004) "Deletion of Vanilloid Receptor 1-Expressing Primary Afferent Neurons for Pain Control." Journal of Clinical Investigation, 113: 1344–1352.

Kogel, B., Terlinden, R., Schneider, J. (2014) "Characterisation of Tramadol, Morphine and Tapentadol in an Acute Pain Model in Beagle Dogs." Veterinary Anaesthesia and Analgesia, 41: 297–304.

Kronen, P. W., Ludders, J. W., Erb, H. N., Moon, P. F., Gleed, R. D., Koski, S. (2006) "A Synthetic Fraction of Feline Facial Pheromones Calms but does not Reduce Struggling in Cats Before Venous Catheterization." Veterinary Anaesthesia and Analgesia, 33: 258–265.

KuKanich, B. (2016) "Pharmacokinetics and Pharmacodynamics of Oral Acetaminophen in Combination with Codeine in Healthy Greyhound Dogs." Journal of Veterinary Pharmacology and Therapeutics, 39(5): 514–517.

KuKanich, B. (2013) "Outpatient Oral Analgesics in Dogs and Cats Beyond Nonsteroidal Antiinflammatory Drugs: An Evidence-Based Approach." Veterinary Clinics of North America Small Animal Practice, 43: 1109–1125.

KuKanich, B. (2012) "Geriatric Veterinary Pharmacology." Veterinary Clinics of North America Small Animal Practice, 42: 631–642.

Landsberg, G. M., Denenberg, S. & Araujo, J. A. (2010) "Cognitive dysfunction in cats: a syndrome we used to dismiss as 'old age'." Journal of Feline Medicine and Surgery, 12: 837–848.

Lascelles, B. D., Gaynor, J. S., Smith, E. S., Roe, S. C., Marcellin-Little, D. J., Davidson, G., Boland, E., Carr, J. (2008) "Amantadine in a Multimodal Analgesic Regimen for Alleviation of Refractory Osteoarthritis Pain in Dogs." Journal of Veterinary Internal Medicine, 22: 53–59.

Marino, C. L., Lascelles, B. D., Vaden, S. L., Gruen, M. E., Marks, S. L. (2014) "Prevalence and Classification of Chronic Kidney Disease in Cats Randomly Selected from Four Age Groups and in Cats Recruited for Degenerative Joint Disease Studies." Journal of Feline Medicine and Surgery, 16: 465–472.

Marquez, M., Boscan, P., Weir, H., Vogel, P., Twedt, D. C. (2015) "Comparison of NK-1 Receptor Antagonist (Maropitant) to Morphine as a Pre-Anaesthetic Agent for Canine Ovariohysterectomy." PLoS One, 10: e0140734. doi: 10.1371/journal.pone. 0140734.

Marshall, W. G., Hazewinkel, H. A., Mullen, D., De Meyer, G., Baert, K., Carmichael, S. (2010) "The Effect of Weight Loss on Lameness in Obese Dogs with Osteoarthritis." Veterinary Research Communications, 34: 241–253.

Mohammad-Zadeh, L. F., Moses, L., Gwaltney-Brant, S. M. (2008) "Serotonin: A Review." Journal of Veterinary Pharmacology and Therapeutics, 31: 187–199.

Monteiro-Steagall, B. P., Steagall, P. V., Lascelles, B. D. (2013) "Systematic Review of Nonsteroidal Anti-Inflammatory Drug-Induced Adverse Effects in Dogs." Journal of Veterinary Internal

Medicine, 27: 1011–1019.

Nadler, S. F., Weingand, K., Kruse, R. J. (2004) "The Physiologic Basis and Clinical Applications of Cryotherapy and Thermotherapy for the Pain Practitioner." Pain Physician, 7: 395–399.

National Center for Complementary and Integrative Health (2016) "Acupuncture." Available at https://nccih.nih.gov/health/acupuncture.

Pagano, T. B., Wojcik, S., Costagliola, A., De Biase, D., Iovino, S., Iovane, V., Russo, V., Papparella, S., Paciello, O. (2015) "Age Related Skeletal Muscle Atrophy and Upregulation of Autophagy in Dogs." Veterinary Journal, 206: 54–60.

Petty, M. (2016a) "Home Exercises." In: M. Petty, Dr. Petty's Pain Relief for Dogs, pp. 190–211. New York, NY: Countryman Press,.

Petty, M. (2016b) "Massage." In: M. Petty, Dr. Petty's Pain Relief for Dogs, pp. 212–216. New York, NY: Countryman Press.

Rose, M. A. and Kam, P. C. (2002) "Gabapentin: Pharmacology and its Use in Pain Management." Anaesthesia, 57: 451–462.

Webster, R. P., Anderson, G. I., Gearing, D. P. (2014) "Canine Brief Pain Inventory Scores for Dogs with Osteoarthritis Before and after Administration of a Monoclonal Antibody Against Nerve Growth Factor." American Journal of Veterinary Research, 75: 532–535.

推荐读物

Epstein, M., Rodan, I., Griffenhagen, G., Kadrlik, J., Petty, M. C., Robertson, S., Simpson, W. (2015). "2015 AAHA/AAFP Pain Management Guidelines for Dogs and Cats." Journal of the American Animal Hospital Association, 51: 67–84.

Epstein, M. E., Rodan, I., Griffenhagen, G., Kadrlik, J., Petty, M. C., Robertson, S. A., Simpson, W. (2015). 2015 "AAHA/AAFP Pain Management Guidelines for Dogs and Cats." Journal of Feline Medicine and Surgery, 17: 251–272.

Pittari, J., Rodan, I., Beekman G., Gunn-Moore, D., Plozin, D., Taboada, J., Tuzlo, H., Zoran, D. (2009) "American Association of Feline Practitioners. Senior Care Guidelines." Journal of Feline Medicine and Surgery, 11: 763–778.

Rigott, C.F. and Brearly, J.C. (2016) "Anaesthesia for Paediatric and Geriatric Patients." In T. Duke-Novakovski, M. deVries, and C. Seymour (eds), BSAVA Manual of Canine and Feline Anaesthesia and Analgesia (3rd ed.), pp. 418–427. Quedgeley, UK: British Small Animal Association.

Sparkes, A. H., Heiene, R., Lascelles, B. D., Malik, R., Sampietro, L. R., Robertson, S., Scherk, M., Taylor, P. (2010). "ISFM and AAFP Consensus Guidelines: Long-Term Use of NSAIDs in Cats." Journal of Feline Medicine and Surgery, 12: 521–538.

第 19 章　老年异宠医学

Amanda Grant

介绍

在过去的十年里，拥有异宠（即除猫或犬以外的宠物）的家庭数量呈指数增长。*Animal planet*（动物星球）估计，1/10 的养宠家庭中有一只异宠。兽医临床中最常见的哺乳异宠有兔子、豚鼠、大鼠和雪貂。与猫和犬相比，这些物种的寿命非常短，因此，在第一次就诊时，它们通常已经相当年老或处于晚年。尽管这些宠物的体型较小，可能生活在笼子里，但不应低估宠主的情感、时间和经济投入。兽医有责任与宠主沟通这些独特宠物实际的预期寿命，识别老年疾病，并帮助宠主确定老年异宠的生活质量和治疗选择。

本章将帮助识别兔子、豚鼠和雪貂的常见老年疾病。有许多优秀的资源描述了这些物种常见疾病的病理生理学、诊断和具体治疗。强调了一些更常见的疾病过程，并提供了针对管理老年异宠的特定治疗选项。

兽医专业人员不必是异宠医学专家，也可以衡量这些特殊患者的生活质量。小动物生活质量（quality of life，QoL）量表，如 Alice Villalobos 博士（2008）的 HHHHHMM 量表，也适用于异宠。具体的评估项目包括受伤、饥饿、水合、卫生、幸福感、活动性和舒适度，每个项目都被赋予了 1 ~ 10 分的分值，10 分为最大值。和宠主一起填写生活质量量表，同时考虑不同物种的细微差别，可以帮助引导关于宠物状况的对话，从而更好地对患者进行评估。通常，老年异宠是儿童的宠物或课堂宠物，询问与生活质量量表主题相关的问题有助于更清楚地了解临床情况。

兔子和豚鼠是猎物，因此它们会隐藏疾病的迹象，使人们难以确定它们是否疼痛。雪貂也会掩饰疼痛，和平时相比，躲藏和睡觉增多，但仍然会出来吃东西和玩一小会儿，因此看起来很“正常”。表 19.1 列出了不同物种与疼痛和疾病相关的一些行为。

雪貂的老年疾病

雪貂的肿瘤发病率是所有家养宠物中最高的，因此肿瘤是最常见的潜在

表 19.1　不同物种与疼痛和疾病相关的行为

	雪貂	兔子	豚鼠
眼睛	眼神迟钝，眼睛半闭	眼神迟钝，眼睛半闭 / 斜视	眼神迟钝、涣散，流泪过多
身体姿势	头部抬高并伸展，不会像正常睡眠姿势那样蜷缩	头部抬高并伸展，缩成一团	表情紧张，眼睛突出，头部伸展
精神	无精打采，面部表情紧张，与集体 / 家庭成员分开	异常的攻击性 / 不高兴，孤立	平时温顺的豚鼠变得具有攻击性 / 咬人，嗜睡
口腔 / 牙齿	磨牙	磨牙	黏膜苍白
活动性	缩成一团，走路弓背，后肢下沉，步态僵硬，或完全不动	共济失调，动作僵硬，跛行，不愿移动，不进兔砂盆	不动或极不愿动，被触摸时会发出尖叫
卫生 / 梳理	停止梳理，沾染尿液，被毛直立	过度梳理，拉扯疼痛部位被毛，或完全不梳理	啃咬疼痛区域，自损
排泄行为	去不寻常的地方排泄，排泄费力	粪便颗粒更小、更少或没有，多尿、多饮	粪便颗粒更小、更少或没有，多饮
食欲	减退	厌食	厌食
腹部	团身，触诊疼痛	将腹部压在地板上，触诊时畏缩，腹胀，发热或体温过低	触诊时畏缩，体温过低，耳朵和四肢的温度过低

资料来源：Bays et al., 2006。

老年问题。神经系统疾病的发病率仅次于肿瘤，较少见椎间盘疾病或骨关节炎。心肌病、口腔疾病和白内障也经常在老年雪貂上发现。下文将分别讨论每种疾病，重点是治疗、饲养方面的注意事项，给宠主提供支持性护理指南，以及关于考虑安乐死的预后指标的讨论。

肿瘤

遗憾的是，美国血统的雪貂是“小肿瘤工厂”，绝大多数在 2 ~ 4 岁会被诊断出某种形式的肿瘤，通常早在 2 岁时就会被发现。肾上腺疾病（肾上腺皮质）、胰岛素瘤、淋巴瘤和淋巴肉瘤的发病率最高，皮肤肿瘤、骨肿瘤和其他肿瘤占少数。肾上腺疾病是一种肾上腺皮质肿瘤，它导致性激素的过度产生，从而引起一系列影响许多系统的临床症状。患有肾上腺疾病的雪貂瘙痒严重，并有进行性脱毛。脱毛可能是弥漫性的，但通常从尾部被毛稀疏开始，并发展到躯干。这些动物可能比正常情况下更具攻击性，而且体味比典型的雪貂“麝香”更强烈。高水平的雌激素导致雌性外阴肿胀，也导致雄性前列腺肥大引起排尿困难。实验室诊断采用肾上腺性激素检测，推荐田纳西大学内分泌实验室。研究表明，在雪貂肾上腺疾病的诊断中，这一组合有 95% 的预测性。也可以进行腹部超声检查，寻找肿大的腺体，以及手术切除和活检。如果宠主不希望进行外科手术或专科转诊，或者宠物不稳定，不适合侵入性操作，或者处于老年状态，则可以选择其他医疗管理方案以帮助缓解这些瘙痒、易怒、无毛雪貂的不适。促性腺激素释放激素类似物（gonadotropin-releasing hormone analogs，GNRH）被广泛用于治疗肾上腺疾病的症状，但不能治愈。醋酸亮丙瑞林（Lupron®）通常每 4 周注射 1 次，其剂量和储存建议参见《异宠药物处方手册》(*Exotic Animal Formulary*)（Morrissey, 2013）。醋酸地洛瑞林（Suprelorin® F 植入物）是一种放置在皮肤下的小植入物，可以帮助缓解临床症状 10 ~ 30 个月。作者已将这些植入物用于年龄较大的雪貂和老年雪貂数年，不仅发现植入后几天内瘙痒缓解，而且几周内被毛再生。在 1 个月内，外阴肿胀明显减轻，且雪貂似乎更快乐，精力更充沛。另一种植入物选择是 Ferretonin®。这是一种皮下植入的褪黑素。据报道，它有助于被毛再生，能控制瘙痒、外阴肿胀和前列腺肿胀，持续时间约 4 个月。褪黑素植入物价格低廉，宠主无须处方即可获得。随着时间的推移，肾上腺肿瘤会变大，活跃的雪貂会变得笨重，但它们的转移率确实很低。长期预后受前列腺疾病进展、雌激素过多导致的骨髓抑制、癌转移和 / 或并发肿瘤或其他情况的影响（Quesenberry 和 Carpenter, 2012）。

胰岛素瘤起源于胰腺的胰岛朗格汉斯（Langerhans）细胞中的 β 细胞，可引起胰岛素分泌过多，从而导致低血糖。患胰岛素瘤的雪貂可出现从共济失调、迟钝和唾液分泌过多到斜卧、抽搐和昏迷状态的临床症状。它们经常会感到恶心、干呕，用爪子抓自己的嘴。此外，它们会出现肌肉萎缩，尤其是后肢，并以“弯腰”的步态行走。最常用的诊断依据是病史和空腹血糖水平低于 60 mg/dL。在老年雪貂中，这可能是慢性状态，药物治疗是为了管理临床症状和避免低血糖危象。需要为这些雪貂提供高蛋白质、高脂肪、低升糖碳水化合物的饮食。必须建议宠主不要给予任何高糖食物，确保食物是新鲜的，让雪貂有规律地进食。如果雪貂进食不规律，则需要人工喂养。Carnivore Care ™（Oxbow Animal Health）是一种很好的粉状配方食物，蛋白质含量高，容易消化，对生病的雪貂来说很美味。罐装 Hills®a/d® 饮食和鸡肉或火鸡婴儿食品也可用于人工喂养。大多数患有胰岛素瘤的老年雪貂除了需要改变饮食外，还需要使用糖皮质激素药物。药房可以将泼尼松和泼尼松龙制成可口的混悬液，但必须建议药剂师避免使用含有酒精或糖的调味品。作者加了鱼油，发现大多数雪貂都喜欢鱼油的味道。泼尼松 / 泼尼松龙的剂量，以及使用口服类固醇时血糖监测的必要性，在 Quesenberry 和 Carpenter 编写的《雪貂、兔和啮齿动物》（*Ferrets, Rabbits, and Rodents*；2012）中有详细描述。该资源还提供了其他疗法，包括不太容易获得的药物。治疗患胰岛素瘤的老年雪貂的主要方法是口服固定剂量的类固醇，经常食用易消化的高蛋白食物。与犬相比，雪貂的胰岛素瘤转移率较低，但与犬不同的是，雪貂的许多结节可以扩散到整个胰腺。这会导致进行性肿瘤，因此通常需要增加泼尼松的剂量和进食频率。长期预后受低血糖发作、高剂量类固醇的不良反应和转移增加的影响（Quesenberry 和 Carpenter, 2012）。饲养患有胰岛素瘤的老年雪貂的宠主应该定期使用生活质量评估量表，以帮助在雪貂陷入危机或器官衰竭之前决定何时进行安乐死。

淋巴瘤 / 淋巴肉瘤是雪貂第三大常见肿瘤。这些动物表现为有一个区域性或全身性的淋巴结肿大，质地坚硬。并非所有患者都有淋巴结肿大。许多动物会表现出全身不适、厌食、腹泻或体重减轻。同犬猫一样，雪貂的这种肿瘤也通过血液学检查、放射检查、活检和组织病理学诊断。雪貂淋巴瘤有许多化疗方案和放射治疗方法，如果宠主想尝试这种选择，建议进行专科转诊。一种姑息治疗方案是通过口服类固醇缩小肿瘤，并在一定程度上恢复生活质量。泼尼松可配制成可口的液体形式，每天给药 1 次。与胰岛素瘤一样，提供高蛋白、高脂肪、低碳水化合物的饮食或配方奶至关重要。鱼油、抗氧化剂和自由基清除剂类产品都可使用。患有淋巴瘤的雪貂会随着疾病的进展而迅速衰退，必须对宠主进行指导（教育），让他们知道应该监测哪些临床症状。雪貂会因颈部或胸部淋巴结肿大而出现呼吸困难。肠系膜淋巴结肿大和肠壁弥漫性浸润可导致慢性腹泻或里急后重。多器官功能衰竭也很常见，由于肿瘤转移和白血病，宠主应该注意雪貂苍白的牙龈、虚弱和呼吸气味的变化（Quesenberry 和 Carpenter, 2012）。

心肌病

心脏病在老年雪貂中很常见，扩张型心肌病和充血性心力衰竭是最常见的表现。这两种疾病的临床症状相似，包括嗜睡、厌食、后肢无力、不愿玩耍、睡眠比平时多、肌肉质量减少、昏厥和呼吸困难。患有心肌病的雪貂也会出现胸腔和/或腹腔积液。雪貂的诊断与小动物的诊断一致，在X线片、心电图和超声心动图上可以明显看到心脏增大。治疗包括使用利尿剂、血管紧张素转换酶抑制剂、匹莫苯丹，并密切监测肾功能。如果雪貂对药物治疗反应良好，胸腔/腹腔积液消退，在不发生其他疾病的情况下，它们可以多活6～18个月（Oglesbee, 2006）。如果患者反应不佳，或者需要多次胸腔穿刺治疗，或者出现肾衰竭，则应该建议宠主安乐死。作者也建议宠主，定期给药，密切监测，并提供良好的营养支持，通常需要人工喂食。在疾病的最后阶段也应该使用止痛药物，并告知宠主雪貂快到临终期了。

口腔疾病

许多3岁以上的雪貂都有某种形式的口腔疾病。它们吃的主要是干粮，喜欢咀嚼笼子栅栏和它们能接触到的任何东西，导致很多犬齿磨损。随着雪貂年龄的增长，牙釉质开始吸收，牙齿开始变黄，失去透明度，变得更加脆弱。可能会像其他伴侣动物一样，发生牙结石、牙龈炎和牙脓肿。有上述一种或多种情况的雪貂可能只在口腔的一侧咀嚼，磨牙，唾液分泌过多，还可能表现出口臭。可以在麻醉下拔除和打磨牙齿，宠主可以学习如何用手指刷和猫牙膏给雪貂刷牙。当无法在麻醉下进行牙科清洁时，作者使用了克林霉素冲击疗法和非处方牙科冲洗液，试图以姑息性方式改善口腔健康。许多患有晚期牙科疾病的雪貂需要软食，如婴儿食品或煮熟的食物，以维持它们的营养（Johnson - Delaney, 2010）。

白内障

白内障在老年雪貂中很常见。与其他物种一样，雪貂的白内障是通过典型的白色眼睛外观、眼科检查和眼压测量来诊断的。一项研究表明，高脂肪、低蛋白质和维生素E的饮食会导致白内障的发展。鉴于雪貂没有继发性青光眼或晶状体脱位，白内障通常不会造成问题。白内障手术可以通过超声乳化术进行，但目前还没有适合雪貂大小的人工晶状体（Quesenberry 和 Carpenter,

2012）。失明的雪貂可以生活得很好，因为它们可以通过记住周围的环境和利用它们出色的嗅觉很快适应。

对于雪貂的任何老年疾病，兽医的建议将取决于疾病的严重程度、患者的年龄，以及宠主的体力和接受时间密集型治疗的能力和意愿。许多雪貂的肿瘤和心肌病处于“终末期”或无法手术的状态，在这些情况下，治疗通常集中于医疗管理和护理，以保持良好的生活质量。通常，这些老年雪貂睡得更多、吃得更少、玩得更少，或者根本不睡。在这些情况中，通过人工喂食控制疼痛和提供充足营养至关重要。将笼子结构调整为单层，并注意清洁卫生可提高行动不便雪貂的生活质量。继续为雪貂提供互动和玩耍的机会，保持这些好奇性动物的快乐。当雪貂不再充满活力，或者在与人或其他雪貂的互动中找不到乐趣时，就是考虑安乐死的时候了。

兔子的老年疾病

根据不同的品种，兔子的预期寿命为 6 ～ 12 岁。通常情况下，患兔第一次就诊时就已处于老年状态。兔子是猎物，因此它们善于隐藏疼痛和其他疾病的迹象。因此，在发现任何异常和寻求任何兽医治疗之前，它们可能已经发展到疾病晚期。老年兔常出现骨科问题、肾脏疾病、肿瘤和头倾斜。其中一些疾病可以通过医疗管理来恢复生活质量，而另一些则最好通过姑息治疗和护理来解决。与雪貂一样，使用生活质量评估量表将有助于兽医和宠主共同为老年兔制订计划。

肿瘤

据报道，宠物兔中有几种类型的肿瘤。母兔最常见的肿瘤是子宫腺癌。在 3 岁以上的未绝育母兔中，这种生殖性肿瘤的发病率超过 60%，在某些特定品种中甚至高达 80%。随着家兔年龄的增长，子宫内膜会发生细胞变化，使其易于生长癌细胞。腺癌扩散到子宫的所有层，并附着在腹部器官上。原发性肿瘤可在一年内转移至肝、肺和脑。这些兔子会在早期出现血尿，或尿液中存在明显的血块。在后期，家兔会出现厌食、安静、迟钝，并可能出现乳腺炎、黏膜苍白和肿瘤转移所致的呼吸困难。腹部检查时可以发现子宫增大、变硬，触诊时兔子可能会有疼痛反应。X 线检查，尤其是胸部检查，可以帮助判断预后。首选的治疗方法是完整的手术切除，但对于年龄较大、不稳定且已经发生转移的家兔，这可能不合适。治疗的重点是姑息性疼痛管理和辅助喂养，以保持胃肠道的运动。推荐口服消炎药如液体美洛昔康，以及阿片类药物如曲马多混悬液或丁丙诺啡。颗粒制剂可以与水混合，制成粥样，然后手喂。或者，饲喂 Oxbow Animal Health 制作的奶粉（Critical Care®），对大多数兔来说适口性较好。患有子宫腺癌的兔子通常不希望被抱起，可能会避开它们的兔砂盆，因为跳进和跳出兔砂盆，以及排尿行为会很痛苦。建议宠主制定一个止痛药喂药时间表，并提供爱抚和关注，而不是把兔子抱起来。用侧边低的兔砂盆和经常更换垫料有助于保持兔子的清洁。当兔子逐渐变得虚弱、呼吸困难或出现无反应的胃肠弛缓时，应实施人道安乐死（Quesenberry 和 Carpenter, 2012）。

肾衰竭

肾衰竭是老年兔的常见疾病，尤其是慢性肾病。文献中描述了慢性肾病的许多原因，最常见的原因包括由脑炎微孢子虫引起的慢性肾炎、淋巴肉瘤、钙质沉积、肾结石和纤维化。这些兔子通常很瘦、嗜睡、被毛无光泽。常表现为厌食、腹泻或无便，并伴有抽搐、昏迷或斜卧状态。和小动物一样，全血细胞计数和生化检查表现出氮质血症，伴严重高磷血症（Queseneberry 和 Carpenter, 2012）。如果一只处于肾衰竭急性危象的兔子可以通过利尿和支持性护理稳定下来，则可以教给宠主在家里定期皮下输液、人工喂食，并注射促红细胞生成素。这些兔子还需要一个较低的、便于进出的兔砂盆，以及及时更换的垫料。喂食洗涤过且新鲜的含低钙的绿色蔬菜和蒲公英嫩叶可以帮助利尿。也建议使用曲马多混悬液和丁丙诺啡等镇痛药物。这些患者需要定期重新评估，因为它们的病情可能会迅速变化，而且对宠主来说，管理它们需付出很多劳动。

骨科问题

由退行性关节疾病和脊椎病引起的骨关节炎是老年兔常见的肌肉骨骼问题。它们可能无法使用兔砂盆，也不再伸展身体。也可能有梳理的困难，因为它们可能无法伸展前肢去梳理自己或用后肢去清洁耳朵。因此，它们的被毛可能会变得打结、暗淡且脏。它们会停止跳跃，经常蜷缩着坐在角落里。在影像学上可以看到退行性关节变化、骨桥和椎体上的骨赘（Oglesbee,

2006）。对这些兔子进行对症治疗，管理疼痛，保持卫生，提高活动能力。口服美洛昔康混悬液与曲马多或丁丙诺啡被广泛合用。注射 Adequan® 也可用于管理退行性关节疾病的疼痛。为了恢复良好的卫生，需要给受影响的区域剃毛，定期清洁耳朵，开始口服抗生素和会阴部局部药物治疗。可将软毛皮和玉米皮垫在爪子底部，以提供抓地力并保护皮肤不受污染。在兔子的笼子或玩耍区域铺设瑜伽垫也可以用来提高抓地力。夏尔巴羊毛毯对活动性低的兔子很好，有助于吸潮。这些兔子还需要一个改良的、低的兔砂盆并经常更换垫料。激光治疗关节炎疼痛越来越流行，似乎对这些兔子有很大的帮助。激光治疗是非侵入性的，通常耐受性良好（图 19.1）。针灸也被报道用于慢性疼痛的兔子，但作者发现很少有兔子能耐受这种治疗。这些家兔通常可以用描述过的多模式疗法进行管理，然而，当它们的行动能力显著下降，或并发老年疾病时，就到了讨论安乐死的时候了。

前庭病变

许多老年兔会出现头倾斜和前庭疾病的症状，类似于老年患犬。在老年兔中，这通常是由脑炎微孢子虫感染、慢性内耳炎或脑部病变引起的。除了头倾斜，这些兔子可能有眼球震颤和严重的翻滚。建议进行彻底的耳镜检查和脑炎微孢子虫检测。针对潜在病因的治疗，如抗生素或驱虫药，文献中有详细描述（Quesenberry 和 Carpenter, 2012）。从支持性护理的角度来看，这些兔子需要被限制在一个小的、有良好填充物的空间里，并对“眼睑下垂的眼睛”的角膜溃疡进行监测。如果有需要，可以提供新鲜、湿润的绿叶蔬菜或

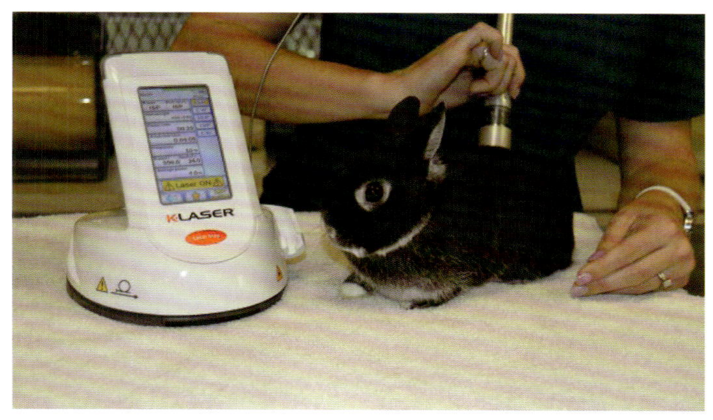

图 19.1　兔子接受激光治疗

经常人工喂食。美克洛嗪可以缓解翻滚和恶心。应使用抗炎药和阿片类镇痛药，同时轻柔按摩经常疼痛的颈部肌肉。如果前庭症状严重，可能需要口服咪达唑仑。如果前庭症状为轻度至中度，患者可能对治疗反应良好。如果临床症状更严重或患者对治疗无反应，则生活质量将迅速下降，应该对宠主进行相应的指导。

治疗兔子的这些常见老年疾病需要保持水合和食物摄入，以及胃肠道健康和运动。持续的疼痛管理以及定期注意兔子的卫生和活动能力也很重要。这些情况可能需要宠主投入大量的时间和金钱。如果兔子的“快乐”能够恢复，并且能够再次享受爱抚和互动，则治疗就是成功的。由于这些病例可能很严重，兽医将需要与这些老年兔的宠主密切合作，以确保它们在晚年的生活质量保持最佳状态。

豚鼠的老年护理

据报道，豚鼠的预期寿命为 6 ~ 8 岁，但在兽医实践中，通常在 3 ~ 5 岁时进入老年状态。它们也是猎物，因此经常隐藏疾病或疼痛的症状。这种掩盖早期临床症状的能力意味着豚鼠通常处于极差的状态。衰老的豚鼠可能会发生骨关节炎、生殖道肿瘤、肺炎、脓肿和牙科疾病。如果它们可以稳定下来，则有一些医疗管理和支持性护理可供这些宠物选择。

骨关节炎

豚鼠的骨关节炎是由退行性关节疾病和 / 或慢性维生素 C 缺乏引起的。这些动物的关节肿胀、疼痛，并且不愿意移动。采用对症治疗，包括口服美洛昔康和曲马多或丁丙诺啡等疼痛管理措施（Quesenberry 和 Carpenter, 2012）。应为这些患者提供柔软、干净的垫料，以帮助治疗褥疮。作者还使用激光疗法治疗一只患关节炎的豚鼠，并注意到疼痛缓解。像患关节炎的兔子一样，这些患者需要帮助梳理被毛。

生殖道肿瘤

生殖道肿瘤在未绝育的豚鼠中很常见。卵巢囊肿可以长得很大，以至于动物经常会出现胃肠道症状。乳腺和子宫肿瘤也经常被报道。这些患者会有阴道浆液性分泌物以及乳腺的肿胀和疼痛（Quesenberry 和 Carpenter, 2012）。

首选的治疗方法是卵巢子宫切除术，但对于患病的老年豚鼠，这通常不是一种选择。应按照对兔子的建议，用非甾体抗炎药和阿片类药物对这些患者进行持续的疼痛管理，并给予 Critical Care（奶粉）或稀粥。通常还需要进行液体治疗。患有生殖道肿瘤的豚鼠的体况会迅速下降，应告知宠主，如果在合理的时间内无法达到一定的生活质量，则应进行安乐死，越早越好。

免疫抑制

老年豚鼠会随着年龄的增长而出现免疫抑制，因此易患肺炎、脓肿和牙科疾病。一种理论认为免疫抑制源于慢性维生素 C 缺乏，但文献中有许多其他理论。通常情况下，患肺炎的老年豚鼠病情危重。如果表现为严重呼吸困难，则预后是很差的。如果宠主不能定期给他们的宠物用药和监测，则不建议治疗，最好实施人道安乐死。豚鼠的口腔疾病也可能是一项重大的经济投入，需要相当多的护理，包括常规的人工喂养和疼痛管理。豚鼠的慢性牙科疾病通常会导致颌骨的永久性骨质改变，使病情难以控制。作者发现，豚鼠往往是儿童的宠物或课堂宠物，但医疗管理必须由成年人解释和执行，以达到最佳依从性。因此，为成年宠主做出明确的预测也是非常必要的，这样就可以对这些难以管理的老年豚鼠做出决策。

异宠的安乐死

当对这些异宠进行人道安乐死时，只要有适当的计划，这个过程就可以像对待犬和猫一样平静。强烈建议对这些患者进行肌肉注射镇静，以便放置静脉导管，让宠主抱着动物，有助于整个过程顺利进行。文献中有多种方案。简而言之，作者将布托啡诺 / 氯胺酮用于兔子和豚鼠，替来他明 / 布托啡诺用于雪貂。如果不能选择静脉导管，或者外周静脉通路操作困难，还有许多其他合适的选择。在麻醉的兔子或豚鼠中，推荐肝内注射。左肝叶比右肝叶大，因此将动物置于右侧卧位以获得最佳通路。也建议进行肾内注射，因为这些小型哺乳动物的肾脏通常很容易触及，就在脊柱下，大约有葡萄大小。只要患者处于昏迷状态并麻醉，也可以使用心内注射。作者使用替来他明和乙酰丙嗪的组合通过注射来诱导麻醉进行安乐死。心内注射应在肘部上方的胸壁进行。可以像猫和犬一样，用黏土制成这些小宠物的爪印，作为心爱宠物的纪念品（图 19.2）。

图 19.2　兔子的爪印和剪下的被毛

无论老年异宠的确切诊断或潜在的疾病原因是什么，除了兽医和宠主之间的密切沟通外，关注宠物的生活质量是正确处理的关键。必须采取医疗和支持性护理措施；这些患者必须得到充分且持续的疼痛控制；如果它们不能自己进食和饮水，必须提供营养管理。需要定期评估和维护它们的卫生情况。应在它们所处的环境中做出调整，以帮助它们适应受限的活动能力，如防滑表面、柔软的垫料、便于使用的厕所，以及就近可获得的新鲜、诱人的食物和水。最后，这些动物的幸福因素不能被忽视。患者能否享受人类和其他动物的爱抚和互动？治疗干预能给这只宠物带来一些快乐和安慰吗？应告知宠主，在饲养异宠时，个体化关注和照顾对动物和人都有无穷无尽的好处。当生活质量下降或不复存在时，兽医应该能够走在前面，为这些特殊的宠物提供一个平和的生命过渡。

延伸阅读

Bays, T. B., Lightfoot, T. L., Mayer J. (2006) Exotic Pet Behavior: Birds, Reptiles and Small Mammals. Philadelphia, PA: Saunders Elsevier.

Johnson-Delaney, C. (2011) "Geriatrics: What to Do and When to Stop." In C. A. Johnson-Delaney (ed.). Ferret Medicine and Surgery, Chapter 27. Boca Raton, FL: CRC Press.

Morrissey, J. K. (2013) "Ferrets." In Carpenter, J. W. (ed.) Exotic Animal Formulary (4th ed.), pp. 561–574. St Louis, MO: Elsevier Saunders.

Oglesbee, B. (2006) The 5-Minute Veterinary Consult Ferret and Rabbit. Ames, IA: Blackwell. Quesenberry, K. and Carpenter, J. (2012) Ferrets, Rabbits and Rodents: Clinical Medicine and Surgery (3rd ed.). Philadelphia, PA: Elsevier.

Villalobos, A. (2008) The "HHHHHMM" Quality of Life Scale. Ontario VMA Conference, February 1, 2008. Available at http://pawspice.com/q-of-l-care/new-page.html.

第三部分　最终最重要的是什么

“当岁月的痕迹悄然爬上你的额头，朋友们的恭维之声渐起，称赞你青春依旧，这便是时光流转的无声证明。”

——Mark Twain

第 20 章　理解老年患者的行为以提高它们的福利

Carlo Siracusa

变老对行为和身体系统的影响

保护动物福利和预防并减轻动物痛苦是兽医职业的核心职责（American Veterinary Medical Association, 2017）。动物福利是由动物本身所感知的生活质量决定的。福利是动物对自身环境适应程度的一种表现。因此，福利具有从消极到积极不断变化的特征。积极福利的特点是动物身体健康，情绪良好。快乐的动物是健康、无畏、放松、无痛、舒适的（Yates 和 Main, 2008）。如何让老年患者实现这些目标在本书前几章已讨论过。在本章中，我们将重点关注老年宠物的行为和福利，特别是它们展示正常的或特定物种的行为模式和适应不断变化的生活条件的自由，达到一个被认为积极的水平。动物适应生活条件不断变化的平衡被称为"应变稳态"（Korte et al., 2007；Ohl 和 van der Stacy, 2012）。由于老年宠物与年龄相关的生理和认知限制（包括感觉障碍、疼痛、认知能力下降等），老年犬和猫通常处于一种非适应状态，其调节范围较窄。它们努力适应日常生活中的变化和挑战，需要特别关注其需求。因此，兽医应该指导和支持老年宠物的照护人。

与生产动物的福利相比，宠物犬和猫的福利并不总是被视为一个值得关注的问题。我们倾向于认为宠物通常过着良好而舒适的生活。然而，当家庭宠物的照护人对其物种的典型行为没有足够了解时，宠物往往具有糟糕的福利（Tami 和 Gallagher, 2009）。此外，老年宠物的福利尤其可能会受到损害，因为其他基本的福利自由（Yates 和 Main, 2008）可能难以实现，如摆脱不适、疾病和痛苦。老年宠物失去了大脑的可塑性和对环境变化的适应性，这使得它们很难维持生活质量。因此，了解犬猫的典型行为、肢体语言、交流方式、社交互动和空间分布，以及这些如何受到衰老的影响是至关重要的。任何其他专业人士都不具备评估、监测和保障动物福利所需的知识，这对老年患者来说更是如此，它们患有影响自身福利的疾病，只有兽医才能治疗。

人们普遍认为，个体的身体健康是由身体系统和器官状况决定的。然而，人们并不总是能直观地理解，个体的心理状态也是由一个特定的身体系统来调节的：行为系统。感觉器官、中枢神经系统和肌肉骨骼系统等都参与了动物行为的调节（Carlson, 2013）。任何影响行为系统组成部分的病理变化都会导致行为改变。行为改变是最早的（通常也是唯一的）临床病理迹象之一。老年变化，如犬的视力（如晶状体硬化症，图 20.1）或关节病会导致身体和行为的变化。此外，通过行为治疗来改善动物的福利，最终可以改善医疗状况（Landsberg et al., 2013）。

当动物面临被视为挑战或威胁的刺激时，应激反应会被激活以恢复失去的平衡。这种生物反应触发了一系列的激素、神经递质和免疫反应的调节剂（儿茶酚胺、皮质醇、细胞因子），进而导致行为改变。不同的犬和猫会以许多不同的方式来应对相同的压力源。有些动物更积极主动“战斗”，有些则更被动，选择“逃避”，而另一些动物则停滞不动或进行替代活动（“坐立不安”地回应：踱步、自我梳理）。此外，同一动物可能会根据情况而改变其反应（Notari, 2009）。认识到应激的行为表现对于识别犬猫的不良福利状态至关重要，从而使兽医能够采取适当的行动，提高它们的生活质量。表 20.1 概述了犬猫的应激相关行为。许多行为也可能是慢性疼痛的表现，这应该始终被认为是老年患宠的潜在应激源（Wiese, 2015）。

图 20.1　患有晶状体硬化的犬

（由 Dr. Leontine Benedicenti 提供。）

表 20.1　与应激相关的行为

类别	行为	犬	猫
发声	吠叫	X	
	咆哮	X	X
	哀嚎	X	
	尖叫	X	
	嘶嘶声		X
	呼噜声		X
	哭号 / 长嚎		X
	呜呜叫		X
面部和口腔行为	打哈欠	X	X
	舔嘴唇	X	X
	自我梳理	X	X
	喘气	X	X
	啃咬	X	X
	舔（另一个体）	X	
	面颊肿胀	X	
	胡须向后		X
	瞳孔散大	X	X
	牙齿打颤	X	
	呲牙	X	X
	咧嘴	X	
姿势	趴低	X	X
	不愿意动或改变姿势	X	X
	抬爪	X	
	耳朵向后或紧贴	X	X
	立毛	X	X
运动	追尾巴	X	
	转圈	X	
	踱步	X	X
	挖地	X	

续表

类别	行为	犬	猫
	跳跃	X	
	颤抖	X	X
	逃避	X	X
	过度碰撞 / 磨蹭		X
	过度理毛		X
	自我抓挠	X	X
	攀爬	X	
	拍或抓		X
	坐立不安	X	X
	吮吸（在无生命的物体或布上）	X	X
探索	扫视	X	X
	过度嗅探	X	X
	凝视	X	X

老年动物的环境丰容

为老年犬猫提供一个安全和舒适的环境，是增加环境可预测性、减轻应激和提高福利重要的第一步。所有年龄段的宠物都应始终有机会进入安全范围和提高福利的核心区域，在这些区域，可以获得所有基本资源，并尽量减少威胁。对于老年患宠，根据它们的需要，必须重新安排安全范围和核心区域，并重新分配可用空间，以确保它们能够随时安全地进入低压力区域。例如，一只老年猫应该有安全的躲避和隐藏空间，它可以很容易地进入而无须跳跃。环境的改善应考虑到老年患宠获取和咀嚼玩具的能力下降，从诱食玩具中获得食物的能力减退，以及休息场所和安全地点的通畅性和舒适性（Corridane, 2009; Siracusa, 2016a）。

在管理老年患宠的环境时，应考虑家庭成员的社会动态变化。事实上，管理老年犬猫的社交互动可能非常具有挑战性，特别是与年轻和活跃个体的互动（图 20.2）。当一只幼犬被引入一个有老年犬的家庭时，犬之间可能会产生情感攻击。因此，对于老年动物，应始终保证在自愿的基础上避免不必要的互动。可躲避的安全区域应该在动物经常活动的同一楼层，且应清除途中

图 20.2　非常有耐心的老年犬和他年轻的室友
（由 Dr. Leontine Benedicenti 提供。）

的障碍物（如楼梯或湿滑的地板）（Siracusa, 2016a, b）。

应最大限度地提高老年患宠对环境的可预测性。老年犬猫不容易适应环境的变化，即使是在它们年轻时能很好应对的环境中。应定期进食和散步，避免频繁旅行。入口和出口应保持一致且可预测。例如，犬应该走同样的路线进出，这样它就不会迷失方向，当它需要出去排泄时，就不会发出错误的信号。定期进行简短的、基于奖励的训练，以帮助犬熟悉环境，提高可预测性和控制能力，同时提供心理刺激（Landsberg et al., 2013）。关于老年犬猫环境改变策略的回顾，见专栏 20.1。

老年犬猫的行为管理

感觉障碍、慢性疼痛和认知能力下降可能损害老年患者的正常行为能力。然而，应该提供足够的行为刺激，以确保良好的生活质量。应实施特殊的训练方案，其最终目的是提高环境的可预测性并增加交流。训练练习应简短，并应开发针对训练对象的特定技能。例如，对于后背部、臀部或膝盖部位存在慢性疼痛的犬，应该避免使用“坐下”的指令，而可以使用“看着我”的指令来引起它们的注意。相反，如果犬的视力受损，则应使用“触摸”指令而不是“看着我”的指令来转移犬的注意力。同样重要的是要记住，老

专栏 20.1 老年犬猫的环境丰容

- 可预测的时间表。
  - 增加对环境的控制，减少压力。
  - 保持固定的喂食计划。
  - 为犬提供固定的散步时间表。
  - 保持家庭环境中受限制区域不变。
  - 保持家庭入口 / 出口不变。
  - 保持休息 / 睡眠区域不变。
  - 定期、持续和视情况进行基础训练。
- 不受干扰的安全避风港（舒适的房间、板条箱、训练围栏）。
  - 多个具有不同限制 / 隔离程度的地点。
  - 增加对环境的控制，减少压力。
  - 尽量减少社交互动和冲突。
  - 确保资源安全。
  - 方便且容易获取：消除障碍（如楼梯、其他犬 / 猫、孩子们）。
- 丰富玩具和喂食装置［如 KONG（玩具品牌）或益智玩具］。
- 用白噪声来抑制威胁性噪声。
- 用遮挡物（如贴纸、窗帘、百叶窗）阻挡视觉威胁。
- 安抚，或使用面部信息素（Adaptil、费利威）。
- 多个休息点（床、毯子、枕头、橡胶垫）。

年患者的学习能力和记忆力可能会受损，因此经常重复练习可能会有好处（Landsberg 和 Araujo, 2005; Landsberg et al., 2013）。

应该经常使用语言提示来给犬指路（如“去你住的地方”“让我们出去吧”）。短时间的定期练习、基于奖励的训练也会为老年患宠提供心理刺激。请记住，老年动物行为和身体的变化可能会影响其对训练的反应。例如，一只犬在一生中听从指令不断“离开”床或沙发，可能会在晚年拒绝立即“离开”，因为这种运动可能因骨关节炎而引起疼痛和不适。在此情况下，如果老年患宠的不适情况没有得到理解和充分治疗，它们也可能会对给予指示的人表现出攻击性。为动物提供一个坡道，方便其进入最喜欢的休息场所，可能会防止攻击行为的发生。老年患宠的行为改变应始终被视为非行为病理的潜在早期迹象（Landsberg 和 Araujo, 2005; Landsberg et al., 2013）。

经典的和操作性的条件反射被用于训练犬和猫。这两个学习过程需要不同程度的认知参与。当两种刺激反复且一致地出现时，经典条件反射就会“自发地”发生，而不需要动物根据要求做些什么。相反，操作性条件反射要求动物执行一种自愿行为（即“操作”），然后与特定结果（奖励或惩罚）的反应联系起来。操作性条件反射所需要的更高水平的认知参与，可能使老年患宠更难对操作性条件反射的训练线索做出反应。因此，使用经典条件反射可能是一个更好的选择。例如，一只犬一生中都对引起它注意的“看看我”的指令做出反应，但随着年龄的增长，可能会失去反应。只需要给它一个积极的刺激（通常是食物），然后直接给它，而不是期待一个操作性的行为，就可以使他的注意力重新被引导（Mills, 2009）。

动物记住或逆转习得行为的能力受到衰老的负面影响，这被用来衡量认知能力的下降和改善。例如，当研究物质在减缓认知衰退或改善认知功能方面的功效时（Landsberg et al., 2013，Vite 和 Head, 2014）。因此，应该监测对训练任务的反应变化，以便及早发现感觉或认知能力下降。应该积极询问客户在犬猫的行为和训练中观察到的潜在变化。事实上，人们可能认为即使是严重的衰退，也是老年动物正常和不可逆的过程。这种“不作为”可能会对老年患宠的福利造成重大损害。如果发现认知和/或感觉能力下降的迹象，患宠的行为管理应该因此调整。如果犬对用来触发特定行为的视觉刺激没有反应（例如，拿牵引绳诱导犬走到门口出去散步），则这个刺激应辅以一个口头提示（如“我们出去散步吧”）。

老年犬猫的行为问题

犬猫的行为是由一个复杂而丰富的身体系统调节的，包括大脑、感觉器官、肌肉和骨骼。老年患宠的不良行为可能是影响大脑的主要行为病理性变化（如认知功能障碍导致的定向障碍）引起的异常行为，也可能是影响行为系统组成部分的医疗问题引起的正常行为（如疼痛或感觉障碍引起的攻击性增加）。第 8 章专门讨论了认知功能障碍。在本章，我们关注主要的行为病理变化，而不是认知功能障碍和老年患宠的医学病理变化引起的行为问题。

大脑可塑性和适应性的降低会导致动物对环境变化（如孩子的出生，或引进一只新的犬）做出焦虑的反应。衰老也会导致先前受控制的行为问题复发或恶化。焦虑和叛逆的犬猫可能会更难与不信任的人互动（例如，迅速撤退到它们的安全区域），这可能会导致攻击性增加。有分离焦虑病史的犬可能会经历这种行为病理学的复发（Landsberg 和 Denenberg, 2009）。

行为的改变往往是疾病的第一个迹象，尽管它们往往因为其轻微或缺乏对物种典型行为的了解而被忽视或误解。对于老年患宠来说,情况可能更复杂,因为衰老过程改变了它们表现出正常行为的能力。遗憾的是，临床状况和疼痛的表现往往是不具体的，并且与应激和焦虑的主要行为表现相似（Fatjo 和 Bowen, 2009）。因此，详细且准确地记录观察到的行为变化，将有助于兽医判断这些变化是否可能是由健康问题、原发性行为问题，或两者共同引起的。

感觉障碍通常是导致行为变化的原因，这些变化可能会被误解，并与行为问题的表现相混淆，如认知功能障碍。视力丧失和 / 或适应性降低可能会导致攻击性增加、恐惧、社交互动的改变、定向障碍和 / 或随地排泄。听力减退可能导致攻击性增加、注意力和反应性降低、焦虑和恐惧增加、定向障碍（Landsberg et al., 2012, 2013）。在兽医的指导下，宠主应考虑它们的感官能力，改变与犬猫的互动方式。如果一只宠物有视力下降的情况，在接近它之前使用口头提示（如“是我！”）可能有助于防止惊吓反应和潜在的后续攻击发生。在类似的情况下，用脚轻轻敲地板可以帮助犬猫适应听力减退。有趣的是，一些行为问题会随着年龄的增长而改善。噪声恐惧会因为听力减退而改善，而雷暴恐惧会因为听力和 / 或视力丧失而改善。

行为改变通常是检测老年患宠慢性疼痛最敏感的体征。变化可能包括新的或夸张的行为表现（例如，对人类和同类的攻击性增加、不适当的排泄）或典型行为发生频率减少（例如，活动水平下降、难以改变姿势）。有几种基于行为的疼痛检测表格和问卷，其中一些已经得到了科学验证。在这些表格包含的行为中，由活动能力改变引起的细微变化（例如，不愿改变身体姿势、探索行为减少）有助于检测轻度或中度疼痛。然而，它们都不是专门用于检测疼痛的，而且很大程度上会受到动物所经历的应激和焦虑程度的影响。在使用这些工具时，以及通常将行为改变作为疼痛标记时，长期记录患者对医院压力环境（如关在笼子里）的反应可能有助于区分应激与疼痛相关的行为。当怀疑焦虑的犬猫存在慢性疼痛时，可以使用对慢性疼痛有效的抗焦虑药物，如三环类抗抑郁药、氯米帕明和加巴喷丁（Wiese, 2015）。

代谢性疾病也是行为改变的常见原因。在老年患宠中，应更多地考虑高血压和甲状腺功能亢进（图 20.3）。慢性肾病和糖尿病是老年患宠异常排泄的

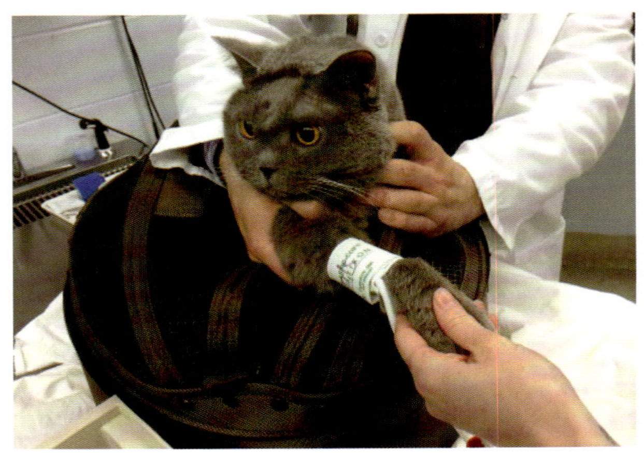

图 20.3　双侧视网膜脱离和高血压的老年猫，烦躁不安，叫声增加

潜在原因。谨记，老年猫对口渴的敏感性降低，所以在异常排泄的情况下，应随时可以饮水。对常规行为治疗没有反应的老年患宠的行为改变也可能是由肿瘤引起的，因此应将其列为可能的鉴别诊断之一（Little, 2012）。

兽医应该记住，由于行为改变的特异性较低，某种行为与被诊断出的疾病的联系并不能证明这两个因素之间的因果关系。因此，如果观察到的行为变化对已诊断出的疾病的治疗没有反应，则应寻找其他潜在的疾病、行为和/或环境因素。

延伸阅读

American Veterinary Medical Association. (2017) "Veterinarian's Oath." Available at https://www.avma.org/KB/Policies/Pages/veterinarians-oath.aspx.

Carlson, V. (2013) Physiology of Behavior (11th ed.). Upper Saddle River, NJ: Pearson.

Corridane, C. (2009) "Basic Requirements for Good Behavioural Health and Welfare in Dogs." In D. Horwitz and D. Mills (eds), BASAVA Manual of Canine and Feline Behavioural Medicine (2nd ed.), pp. 24–34. Gloucester, UK: BSAVA.

Fatjó, J. and Bowen, J. (2009) "Medical and Metabolic Influences on Behavioural Disorders." In D. Horwitz and D. Mills (eds), BASAVA Manual of Canine and Feline Behavioural Medicine (2nd ed.), pp. 1–9. Gloucester, UK: BSAVA.

Korte, S. M., Olivier, B., Koolhaas, J. M. (2007) "A New Animal Welfare Concept Based on Allostasis." Physiology and Behavior, 92: 422–428.

Landsberg, G. and Araujo, J. A. (2005) "Behavior Problems in Geriatric Pets." Veterinary Clinics of North America Small Animal Practice, 35: 675–698.

Landsberg, G. and Denenberg, S. (2009) "Behaviour Problems in the Senior Pet." In D. Horwitz and D. Mills (eds), BASAVA Manual of Canine and Feline Behavioural Medicine (2nd ed.), pp. 127–135. Gloucester, UK: BSAVA.

Landsberg, G., Hunthausen, W., Ackerman, L. (2013) "The Effects of Aging on Behavior in Senior Pets." In Landsberg G, Hunthausen W, Ackerman L (eds), Behavior Problems of the Dog and Cat (3rd ed.), pp. 211–235. Philadelphia, PA: Elsevier Saunders.

Landsberg, G. M., Nichol, J., Araujo, J. A. (2012) "Cognitive Dysfunction Syndrome: A Disease of Canine and Feline Brain Aging." Veterinary Clinics of North America Small Animal Practice, 42: 749–768.

Little, S. E. (2012) "Managing the Senior Cat." In The Cat: Clinical Medicine and Management, pp. 1166–1174. St. Louis, MO: Elsevier Saunders.

Mills, D. (2009) "Training and Learning Protocols." In D. Horwitz and D. Mills (eds), BASAVA Manual of Canine and Feline Behavioural Medicine (2nd ed.), pp. 49–64. Gloucester, UK: BSAVA.

Notari, L. (2009) "Stress in Veterinary Behavior Medicine." In D. F. Horwitz and S. D. Mills (eds), BSAVA Manual of Canine and Feline Behavioural Medicine (2nd ed.), pp. 136–145. Gloucester, UK: BSAVA.

Ohl, F. and van der Staay, F. J. (2012) "Animal Welfare: At the Interface Between Science and Society." Veterinary Journal, 192: 13–19.

Siracusa, C. (2016a) "Creating Harmony in Multiple Cat Households." In S. Little (ed.), "August's Consultation in Feline Internal Medicine, Vol. 7, pp. 931–940. Philadelphia, PA: Elsevier.

Siracusa, C. (2016b) "Status-Related Aggression, Resource Guarding, and Fear-Related Aggression in Two Female Mixed Breed Dogs." Journal of Veterinary Behavior, 12: 85–91.

Tami, G. and Gallagher, A. (2009) "Description of the Behaviour of Domestic Dog (Canis Familiaris) by Experienced and Inexperienced People." Applied Animal Behaviour Science, 120: 159 – 169.

Vite, C. H. and Head, E. (2014) "Aging in the Canine and Feline Brain." Veterinary Clinics of North America Small Animal Practice, 44: 1113–1129.

Wiese, A. J. (2015) "Assessing Pain: Pain Behaviors." In J. S. Gaynor and W. W. Muir (eds), Handbook of Veterinary Pain Management (3rd ed.), pp. 67–97. Philadelphia, PA: Elsevier Saunders.

Yates, J. W. and Main D. C. J. (2008) "Assessment of Positive welfare: A Review." Veterinary Journal, 175: 293–300.

第 21 章　老年宠物的环境丰容：仅次于永葆青春

Steve Dale

几十年来，动物园一直知道如何丰富圈养动物的环境和生活。如今许多大型动物园甚至有全职员工致力于改善动物的生活，从猎豹到北极熊再到萨凡纳巨蜥。动物园里的蜥蜴可能享受着比许多“被宠坏”的宠物更为丰富的环境。溺爱宠物往往是问题的一部分。多达 69% 的宠物猫现在只住在室内（American Pet Products Association, 2016），正因如此，被汽车碾过或被郊狼追逐的可能性不太大。然而，尽管猫只在室内生活，但它们捕猎的本能与生俱来，它们仍然需要追逐、猛扑和猎杀——即使只是一个玩具老鼠（Overall, 2013）。如果我们不能适当地丰富它们的环境，满足猫的这些原始需求，这些猫就可能会变得肥胖、不活跃。

根据宠物肥胖预防协会的数据，58% 的猫超重或肥胖（Association of Pet Obesity Prevention, 2015）。许多猫只是从沙发上下来吃饭，而这显然并不健康。事实上，根据 Karen Overall（个人交流）的说法，在临床中，许多超重和肥胖的猫都会感到抑郁，因为它们无法激活它们的捕猎本能。这些猫中有很多都是老年猫。此外，在猫中，枯燥的环境和间质性膀胱炎之间存在相关性，膀胱炎通常被称为特发性猫下泌尿道疾病（feline lower urinary tract disease，FLUTD）或“潘多拉综合征”（Westropp 和 Buffington, 2004; Herron 和 Buffington, 2010; Buffington et al., 2014）。这种不舒服或痛苦的情况加上焦虑可能会促使他们在猫砂盆外面排泄。发生“意外”是人与动物关系破裂的重要原因，最终导致宠主弃养。总的来说，环境丰容是 FLUTD 的有效治疗方法，无论一只猫有多大，这似乎都是可行的（Westropp 和 Buffington, 2004; Herron 和 Buffington, 2010; Buffington et al., 2014）。当然，当老年猫患有关节炎、猫认知功能障碍综合征和潜在的肾脏疾病和 / 或其他疾病时可能导致不适当的排泄，需要适当的医疗护理。

无论如何定义，如今的许多犬都“过着美好的生活”。毕竟，千禧一代甚至不知道犬屋是什么，而今天，50% 的犬与宠主同床共枕（American Pet

Products Association, 2016）。这看起来很棒，而且在很多方面也确实如此。然而，很少有犬能只在床上生活，也很少做别的事情。大多数犬都是为了某种目的而饲养的，从捕捉水禽到放羊，到守卫财产。对于犬来说，生活中有目标似乎是健康的（图 21.1），就像人类一样（Boyle et al., 2012）。

我们生活在一个到处都是非工作犬的国家。通常，猎犬甚至都没有机会去捡网球。由于没有其他的放牧渠道，牧羊犬可能会追赶孩子，并被警告，甚至被送到收容所。例如，守卫犬被阻止做它们天生会做的事，因为这可能不适合高层住宅生活。通常，犬主人没有意识到让犬有一个目标，或有时间进行自然行为是很重要的。像猫一样，太多的犬超重或肥胖，约占 53%（Association of Pet Obesity Prevention, 2015）。美国动物和水族馆协会行为咨询小组描述了丰容的概念。

> “环境丰容是在动物行为生物学的背景下，改善或加强动物园内动物环境和护理的一个过程。这是一个动态过程，通过改变结构和饲养场所，目的是增加动物的行为选择，并探索该物种特有的行为和能力，从而提高它们的福利。顾名思义，丰容通常包括识别并在动物园环境中添加一种特定的刺激或特征，这是动物所需但之前缺失的。”
>
> （American Zoological and Aquariums Association Behavioral Advisory Group, 1999）

图 21.1　大多数犬喜欢去犬公园、湖边或海滩，通常只是到处嗅嗅或与人类交朋友，但其他时候是和同类玩耍

一个更简单但又足够准确的定义是："改变环境以适应动物的（正常）行为"（Dale 和 Briere, 1992）。该定义适用于伴侣动物，也适用于动物园或保护区圈养的野生动物。在研究如何丰富宠物的生活环境之前，通过动物园提供的例子来更好地了解环境丰容可能会有所帮助。动物园的丰容措施可能包括在聚氯乙烯管道里填满食物，食蚁兽可以用它细长且沾满黏液的舌头来寻找食物。猎豹被激发着追逐并捕捉通过滑轮拉动的死鸡，快速地穿过展示区。北极熊可能会啃掉一个里面冻有鱼的巨大冰块（Steve Ross, 个人交流；Shepherdson, 1989, 1998; Schulz, 2004; Baker, n.d; Markowitz, 1982）。

几十年前，灵长类动物学家 Jane Goodall 发现，黑猩猩用棍子作为工具，戳进白蚁丘，然后舔掉白蚁作为食物。利用这些知识，动物园经常提供一个有洞的人造原木，每个洞里都有一种调味品。黑猩猩可以利用园中的杂物，如稻草，戳进孔中取出他们选择的调味品。环境丰容的一个重要组成部分是提供个体的选择或偏好（Dale 和 Briere, 1992; Steve Ross, 个人交流；Shepherdson, 1989, 1998; Baker, n.d; Markowitz, 1982）。

丰容并不一定只是关于食物。例如，可以给动物园的动物提供具有不同气味的旧抹布或粗麻袋。环境丰容可能也意味着提供不同的质地和 / 或不同的物品供动物探索。猩猩喜欢探索并有条不紊地拆解物品（Dale 和 Briere, 1992; Baker, n.d; Markowitz, 1982）。

到目前为止，关于动物园动物环境丰容的研究尚未专门关注老年动物的受益以及环境丰容在维持身体健康和 / 或大脑健康方面可能发挥的作用。然而，个人经验和有关人类和犬的研究支持这一观点。我记得有一位动物园管理员告诉我一只老年猩猩，在"配偶"去世后独自生活了几个月。兽医说它的健康状况在下降，关节炎也是一个问题。它似乎"很沮丧"。有一天，管理员去玩具店购买了几个塑料拼图玩具，这种玩具是将圆形塑料片放进圆孔里，三角形塑料片放进三角孔里的那种。大猩猩表现得很开心。管理员轮换不同类型的拼图玩具，并通过在展示区域放置零件来鼓励其攀爬。有人告诉我，"如果我让他很容易地找到拼图块，他（猩猩）会看着我，仿佛在说，'真的，这太容易了'。"无疑，非甾体抗炎药也缓解了大猩猩的关节炎，但增加活动量可能也起到了作用。最重要的是，这只大家伙看起来"像以前一样"，据管理员称，随着时间的推移，他购买了各种玩具，并继续轮换它们，几乎持续了大猩猩的余生。

大量研究表明，提供一个丰富的环境刺激对动物园里的动物在身体和精神上都有好处（Dale 和 Briere, 1992; Steve Ross, 个人交流；Shepherdson, 1989, 1998; Baker, n.d; Markowitz, 1982）。对动物园动物的大量研究表明，生活在单一和无趣的环境中是不健康的，可能导致各种异常行为，并可能导致体重增加和基础健康状况不佳（Dale 和 Briere, 1992; Steve Ross，个人交流；Shepherdson, 1989, 1998; Baker, n.d; Markowitz, 1982）。此外，焦虑越少，免疫系统的压力通常就会越小，这可能有助于预防疾病的发生，甚至可以延缓衰老过程（Dale 和 Briere, 1992; Steve Ross, 个人交流；Shepherdson, 1989, 1998; Baker, n.d; Markowitz, 1982）。

虽然动物园里的动物和伴侣动物之间肯定存在关联，但很少有客户与食蚁兽或猎豹生活在一起。更重要的是如何利用环境丰容延长宠物的寿命和提高生活质量，特别是老年宠物（图 21.2）。对于所有年龄段的犬猫来说，环境丰容可以缓解无聊，并提供“大脑锻炼”。它可能是身体活动的一个来源，并可能为自然行为提供一个适当的机会。它可能有助于处理甚至预防行为问题，而且对宠物和宠主来说都很有趣（Seksel, 2006; Virga, 2004; Ohio State University, n.d.）。

从玩具和食物迷宫中获得食物或互动是丰富动物生活的一个例子（Overall, 2013）。事实上，人们对为食物而工作的渴望和对解决问题的偏好进行了研究，尽管并不是专门针对犬猫的（图 21.3）。研究确实表明，老鼠、灰熊和其他动物会选择为它们的食物而“工作”，而不是获取“免费的午餐”。

图 21.2　宠主每周都会用特殊婴儿车带着 13 岁的 Roxy 散步，散步时它喜欢嗅闻空气和路人

图 21.3 Roxy，13 岁，使用 Aikiou 食物迷宫寻找零食

这种现象被称为“反不劳而获”，它与动物天生就会消耗尽可能少的能量来提高生存概率的基本观点相矛盾（McGowan et al., 2014; Inglis et al., 1997）。虽然没有关于犬猫的具体数据，更不用说老年宠物的数据，但对许多人来说，这似乎是一个非常真实的现象。

在 13 岁左右时，我们的布列塔尼猎犬 Chaser，明显地表现出典型的老年犬迹象，只有当它绝对想要的时候才会移动。我怀疑是关节炎的影响。然而，它仍然喜欢食物，并继续从喂食玩具中吃东西。她真的很喜欢为吃饭而“工作”吗？当然，这并不能确定，但在很少的情况下，当把食物盛在碗里时，与为吃饭而“工作”相比，她似乎不那么热衷于狼吞虎咽。更重要的是，每次喂食时，她都放松地伸展。当她主动移动喂食玩具时，尤其是当玩具滚到家具下面时，她会把爪子伸进去以把它们戳出来（图 21.4）。

我也会为她藏好食物。她会摇着尾巴在房子里跑来跑去，寻找我藏起来的东西。也许，这种行为的一部分是为了与另外两只更年轻的犬“竞争”。在这种情况下，她的大脑在工作，她是自愿移动的，尽管她的行为是被食物所吸引的。猫有一种天生的狩猎需求，去寻找和杀死猎物。把食物藏在不同的地方和不同的高度可能会促使年长的猫爬上去并伸展身体（图 21.5）。它们还需要考虑这些东西可能藏在哪里。所有健康的猫都保留着狩猎本性，并通过狩猎行为受益（Overall, 个人交流）。食物可以藏在犬猫的喂食玩具或食物迷宫中，它们在任何出售宠物产品的地方都可以买到（图 21.6）。客户也可以自己制作，如把卷纸筒的两端封起来，在中间开几个孔，这样食物在卷纸筒滚

图 21.4　Ethel, 11 岁，用装有食物和零食的玩具，鼓励她的捕猎行为

图 21.5　Roxy 的宠主用一个带有隔间的空啤酒盒来放食物

图 21.6　在猫爬架上摆放食物，可以鼓励 Roxy 爬上去，这也是她每天“寻找零食”游戏的一部分

动时就会掉出来。大型犬可能更喜欢空的塑料牛奶盒，在上面掏几个洞，可以让犬粮掉出来。这些想法只受到宠主创造力的限制。

隐藏日常食物，或将其藏在玩具中，对于嗅觉和味觉受损的老年宠物可能不够刺激。发现“好东西”可能是必要的诱惑手段，如酸奶、金枪鱼或最喜爱的零食（图 21.7）。当然，强迫饥饿的老年犬或猫寻找食物，或者在它们完全不感兴趣或身体无力的情况下用喂食玩具喂食是不可取的。NoBowl 喂食系统™是由医学博士 Liz Bales 为猫开发的，用于让猫寻找，甚至捕捉“猎物”，这个系统看起来像小老鼠，里面装着干粮。当猫使用 NoBowl 时，干粮会散落出来。这个方法是教会猫去寻找隐藏的单个 NoBowl。对于一些老年猫来说，这太具挑战性了，但对于其他猫来说，这是一种利用其固有技能让它们参与进来的好方法。

许多犬的一生都喜欢咀嚼。然而，老年犬可能更容易折断牙齿，或者可能因某些物品导致胃部不适。除了鹿耳、鹿蹄、硬骨头甚至生皮等产品，还有无数“柔软的”零食，它们虽然需要咀嚼，但不太可能折断牙齿，也不太可能损害老年宠物的牙龈，因为牙科疾病会引起炎症。其他零食包括苹果片（可以冷冻以便“更好地咀嚼”）、迷你胡萝卜条、Virbac® C.E.T.® 磨牙棒或处方牙科饮食。当然，兽医会给出适合宠物的建议。

在生命早期的开始认知丰容可能有助于防止一些犬和人的早期认知能力下降和痴呆（因此人们也可能认为猫也是如此；Milgram et al., 2006）。丰容对于幼犬和幼猫很重要。为什么随着年龄的增长，它变得不那么重要呢？根据

图 21.7　报纸丰容：把食物藏在报纸里，让宠物寻找

个人的观察，许多人似乎会忽略老年宠物的情况，这并不是说宠主对它们的爱有所减少。宠主通常会认为“嗯，它们已经老了，算了吧”，或者因为它们活动得少了，真正激励这些老年动物可能需要付出更多的努力。有时，这种情况会出乎宠主的意料，但他们可能没有意识到。一位动物园管理员告诉我，她刚加入动物园时，经常轮流和各种动物待在一起，在需要她的地方值班。她坚持说，在她接受这份工作之前，她的小猎犬很高兴看到她回家，因为几乎所有的犬都很高兴看到宠主。但在她来到动物园之后，它的问候就变成了强烈而漫长的嗅探，好像在问她，“今天你在鸟舍工作了？”她告诉我，她的新工作似乎给这只老年犬的生活带来了新的目标。

虽然这只犬似乎很喜欢这些新的气味，但有些动物可能不会，例如大多数猫很可能都不会喜欢这些新的刺鼻气味。当你回到家时，老年猫可能会像一只猎豹一样嗅闻你，你可能会被一只激动的猫尿在身上。虽然丰容是为了刺激自然行为，以及改变某些事物，但过度改变会扰乱猫。秘诀是找到正确的平衡。

由于宠物依赖鼻子生活，即使视力下降，它们的嗅觉仍然是主要的感官，引入新的气味可能很有趣，但也可能不是这样。例如，一些猫喜欢薰衣草，而另一些猫似乎受到了干扰。事实证明，薰衣草可能是危险的，香薰炉中的油也是如此（American Society for the Prevention of Cruelty to Animals, 2017）。对于大多数（并非所有）猫来说，猫薄荷可以提供一种有趣的放松方式，缬草根有镇静作用（Houghton, 1999）。在猫或犬的床边或踢脚板附近喷一点古龙水或香水，可能是“有趣的”，尽管至少有一项研究表明猫尤其不喜欢（Wells 和 Ellis, 2010）。可以为犬（而不是猫）制订一个对外交换计划，即客户向朋友借一个软的犬玩具。嗅一嗅这个玩具可能比玩这个玩具更有趣。如果你的宠物睡在远离你的地方，把一件破旧的体恤放在宠物附近可能会使它感到安慰。如果有一些潜在的不安，信息素产品，如 Adaptil 或费利威，可以减轻焦虑。

我们都听说过，增加第二只宠物会产生新的火花，老年宠物开始像年轻的宠物一样玩耍。要注意，因为在一个家庭中增加另一只宠物可能对老年宠物来说是一种变化太大的情况。病情严重的宠物或健康状况下降的宠物不太可能从同类的其他成员中受益。事实上，有时这样的变化可能会导致宠物更快死亡。一只以前没有和另一只宠物一起生活过的宠物，如果在其更年轻的时候引入新宠物，效果可能会很好，但现在可能不合适。此外，特别是新猫，必须逐步引入一个已有老猫的家庭。话虽如此，但引入第二只宠物可能会带来积极的变化。

毫无疑问，环境丰容产生的刺激可能会延迟甚至防止犬猫认知功能障碍综合征的发作（Overall, 2013; Studzinski et al., 2006）。对于喜欢社交的犬和人来说，有研究表明，社交，包括散步，可能有助于延迟甚至防止认知功能恶化（Overall, 2013; Johnson et al., 2011; Studzinski et al., 2006）。

老年犬被用作老年人的研究模型，事实证明，这两者有相似之处。例如，散步对老年犬和对老年人一样有益（Overall, 2013; Johnson et al., 2011; Milgram et al., 2006）。事实上，简单的散步，特别是探索新的社区，对犬来说可能是最丰富的活动。想想那些新鲜刺激的味道（Dodman 和 Lidner, 2011; Johnson et al., 2011）。社交型的犬也通过结识新朋友和新犬而受益。虽然一些老年犬可能太虚弱，无法行走，但散步不需要打破速度或距离记录。或者，虚弱的犬甚至可以用手推车推出去散步（Johnson et al., 2011）。

运动学习（相对于单纯的运动活动）可能会增加大鼠小脑皮层的突触形成（Milgram et al., 2006）。人们可能会认为犬猫也是如此。多年来，面向老年人的独立生活中心一直鼓励老年人接受成人继续教育，如学习计算机程序或下棋，以及通过锻炼课程鼓励他们运动。研究表明，这些活动对人的身心健康都是有益的（Winsted et al., 2013, 2014）。在很多方面，犬猫大脑的运作方式与人类大脑相似，并且在老化方面也有类似之处（Landsberg et al., 2013）。新的挑战很重要。正如那句老格言："如果你不使用它，你就会失去它。"很多机构持续为这些活动提供资金支持，因为他们见证了这些活动带来的益处。

有许多研究支持这样一种观点，即按照以前的说法，笑容是最好的药物（Mayo Clinic, 2016）。如果人是这样的话，那么犬猫也是如此吗？也许解决老年宠物衰老相关疾病的方法很简单，就是鼓励它们，让它们拖拽玩具，或者和吱吱叫的老鼠玩得开心。

延伸阅读

American Society for the Prevention of Cruelty to Animals. (2017) "Toxic and Non-Toxic Plants: Lavender." Available at http://www.aspca.org/pet-care/animal-poison-control/ toxic-and-non-toxic-plants/lavender.

American Pet Products Association. (2016) 2015–2016 National Pet Owners Survey. Greenwich, CT: APPA.

American Zoological and Aquariums Association Behavioral Advisory Group (1999). Workshop at Disney's Animal Kingdom.

Association of Pet Obesity Prevention. (2015) "2015 Obesity Facts and Risks." Available at http://petobesityprevention.org/pet-obesity-fact-risks.

Baker, M. (n.d.) "Manufacture, Selection, and Responses to Habitat Enrichment Items for Captive Nonhuman Primates." Available at http://faculty.ucr.edu/~maryb/enrichment.htm.

Boyle, P., Buchman, A., Wilson, R., Yu, L., Schneider, J., Bennett, D. A. (2012) "Effect of Purpose in Life on the Relation Between Alzheimer Disease Pathologic Changes on Cognitive Function in Advanced Age." Archives of General Psychiatry, 69(5): 499–505.

Buffington, T., Westropp, J., Chew. D. J. (2014) "From FUS to Pandora Syndrome: Where are We, How did we get Here, and Where to Now?" Journal of Feline Medicine and Surgery, 16: 579–598.

Dale, S. and Briere, A. (1992) American Zoos. New York, NY: Mallard Press.

Dodman, N. and Lidner, L., eds. (2012) Good Old Dog: Expert Advice for Keeping Your Aging Dog Happy, Healthy and Comfortable. Boston, MA: Mariner Books.

Herron, M. E. and Buffington C. A. T. (2010) "Environmental Enrichment for Indoor Cats". Compendium of Continuing Education for Practicing Veterinarians, 32(12): E4. PMCID: PMC3922041.

Houghton, P. J. (1999) "The Scientific Basis for the Reputed Activity of Valerian," Journal of Pharmacy and Pharmacology, 51(5): 505–512.

Inglis, I. R., Forkman, B., Lazarus, J. (1997) "Free Food or Earned Food? A Review and Fuzzy Model of Contrafreeloading." Animal Behavior, 53: 1171–1191.

Johnson R. A., Beck A., McCune, S. (2011) The Health Benefits of Dog Walking for People and Pets: Evidence and Case Studies. West Lafayette, IN: Purdue University Press.

Landsberg, G., Hunthausen, W., Ackerman, L. (2013) Behavior Problems of the Dog and Cat (3rd ed.). St Louis, MO: Elsevier Saunders.

McGowan, R., Rehn, T., Norling, Y., Keeling, L. "Positive Affects and Learning: Exploring the 'Eureka Effect in Dogs," Animal Cognition, 17(3): 577–587.

Markowitz, H. (1982) Behavioral Enrichment in the Zoo. New York, NY: Van Nostrand Reinhold.

Mayo Clinic. (2016) "Healthy Lifestyle: Stress Management. Stress Release from Laughter? It's No Joke." Available at http://www.mayoclinic.org/healthy-lifestyle/stress-management/ in-depth/stress-relief/art-20044456.

Milgram, N. W., Siwak-Tapp, C. T., Araujo, J., Head, E. (2006) "Neuroprotective Effects of Cognitive Enrichment Aging Research." Aging Research Reviews, 5(3): 354–369.

Ohio State University (n.d.) College of Veterinary Medicine. "Indoor Pet Initiative." Available at https://indoorpet.osu.edu.

Overall K. (2013) "Normal Feline Behavior and Ontogeny: Neurological and Social Development, Signaling and Normal Feline Behaviors." In Manual of Clinical Behavioral Medicine of Dogs and Cats, pp. 312–359. St Louis, MO: Elsevier Mosby.

Schultz, C. (2004) "Behavior Techniques in Zoo Animals." In Proceedings North American

Veterinary Conference Post Graduate Institute, United States Department of Agriculture.

Seksel, K. (2006) "Environment Enrichment in Cats." Proceedings AVMA 2006.

Shepherdson, D. (1998) "Introduction: Tracing the Path of Environmental Enrichment in Zoos" In D. J. Shepherdson, J. D. Mellen, and M. Hutchins (eds). Second Nature: Environmental Enrichment for Captive Animals, pp. 1–14, Washington, DC: Smithsonian Institute Press.

Shepherdson, D. (1989) "Stereotypic Behaviour: What is it and How Can it be Eliminated or Prevented? Ratel, 16: 100–105.

Studzinski, C. M., Christie, L. A., Araujo, J. A., Burnham, W. M., Head, E., Cottman, C. W., et al. (2006) "Visuospatial function in the beagle dog; an early market of cognitive decline in a model of human aging and dementia," Neurobiology of Aging, 86(2): 197–204.

Virga, V. (2004) "Environmental and Social Enrichment for Indoor Cats." Proceedings AVMA.

Wells, D. and Ellis, S. (2010) "The Influence of Behavioural Enrichment on Cats Housed in a Rescue Shelter." Applied Animal Behavior Science, 123(1–2): 56–62.

Westropp, J. L. and Buffington, T. (2004) "Feline Idiopathic Cystitis: Current Understanding of Pathophysiology And Management." Veterinary Clinics of North America Small Animal Practice, 34: 1043–1055.

Winsted, V., Anderson W. A., Yost, E., Cotton, S. R., Warr, A., Berkowsky, R. (2013) "You can Teach an Old Dog New Tricks: A Qualitative Analysis of how Residents of Senior Living Communities may use the Web to Overcome Special and Social Barriers." Journal of Applied Gerontology, 32: 540–560.

Winsted, V., Yost, E., Cotton S, Berkowsky, R, Anderson, W. (2014) "The Impact of Activity Interventions on the Well-Being of Older Adults in Continuing Care Communities." Journal of Applied Gerontology, 33: 888–911.

第 22 章　关注老年动物福利的非营利组织在哪里？

在诊所中老年宠物的营销和照护

Mary Gardner

介绍

很多人认为，我每天都要实施安乐死（平均每个月实施 60 次安乐死），因此我会遭受严重的抑郁或同情疲劳。事实上，我的感觉恰恰相反。在我工作的地方，我体验到了最大的成就感和满足感。尽管我要和宠主一起度过那可怕的时刻，但当收到温暖的拥抱和真诚的感谢时，我感觉这一切都是值得的。安乐死确实令人很悲伤，有时我会和宠主一起哭泣，因为我知道亲身体验宠物生命最后时刻的感觉。尽管如此，能够以这种方式尊重宠物和安慰一个家庭绝对是了不起的。在一天结束的时候，我充满了同情，因为我给宠物带来了平静，并最终将其带给了这个家庭，因为我完全理解说再见时的挣扎。

同情需要认识到痛苦，渴望扭转痛苦，并采取适当的行动——不管结果如何。话虽如此，但让我感到沮丧的是，我看到一些宠物本可以从帮助中受益，但却没有得到帮助。不要责怪宠主或他们的初级保健兽医，这只是一种不幸的情况。许多家庭停止为他们的宠物提供正式护理的原因有很多。以下是一些常见解释：

- “兽医只是想让我花几千块钱（几百美元），结果却看不到任何效果，因为他患有关节炎 / 肾衰竭等。”
- “我不想采取极端的措施，因为弊大于利。”
- “他是一只老年犬，我不想在他身上花钱”。（这是我不愿意听到的，但确实有人会这么说）
- “他似乎并不太痛苦。”
- “没有什么可以做的，他只是变老了。”

在目睹这些情况并听到这些言论的多年之后，我变得很好奇，我想知道有多少宠物在其老年阶段可以从额外的照护中受益。

2015 年 12 月，Lap of Love 宠物临终关怀医院对我们的患宠进行了调查和分析。请记住，我们只在家庭中提供兽医临终服务，目前我们每个月帮助全国大约 3000 只宠物。在研究期间，我们共接待了来自全国各地的 3120 只宠物，这些宠物主人涉及了不同的经济和文化背景。根据宠物的年龄、体重、体型和虚弱程度，它们被分为“老年”或“非老年”两类，88%（2746 只）的患宠被归类为老年。其他宠物要么是患病的年轻宠物，要么是较年老的宠物，要么是难以分类的宠物。此外，作为调查的一部分，我们的兽医质疑这些宠物有多久没有就诊。值得庆幸的是，55% 的宠物在过去的 6 个月里都去了医院就诊。然而，令人担忧的是，22% 的宠物已经一年多没有就诊了，剩下的 23% 的宠物在 7 ~ 12 个月前就诊过。

我们的兽医提供了他们对那些距离上次预约就诊已经超过 6 个月的老年宠物（1208 只宠物）的主观看法。我们问兽医，“根据检查结果和报告的症状，宠物会从就诊中受益吗？”以及“考虑到宠物治疗症状的时间长短，诸如疼痛管理、焦虑管理或卫生管理等治疗方法有帮助吗？”为了这项研究，我们排除了需要手术（即截肢、喉麻痹杓状软骨侧翻术等）或其他重大治疗的患者，如放疗或泼尼松以外的其他癌症治疗。

近 45%，即 544 只宠物，没有得到基本的疾病护理和治疗，但它们本可以从兽医护理中受益。相反，这些宠物不得不挣扎了好几个月。总而言之，在 Lap of Love 接受安乐死的患宠中，大约有 17% 是老年动物，已经有 6 个月没有去就诊了。请注意，我们不是它们的主要医疗提供者，想象一下，全科诊所中有多少患者可以从老年健康检查和治疗中获益。

2007 年，美国兽医协会报告称，14% 的犬年龄超过 10 岁。基于这一统计数据，可以很容易地计算出符合条件的老年宠物的数量和一次老年宠物检查的潜在总收入（专栏 22.1）。在示例中列出的金额可能看起来不太重要，但对宠物、家庭甚至员工的好处是无价的。因此，这对宠物和兽医来说都是一个机会。家庭所投入和获得的信任将在未来多年中持续存在，因此这种关系是长久的。

当兽医被问及他们是否因安乐死而感到同情疲劳时，没有一个人回答“是”。然而，许多人表示，看到了本可以早点得到帮助的宠物后，他们遭受了同情疲劳。作为一个行业，我们可以帮助团队成员舒缓情绪的一种方式是鼓励家庭定期为他们的宠物看病，并为老年宠物提供更好的照顾机会。我们的情感付出是难以计量的，但是，照顾宠物将有助于我们摆脱同情疲劳。

专栏 22.1　计算示例

在诊所就诊的犬的总数	7000
10 岁以上的犬的百分比	14%
10 岁以上的犬的总数	7000 × 0.14 =980
那些在 1 年内未去诊所的犬的百分比	20%
10 岁以上未到诊所就诊的犬的数量	980 × 0.20 =196
在市场营销后来到诊所就诊的客户的百分比	25%
可能没有就诊的犬的总数	196 × 0.25 = 49
老年健康服务的平均客户收费	$65
每年访问一次的潜在总收入	49 × $65 = $3185

在诊所开展老年医学服务

大多数诊所都为老年宠物提供服务。但是有针对虚弱老年宠物的政策吗？在您的诊所里倡导，以最好的方式照顾老年患者，教育员工，创建保障服务产品并进行适当的营销，回访并跟进家庭情况将有助于更加了解老年动物的特殊需求。

教育

对工作人员进行衰老过程的教育是在诊所开展老年医学服务的第一步。工作人员全面了解困扰宠主的最常见问题是解决特殊需求的关键。此外，他们利用这些知识指导宠主发现宠物的症状是必不可少的。

本书的第二部分提供了一个深入观察身体系统和症状发展的常见疾病的指导。每个临床团队成员都应该花时间学习发现这些变化。最终，临床团队的理解越透彻，对客户的教育影响就越好。

客户教育至关重要。向客户提供文献资料或引导他们接受线上教育将帮助他们理解疾病过程和症状管理。不必向宠主表述“衰老不是一种疾病”。相反，花时间倾听宠物和照护人所面临的问题，然后回顾原因和提供可能的治疗方案，对于帮助管理老年宠物是必要的。

门诊就诊与环境

老年患者极其虚弱，许多处于慢性疼痛状态。重要的是要意识到，一只已经处于痛苦之中的动物比一只年轻的动物更敏感。同样的概念也适用于焦虑。简单的动作，如温柔地抚摸，可以显著减少宠物身体和情感上的压力。建议练习零恐惧的技巧（fearfreepets.com），或使用其他方法建立一个平静和无压力的环境。“零恐惧倡议”旨在通过在平静环境中使用体贴和温和的引导方式，使动物放松，并能接受兽医检查。使用“零恐惧”方法可以减少或消除焦虑的触发因素，这为所有参与者创造了一种有益且更安全的体验，包括宠物、宠主和兽医保健团队。整个兽医团队需要知道诊所对照顾老年宠物的期望，并且应该制定一个明确的流程（附录 22.1）。以下是一些在诊所中为老年宠物提供一个健康的环境的想法：

- 在前门附近提供一个“老年动物”专用停车位。
- 摆上瑜伽垫，作为宠物通往检查室的通道。
- 在检查室操作和采集样本，以防止宠物在治疗室感到压力或离开照护人的视线。
- 任何操作都要小心谨慎。宠物很虚弱，即使是最轻微的不当操作也会让它们在第 2 天感到疼痛。
- 让患宠可以快速离开诊所！对老年宠物来说，没有比家更好的地方了。让它们尽快进出诊所。如果它们必须待一段时间接受手术或寄养，鼓励宠主从家里带点东西来帮助它们缓解焦虑。

此外，提供家庭评估，或要求宠主拍摄视频，是了解宠物在家庭环境中的表现以及宠主如何管理宠物的主要方法。

检查和沟通

当人们带着他们的老年宠物来到诊所时，重要的是要意识到，不仅宠物很紧张，宠主也很紧张。他们担心结果和预后，担心他们的宠物对手术和诊所感到不安（害怕、痛苦、焦虑等），最常担心被批评，想知道“我是不是带宠物来得太晚了？”你需要赢得他们的信任，让他们知道你能给予他们（和宠物）最佳方案。

根据与宠主的对话，兽医应该列出这个家庭正在面临的挑战，以及他们最关心的问题。然后，可以对这个列表进行优先排序，首先解决最紧迫的问题。例如，宠主可能知道他们的宠物牙齿不好，但这可能不是主要的问题。相反，夜里无法入睡是影响生活质量的主要问题。作为一名兽医，倾听宠主的诉求，以确定什么对他们最重要，然后根据他们的需要调整关注点是关键。一旦解决了主要问题，就可以依次处理第二级和第三级问题了。参考前面的例子，一旦识别和解决了无法入睡，就可以解决牙齿不好的问题了。通过考虑并根据宠主的需求量身定制治疗计划，形成良好的兽医 – 客户 – 患者关系，从而使宠主建立信任，达成一致性，并遵守医嘱。

Lap of Love 宠物临终关怀医院创建了一份老年调查问卷，照护人可以在兽医接诊之前填写。这提供了一种全面反映宠物可能经历的问题和症状的方法，帮助识别那些可能没意识到的问题。一个很好的例子是犬叫声的变化，这通常是喉麻痹的前兆。虽然这对兽医来说是极其重要的信息，但非专业的客户可能不理解其重要性，这正是进行调查问卷的原因（附录 22.2）。

老年健康计划

与针对年轻患者的健康计划类似，诊所可以制订老年健康计划，鼓励宠主带着他们的宠物定期检查。提供配套服务并避免在这个生命阶段可能不必要的服务是基础。配套服务的一个例子是每年提供 4 次折扣（例如，若你的门诊常规诊费是 45 美元，提供 135 美元 4 次的折扣价格）。在老年阶段，病情和症状进展迅速，因此，需要在一年内进行多次就诊。为配套服务提供折扣是一个很好的方式，以最大限度让宠主遵守约定，鼓励他们每季度带宠物就诊。

提供独特的服务是老年健康计划的另一个组成部分。例如，老年宠物看护、每月的“卫生剃毛”、零恐惧修剪指甲、激光治疗、物理治疗、老年宠物寄养或日托等想法可以纳入计划。

在生命的这个阶段，许多宠物还需要专门的配件或产品来帮助它们保障日常活动。这可以通过在诊所内提供一个零售空间来实现，或者如果不可行，可以向客户提供有用物品的信息表以及在哪里订购它们。专栏 22.2 提供了产品示例，诊所也可以在信息表中增加包含类似产品的本地公司。

院内护理

医院必须提供一个有助于减轻患者压力的环境。在一个特定的位置选择一个笼子或犬屋可能是一项挑战，因为刺激一只宠物可能会给另一只宠物带来快乐。有些宠物喜欢宁静，而有些宠物则喜欢运动。了解患宠的偏好并提

专栏 22.2 建议的零售产品

- 为失明的犬定制配件（halosforpaws.com）。
- 关于疼痛的书籍，如 Michael Petty 编写的 *Dr. Petty's Pain Relief for Dogs*。
- 定制轮椅，如 Walkin' Wheels™（walkinwheels.com）。
- 挽具，如 Walkin' Wheels™（walkinwheels.com）。
- 网眼床（handicappedpets.com）。
- 给床、汽车和楼梯加坡道（inthecompanyofdogs.com）。
- 橡胶底短靴，如 Ruffwear®（ruffwear.com）。
- 适合爪子的自粘牵引垫（inthecompanyofdogs.com）。
- 脚趾夹具，如 Dr. Buzby's ToeGrips™（toegrips.com）。

供相应的服务是很重要的。即使我们的患者不能说话，它们的喜好也会通过它们的行为和肢体语言表现出来。此外，允许宠物携带家里的物品，如玩具或毯子，有熟悉的气味，会让它们更舒适。

老年动物常因虚弱而导致活动能力减退。使用瑜伽垫或橡胶地板，创造一个不光滑的地面，为宠物提供一个更安全、更舒适的环境。此外，提供担架是对老年患者护理的首要建议，以协助那些住的距离更远的老年患者。对于尿失禁患者，网状吊床将有助于防止尿垢，保持患宠干燥和清洁。最后，如果患宠必须住院过夜，为宠主设定探视时间，为患宠和宠主提供安慰。如果不能实行探视，则发送带有图片和动态更新的短信，如图 22.1 所示，是一个可行的选择。这种沟通方式可有效减少焦虑并与客户建立信任关系。

跟进和随访步入老年的宠物

很多时候，当宠物步入暮年时，宠主不愿意带它们去就诊。诊所有责任标记这些老年患者，这样它们就不会被遗漏。创建一个每 6 个月进行一次报告的程序，以针对特定的年龄范围和疾病，然后分配时间来跟进那些“流失的客户”。通过有针对性的营销活动，可以轻松地提醒宠主，安排一次拜访，他们的宠物可以获得很多好处，同时也可以强调你的门诊的优势，使宠主获得愉快的体验。

总结

作为一名专业人士，我们受过良好的教育，并已准备好进行市场营销和

图 22.1　当我的杜宾犬进行杓状软骨侧翻术时，兽医发给我的短信。我无法用语言表达我收到这个消息时如释重负的感觉

照顾老年宠物。对于那些虚弱的、年迈的宠物来说，在它们步入暮年时，我们可以提供更好的照顾，并在宠主与宠物一起挣扎的时候给予支持。专门针对这一群体的宣传有助于及时发现宠物出现的症状，同时关注到照护人可能面临的挑战。总的来说，这向照护人表达了你理解他们的困境，获得了他们的信任，并鼓励他们在需要时为他们的宠物寻求帮助。

附录 22.1

临终护理要点

生命的临终阶段对于宠主来说是一个微妙的时刻，涉及无数的问题、担忧和情绪。在制订诊所的临终关怀计划时，请使用以下基本清单：

老年护理

每一次练习都应该：

□对全体员工进行有关衰老过程的培训，包括宠物可能遇到的挑战

□对晚期老年患者进行常规随访和跟踪

□识别和关注主人的感受和照顾老年宠物时出现的挑战

□确保所有宠物出现疼痛、焦虑或任何其他与衰老有关的症状时接受治疗

临终关怀

每一次练习都应该：

□对员工进行兽医临终关怀教育和培训，包括他们可以为客户提供的服务

□为客户创建和提供临终关怀宣传包，包括：疾病信息、安乐死信息、生命评估工具和当地辅助服务

□确保临终关怀计划中的所有宠物在一个舒适的环境中得到适当的管理

评估生活质量

每一次练习都应该：

□有敬业的团队成员在保障生活质量方面受过全面的教育

□提供生活质量量表并指导宠主如何最好地使用它们

□与宠主讨论他们对临终关怀的关注和愿望

安乐死

每一次练习都应该：

□为整个团队提供安乐死预约的各个方面的培训

□培养一种认识到安乐死的重要性并采取各种办法使安乐死尽可能平和、无痛的环境

□确保接听电话的员工能亲切的解决问题

□在预约之前，就安乐死流程和可能发生的情况与宠主进行清楚的沟通

□为这些预约创造一个平和的空间

□尽可能使用最好的药物，确保给宠物带来轻松、无痛苦、无焦虑的体验

□尊重和平等的对待每一只宠物

□预约时提供纪念物品

□第 2 天给每个家庭打电话跟进

安置

每一次练习都应该：

□与可能、值得信赖的火葬场合作

□安排每年一次的火葬场参观，以确保达到要求的最高标准

□准确地了解每种火葬方式（私人、个人或社区）

宠物去世

每一次练习都应该：

□向宠主提供当地宠物丧葬组织或全国热线的信息

□教育员工如何认识和处理预期的悲伤和丧亲之痛

□鼓励员工在临终关怀时，如果遇到任何情绪上的困难，请及时表达出来

附录 22.2

老年病问卷

自然衰老过程会慢慢地对伴侣动物产生影响。除非您寻找具体的线索，否则很难注意到这些变化。既然您比任何人都更了解您的宠物，那么您最好多关注宠物的行为、习惯和活动中的细微变化。这份清单将为您的兽医提供一个帮助诊断疾病的思维导图——其中许多疾病是可以控制的，以为您的老年宠物提供更好的生活质量。

宠物姓名：________________________　　雄性□ | 雌性□

犬□ | 猫□　　品种：__________________　　体重（lb）：________　　年龄：________

睡眠模式：

您的宠物每天平均睡多少小时？

它整晚都睡得安稳吗？□是 | □否

如果否：它是否在夜间起床（勾选所有适用的选项）：

□排尿 | □排便 | □饮水 | □喘气 | □来回踱步 | □哀号 | □吠叫 | □其他

排便训练：有没有……？

□排尿增加 | □尿失禁 | □漏尿 | □粪便外观改变

□大便失禁 | □大便失禁意识

如有：请解释____

耳朵 / 眼睛 / 鼻子 / 视力：您有没有注意到……

□听力的变化 | □吠叫或叫声的变化 | □叫声 / 呻吟声增加 | □咳嗽声增加 | □咳嗽听起来像清喉咙

□口臭 | □喘气更频繁 | □视力问题

如果视力有问题（勾选所有适用的选项）：□在强光下 | □在昏暗的灯光下 | □在夜晚 | □近距离

皮肤：您有没有注意到……

□指甲过长 | □瘙痒 | □颤抖 | □肿块 | □臭味 | □舔或啃咬身体

对猫来说：它还自己理毛吗？□是 | □否

宠物的皮肤状态：□片状 | □干燥 | □油性 | □蓬头垢面

您的宠物是否喜欢以下区域：□热的 | □冷的 | □软的 | □阳光充足的 | □硬的

精神状态：您的宠物会做以下任何事情吗？

□白天来回踱步 | □凝视天空 | □表现出更强的攻击性 | □经历任何癫痫发作 | □与家人互动减少

□白天表现出迷失方向或疏远 | □一天中的某些时候表现出焦虑 | □发现它被困在奇怪的地方

您的宠物一天中独处多长时间？____________________________________

您的宠物有最喜欢的游戏吗？□是 | □否

如有：请说明____

饮食 / 饮水：有没有变化？

□多饮 | □体重减轻 | □体重增加

您的宠物目前的饮食是什么（包括零食）？________________________________

活动性：检查以下所有与您的宠物有关的事项

□需要帮助才能站起来 | □脚 / 趾拖行 | □步态改变 | □走路、跳跃困难 | □必须在室内外上下楼梯

□爬楼梯需要帮助

家里地板的类型：□瓷砖 | □木地板 | □复合地板 | □地毯 | □其他

请简述您的宠物的运动时间表________________________________

在过去的一年里，这种情况有没有改变？□是 | □否

其他问题：请与兽医详细讨论以下事项

家里有没有其他宠物——如果有，请详细描述（品种、年龄等）？____________________

您有什么主要的担忧吗？________________________________

描述一下您的宠物美好的一天是什么样的？________________________________

列出您的宠物最喜欢的 5 件事：________________________________

列出您的宠物讨厌的 3 件事：________________________________

您认为您的宠物现在拥有什么样的生活品质（1 ~ 10，10 是最棒的）？____________________

由 Lap of Love 开发和准备的内容，供临床使用。

您的宠物的年龄是多少？

年龄（岁）	1	2	3	4	5	6	7	8	9	10	11	12	13	14	15	16	17	18	19	20
小型品种 / 猫［0.5 ~ 9 kg（1 ~ 20 lb）］	7	13	20	26	33	40	44	48	52	56	60	64	68	72	76	80	84	88	92	96
中型品种［9 ~ 23 kg（20 ~ 50 lb）］	7	14	21	27	34	42	47	51	56	60	68	69	74	78	83	87	92	96	101	105
大型品种［23 ~ 41 kg（50 ~ 90 lb）］	8	16	24	31	38	45	50	55	61	66	72	77	82	88	93	99	104	109	115	120
巨型品种［> 41 kg（> 90 lb）］	9	18	26	34	41	49	56	64	71	78	86	93	101	108	115	123	131	139		

■ 成年　■ 高龄　■ 老年

图表由 Fred L.Metzger,DVM,DABVP. 提供。

注：上述年龄仅作为一般准则。

第 23 章　患宠临终关怀

Mary Gardner 和 Dani McVety

随着兽医学的不断发展和新的治疗方式出现，宠物越来越长寿，即使患有一些无法治愈的疾病也能够生活得非常舒适。但总有一天，治疗方案会无效，或是没有把症状保持在宠物或宠主所能忍受的水平。与人类临终关怀一样，在我们的诊所和全科医生的办公室内，对宠物临终关怀的需求都在不断增长。然而，兽医临终关怀仍然被误解，即使我们是专业的。我们经常被问到："什么是兽医的临终关怀？""这难道不是延长了不可避免的痛苦吗？"由于这种误解，临终关怀仍未得到充分利用。

什么不是临终关怀?

我认为有必要首先了解临终关怀不是什么：它不是延长痛苦，也不是安乐死或自然死亡。

临终关怀的定义

临终关怀是一种医疗监督服务，致力于为宠物（以及支持宠主）提供舒适和保障生活质量，直到选择安乐死或发生自然死亡。

有趣的是，在我们的同行中，还有很多人（以及一般公众）认为兽医临终关怀是消极的。然而，我们充分认识到临终关怀医院为人类提供的优质服务，为什么会有双重标准？是因为我们可以选择安乐死吗？兽医临终关怀的患者可能不像人类临终关怀患者那样出现在临终关怀项目中，这可能是因为我们有安乐死的选择，但临终关怀仍然是一种在兽医学中有一席之地的服务，尽管和人类的略有不同。

你最喜欢什么口味的冰激凌?

几年前，我遇到了一位兽医学教授，Gary Ellison 教授，他是佛罗里达大学的外科主任。他拥抱我后说："Mary，我为你感到骄傲！我喜欢你为宠物和其家庭所做的一切。去年我父亲与胰腺癌做斗争，在医院里，他们每 3 h 测一次血糖（因为他患有糖尿病）。然后，当他的情况变得更糟，我们知道他的时间有限时把他转移到了临终关怀中心”。第一天，护士走进了他的房间。他脸上露出酸涩的表情，伸出胳膊说：“你是来采血的吗？”她大笑着说：“不，Ellison 先生！我是想知道你最喜欢什么口味的冰激凌？”Ellison 教授告诉我，他父亲的眼神亮了起来！他很兴奋不用那么担心血糖，只是享受最后的重要时光。Ellison 教授对我说：“这就是兽医临终关怀的意义所在。”从一个外科医生这里听到这些，我对此印象深刻并感到谦卑。现在，我并不是说要给下一个绝症患者送冰激凌……但也许在最后一天可以这样做！

本章给出了将临终关怀引入诊所的意义。有很多优秀的兽医临终关怀书籍，还有一个致力于兽医临终关怀的组织（IAAHPC.org），你可以通过这些资源更深入地了解临终关怀的世界。

如何在诊所中开展临终关怀

临终关怀医院不仅仅适合老年宠物，它是为任何面临生命终结的宠物准备的，无论它在哪一生命阶段。例如，对于患有细小病毒的幼犬，患有无法控制的糖尿病的 6 岁犬，或者患有认知问题的 16 岁猫，它整夜喵喵叫，处于持续混乱状态，对于它们来说临终关怀是有必要的。

当你有一个客户正面临着他的宠物生命要终结时，你应该在诊所内和客户讨论并提供临终关怀服务。用“临终关怀”这个词来描述这种护理将帮助宠主意识到，他们的宠物已经处于生命的尽头，并且不再寻求治疗性的选择。很多时候，这个词对宠主来说是一种解脱，在其他时候，他们开始考虑人道安乐死。

如果宠主选择不做诊断，或者他们想停止治疗或决定不这样做，请避免让宠主感到内疚，而是支持他们做出这个艰难的决定。例如，如果一个宠主拒绝每 6 个月检查一次宠物的血液指标（以评估长期使用非甾体抗炎药的影响），就不要威胁其需要停止治疗。相反，要采取积极措施，确保宠主感到被支持、安慰、有所准备，并且没有经济负担。

- 告知宠主潜在的不良反应，强调如果有任何不良反应，给宠物进行治疗的重要性。
- 若宠主拒绝为宠物进行血液学检查，让宠主签署一份免责协议，以保护你和你的诊所。
- 帮助宠主为自己的宠物制定一个富有同情心的临终关怀方案。

一旦宠物加入你的临终关怀项目或被认为值得进行临终关怀，就在它们的病例上标记为“临终关怀”。在你的诊所里，医生和支持团队应达成一致，如果一个病例被标记为“临终关怀”，家人可以在任何时候选择安乐死，而不需要为主治医生详细描述整个病史。他们会感到自己得到了整个团队的支持，而不需要为告别的选择进行辩护。

教育和咨询

通常，当宠主正在考虑安乐死但还没有准备好做出决定时，可能会从某种服务中受益。或者，宠主可以从关于宠物的疾病以及随着时间的推移如何最好地控制症状的对话中受益。这是我建议先进行“咨询”的原因。这是一种更温和的方法，可以引导他们进入临终关怀的心态，并且更容易被客户接受。你可能会惊讶于客户与兽医讨论的 30 min 里会发生什么，以及如何管理宠物的疾病和进展。沟通、准备和更多的沟通是一个成功的临终关怀案例的标志。

很多家庭，就像我对我自己的宠物一样，希望尽可能让他们的宠物活着，同时保持良好的生活质量，但只是不知道怎么做，这使他们感到无助。他们可能没有工具、时间或能力来护理他们衰老或患绝症的宠物。当接触临终关怀患宠和它们的家人时，我们要相互理解，我们愿意帮助其宠物延长生命（在疼痛和焦虑得到控制的基础上），但总是会对疾病进程进行长时间的讨论，应有一个明确的“停止点”，我们的共识是保障宠物有良好的生活质量。客户需要知道最重要的事情是，如果他们等待太久，他们会冒什么风险，这就是为什么告知他们宠物的疾病进展是至关重要的。我经常告诉宠主，“似乎总是感觉为时过早，直到为时已晚。”下面是在家庭中评估宠物是否濒临死亡的指标：

- 当它不能连续站立超过 30 min 时。
- 当它的静息呼吸频率超过每分钟 60 次时。
- 当它连续睡眠不超过 3 h。
- 当它拒绝最喜欢的食物时。
- 当它不试图攻击邮递员并在一整天都拒绝进食时。

临终关怀宣传册

还应为临终关怀家庭提供详细的临终关怀信息包，就像兽医诊所向宠主

提供的幼犬 / 幼猫信息包一样。内容如下：

（1）每日记录，描述食欲、饮水、排尿、排便、活动能力和疾病的临床症状，这些都是宠物在临终关怀期间需要监测的重要事情，因为它们有助于确定整体生活质量。

（2）关于影响宠物的疾病的详细信息，包括临终的临床体征。

（3）生活质量记录表有助于给主人提供一个可衡量的标准。可以每天或每周对宠物进行评估，理想情况下由不止一个家人进行评估，这样可以对宠物进行更准确的评估。确保教会宠主如何准确地使用磅秤。

（4）可提供的支持和可靠的辅助服务（最好是移动的），如针灸、推拿、上门美容、上门看护（对技术人员来说是很好的机会）。

（5）当地的宠物丧葬服务团体或追悼顾问（当地的人类临终关怀机构是一个很好的推荐来源）。

（6）急诊诊所，如果你的诊所不提供 24 h 急诊护理。

（7）关于自然死亡的信息。

（8）具体的安乐死信息，如下：

- 何时以及如何在你的诊所安排实施安乐死，以及你的诊所是否提供上门安乐死。
- 如何处理紧急情况，如晚上或周末，医院可能没有兽医出诊。例如，若没有急诊护理，使用救急用止痛药让宠物过夜。
- 善后信息（宠主需要提前计划），包括诊所提供的服务和价格。
- 当地的宠物火化场或墓地，在宠物去世后将其从家里接走的服务等。

姑息治疗

对临终关怀患者的姑息治疗是提供这类服务的关键组成部分。五个最常见的护理领域如下：

- 疼痛管理。
- 焦虑控制。
- 营养支持。
- 控制恶心。
- 保持卫生。
- 控制感染。

疼痛管理

提供足够的止痛药物是至关重要的，评估其有效性也同样重要。我们还为宠主提供了他们可以自己完成的“紧急干预”或“舒适工具包”。例如，患有骨肉瘤或严重退行性关节疾病的犬的宠主在离开你的诊所时，给予一剂可注射的止痛药，并确保宠主知道在病理性骨折时如何给药。这样，宠物就可以在进行下一步的处置之前得到一些缓解。教宠主识别疼痛是具有挑战性的，可以提供科罗拉多州立大学的疼痛评估表来帮助评估急性和慢性疼痛（Hellyer, 2006a, b）。

焦虑控制

许多犬整晚都不睡，气喘吁吁，踱步，导致许多宠主也整夜醒着。提供帮助它们入睡的药物有助于缓解焦虑水平。此外，焦虑和痛苦会改变疼痛的感知和疼痛的阈值，这可能会加剧宠物的疼痛程度，使疼痛管理变得更加困难。

营养支持

有些疾病会导致食欲下降。虽然食欲刺激剂有时很有用，但它们的效果通常会很快消退。许多宠主愿意为他们的宠物做饭，所以提供含有交替蛋白

图 23.1　临终关怀患犬 Andy 很喜欢它的饭和婴儿食品混合在一起

质来源的营养食谱是有帮助的（图 23.1）。

控制恶心

通常，处理某些疾病或服用某些药物的宠物会感到恶心。最好是主动控制恶心，这样宠物就不会不吃东西，从而造成更多的问题。

保持卫生和控制感染

老年宠物通常会出现大小便失禁。尽管失禁可能不会对生活质量造成严重影响，但一些宠物在家里出现意外排泄时可能会变得焦虑，人类与动物之间的关系会受到考验，并且可能发生感染或尿垢。保持宠物清洁很重要，可以通过帮助宠物梳理 / 剃毛，或使用湿巾、尿布、防水铺垫用品、易于进出的猫砂盆，以及频繁遛犬保持卫生。

后续工作

不要让这些患者被忽略！它们需要有一个后续的行动计划。根据宠物的疾病和目前的生活质量，你可以给出一个需要进行临终关怀的大致时间。如果患者处于临终关怀的早期阶段，则要求每月通过电子邮件或电话更新情况。然而，如果宠物处于晚期阶段，需要每周，甚至每天更新情况。这有助于对治疗的有效性、疾病的进展、总体生活质量和宠主的意愿进行全面的评估。一些宠主通过电子邮件与兽医联系，提供视频或图片，而另一些人可能希望兽医每隔几周重新评估一次。

> 美国兽医协会关于临终关怀的政策规定：
>
> “无法提供临终关怀的兽医或动物医院应准备将患者转诊给另一名能提供这些服务的兽医或另一家动物医院。”
>
> （American Veterinary Medical Association, 2017）

结论

虽然提供兽医临终关怀可能不是最大的收入途径，但长期利益是不可估量的。客户对诊所的兽医护理的满意度将是无价的。这将产生良好的口碑并促成转介，还可以在必要时与其他客户产生重复业务，最重要的是，这对宠物是最好的。

当宠主和他们的宠物有一个更好的临终体验时，他们会更快地从悲伤的情绪中恢复过来。它们能够更好地面对自己的决定，对自己照顾宠物的能力有信心，并更快地敞开心扉，再次拥有宠物。

参考资料

American Veterinary Medical Association. (2017) "Guidelines for Veterinary Hospice Care." approved by the Executive Board 04/2001; reaffirmed 04/2007; revised 04/2011. Available at https://www.avma.org/KB/Policies/Pages/Guidelines-for-Veterinary- Hospice-Care.aspx.

Hellyer, W., Uhrig, S. R., Robinson, N.G. (2006a) "Canine Acute Pain Scale." Colorado State University Veterinary Medical Center. Available at https://www.biomedcentral.com/content/supplementary/s12917-015-0338-4-s2.pdf.

Hellyer, W., Uhrig, S. R., Robinson, N.G. (2006b) "Feline Acute Pain Scale." Colorado State University Veterinary Medical Center. Available at https://www.csuanimalcancercenter.org/assets/files/csu_acute_pain_scale_feline.pdf.

延伸阅读

Shanan, A., Pierce, J., Shearer, T. (eds.) (2017) Hospice and Palliative Care for Companion Animals: Principles and Practice. Hoboken, NJ: John Wiley & Sons, Inc.

Shearer, T. S. (ed.) (2011) "Palliative Medicine and Hospice Care." Veterinary Clinics of North America Small Animal Practice, 41(3): 477–702.

实用资源

International Association for Animal Hospice and Palliative Care: iaahpc.org Emerging group for all members of a pet hospice team.

Lap of Love Veterinary Hospice: www.Lap of Love.com/Education/Common-Diseases End-of-life information on common diseases seen in hospice practice.

第 24 章　生活质量评估和临终决定

Mary Gardner

Bogey

12 月初 Sharon 打来电话，和我们接到的大多数电话一样，从充满了深情的泪水开始，在第一句话中 Sharon 哽咽了一下。很明显，Sharon 和家人都在挣扎，并且迫切需要在这个艰难时期得到支持和更多的教育。Bogey，他们 13 岁的雄性金毛猎犬在一个月前被诊断出患有淋巴瘤。Bogey 去看了南加州最好的肿瘤学家，但他的病情很严重，时间不多了。他在服用泼尼松龙、止痛药和胃肠保护剂。整个家庭处于不确定的担忧中，需要帮助。

我按了门铃，可以听到一声响亮但沙哑的犬叫声，紧随其后的是 Bogey 的指甲在瓷砖地板上划出的声音，从前门都能听到。当门打开时，Bogey 热情地迎接了我。我们互相吻了一下，他闻了闻我的包，然后转身，把我带到了客厅，人们都在那里等着我。他是个大男孩，绝对是个健康饮食者！很容易发现他行动不便并且气喘吁吁（我的医学头脑开始运转“可能是由于泼尼松龙、疼痛、焦虑、可能增大的淋巴结……”）。

家人回顾了 Bogey 的生活史（图 24.1），分享了一些故事，然后开始谈论过去几个月的事情和他的癌症诊断。他的行动能力确实是个问题，他挣扎着爬到他最喜欢的沙发上，但他很难入睡，而且他一直在喘气和踱步，让整个家庭都睡不着。他们非常喜欢 Bogey，不想仅仅为了他们自己而延长他的生命，但他们确实认为他还有一些时间（我同意）。他们也希望他能活到圣诞节。Bogey 是这个家庭传统的重要组成部分，在过去的 13 年里，Bogey 一直是圣诞贺卡上的装饰物。“医生，您觉得我们还有多少时间？这听起来可能很傻，但我们不知道是否应该把他放在圣诞贺卡上，因为我们不想让任何人因为他提前去世而感到不安。我们只是想让他开心，尽可能摆脱痛苦。”

在我谈到药物和评估生活质量之前，我解决了他们的一个担忧，许多兽医可能会耸耸肩，认为这个问题无关紧要。“Bogey 应该出现在圣诞贺卡上，不管发生什么事，他都将是你的圣诞天使。无论是在地球上还是在天上，Bogey 今年一定会照亮人们的脸庞。”他们都笑了，点头表示同意，然后我们开始讨论生活质量。

图 24.1　4 岁的 Bogey

最重要的问题：我怎么知道它濒临死亡？

照护人最常问兽医的一个问题是，“我怎么知道它濒临死亡？”。这个问题伴随着沉重的心情，并不是一个可以快速回答或给出标准答案（如“你会知道的”或“当它们停止进食时”）的问题。通常答案可能比这更复杂。尽管有时候，这些老套的答案可以很好地解答该问题，但通常并非如此。当主人回家时，这只患有骨关节炎的 13 岁拉布拉多猎犬可能还在吃东西，看起来很兴奋，但它几乎不能站起来，下楼梯会摔倒，一整天都坐在自己的粪便里。人们会告诉照护人，“你会知道的，他们会看你一眼的。”我同意有时他们会给你一个可怜的眼神，但如果你仔细想想，他们给你的眼神是因为他们正在受苦，这难道不是我们想要避免的吗？所以，等待一个眼神，可能就是等待痛苦。

评估生活质量是帮助宠主度过宠物生命末期的一个重要部分。这种讨论不是可以避免或被忽视的，它需要的技巧不亚于做手术，但细致程度超乎你的想象。

评估生活质量的三个核心要素

图 24.2 展示了评估生活质量的三个核心组成部分，并显示了它们是如何相互关联的。

图 24.2 生活质量的三个组成部分

宠物的疾病或病痛

宠物面对的每一种病痛都会带来不同的挣扎、疼痛、焦虑甚至痛苦。需要对宠物目前面临的问题、短期内将面临的问题，以及死亡过程中可能面临的问题进行彻底的沟通。患有髋关节发育不良的德国牧羊犬，如果它们仍能保持营养、水合、疼痛控制并与家人互动，其生活质量可能处于可接受的水平。然而，患有心力衰竭的猫每天都在与呼吸窘迫做斗争，其生活质量可能不可接受，迟早需要干预。

当讨论宠物的疾病时，必须涵盖疾病过程对宠物的影响，以及随着时间的推移它是如何发展的。肾衰竭患猫的主人通常会被告知这并不痛苦，然而，脱水、毒素积聚、溃疡、恶心均会导致不适。列出未来最常见的问题、时间框架和期望，可以帮助一个家庭顺利完成评估过程，也可以为他们何时应该考虑干预确定一个“节点”。

宠物的个性

人们必须考虑宠物如何处理不同的情况，如疼痛、焦虑、药物、护具。就像人类一样，每只宠物处理事情的方式都会有所不同，例如，一只宠物可以很容易地忍受一个护具，而另一只宠物可能会尽其所能摆脱它。给一些宠物用药可能非常困难，无论是口服、舌下给药还是皮下给药。对于兽医团队来说可能很容易处理，但对宠主来说，这可能是一场斗争，可能会导致宠物对家人感到厌倦，从而使人与动物的关系纽带变得紧张，甚至破裂。

宠物在生活中喜欢什么也很重要。如果一只犬喜欢躺在沙发上看电视（图 24.3），那么一种限制行动能力的疾病可能不会像牧羊犬那样对生活质量造成影响，因为牧羊犬的“工作”是放牧羊群或守卫家人。宠物的个性可能是控制慢性疾病的一个限制因素。

图 24.3　临终关怀患犬 Yogi 在推车中散步，Yogi 的主人愿意不惜一切代价让 Yogi 享受最后的时光

宠主的能力、信念和愿望

照顾年老或身患绝症的宠物的能力和愿望会影响宠物和宠主的生活质量。有些宠主可能会寻求治疗，直到尝试完所有的选择，而其他人会选择更简单的方法来保持它们尽可能长时间的舒适，不会走到医学上的极端。遗憾的是，宠物常被视为财产，而且资金供应并不是无限的，我们不能强迫照护人为宠物提供医疗服务。我们可以作为宠物的拥护者介入，但在慢性病例中，这通常意味着安乐死或强制治疗。宠物的生活质量可因宠主照顾宠物的能力、他们的价值观，以及他们对宠物的临终愿望所改变。一个人认为好的“品质”可能与其他人不同。

我们一致同意一件事

大多数人都会同意一件事——他们不想让他们的宠物受苦，但受苦是主观的。这就是定量评估生活质量的意义。但是你衡量的是什么呢？兽医最常用的生活质量客观指标是活动能力、食欲、疼痛和适当的排泄。我当然不反对这些，但基于这些项目的生活质量的评估不应该用“是或否”来回答，而应该用“如果或那么”来回答。

生活质量评估工具

有许多可用的工具可以帮助宠主和兽医团队评估生活质量，有些很简单，有些很复杂。为家庭选择正确的工具将使他们能够监测生活质量的改变。没有完美的工具适用于所有情况、宠物和家庭，但找到一个涵盖最重要问题的工具是最好的。本章介绍了一些常用的工具。

基本生活质量评估工具

五条规则

一个常见的建议是，挑出宠物最喜欢的五件事。当宠物不再做其中三件或更多这样的事情时，那么就是时候考虑干预了。这可能是吃饭、散步、与家人互动、玩玩具或其他事情（图 24.4）。这样做的一个缺点是，宠物可能仍然在做那五件最喜欢的事情，但它们的生活质量显然不是很好。例如，认知问题：当一只宠物保持警觉时，它们可能会正常地行动、进食、玩耍，但当它们处于认知功能障碍的状态时，它们会失控地前进，或者僵硬地盯着空中看，直到它们筋疲力尽。我亲眼目睹过宠物每天长达 18 h 的恍惚状态，其余时间它们都在舒适地进食、玩耍或睡觉。

如果使用这种评估方法，我还建议将宠物不喜欢的东西包括在内。如果他们有憎恨某事的激情，但失去了这种激情，可能表明他们身体不好。例如，如果犬讨厌门铃，但没有足够的能量在门铃响起时发出最小的叫声，则生活质量可能会很差。

好的一天还是坏的一天

确保好日子多于坏日子似乎是评估生活质量的一种合乎逻辑的方法，但大多数人实际上并没有记录好日子的数量。我给所有想要使用这种评估方法

图 24.4　Bogey 躺在它最喜欢的沙发上，对这个家庭来说，重要的是 Bogey 仍然能够爬上它的沙发，尽管是在帮助下。他们希望 Bogey 最后的时刻是在沙发上度过的

的客户的建议是，简单地使用日历来标记和追踪坏日子。实际上，看到坏日子越来越多，可以帮助宠主了解情况的严重性。这也可以防止他们在珍贵的“好日子”到来时，不经意地忘记前几天或前几周有多糟糕。Lap of Love 开发了一个日历供宠主使用（http://lapoflove.com/Pet_QoL_Calendar.pdf）。

罐子里的硬币

另一种追踪生活质量的简单方法是拿两个罐子——一个标有“好日子”，另一个标有“坏日子”。让宠主根据宠物的行为、习惯、日常功能等，在相应的罐子里放一枚硬币。几周后，宠主可以看到宠物的坏日子是否比好日子多，并可以获得进行安乐死的信号。

Grey Muzzle 应用程序（iphones 和 Android）

Grey Muzzle 是由 Lap of Love 开发的，是第一款在 iPhone/iPad 和 Android 设备上记录宠物一天的电子应用程序（图 24.5）。宠主只需从应用商店下载 Grey Muzzle 应用程序，并创建宠物的个人资料。然后他们每天都会标记宠物今天过得好、坏，还是平平无奇。这样他们就可以记录下那些糟糕的日子。

宠主应该在心理上做好准备，当宠物的坏日子比好日子多时，和他们的兽医讨论进行干预。或者由家庭成员共同做出决定，如果宠物有 30% 的糟糕日子，那就该说再见了。Grey Muzzle 应用程序有一个日历，这样主人就可以一目了然地看到这个月的情况，也有一个总结页面，可以看到宠物进步的饼状图。

先进的生活质量评估工具

HHHHHMM 评分表

由 Alice Villalobos 博士开发的 HHHHHMM 评分表，是兽医可以指导客户从更客观的视角来评估临床症状的首批工具之一。这个量表考虑了受伤、饥饿、水合状态、卫生、幸福感、行动能力，以及好日子比坏日子多。主人给这些症状打 1 ~ 10 分（1 分是最差的，10 分是最好的），然后把这些值加起来就是总分。如果宠物高于或低于某一特定值，则它们可能处于可接受的状态或需要干预。可通过以下链接下载：http://pawspice.com/clients/17611/documents/QualityofLifeScalepdf。

Lap of love 生活质量评分表与每日记录

在得分和达到可接受的阈值方面，该评分表的概念与 HHHHHMM 评分表

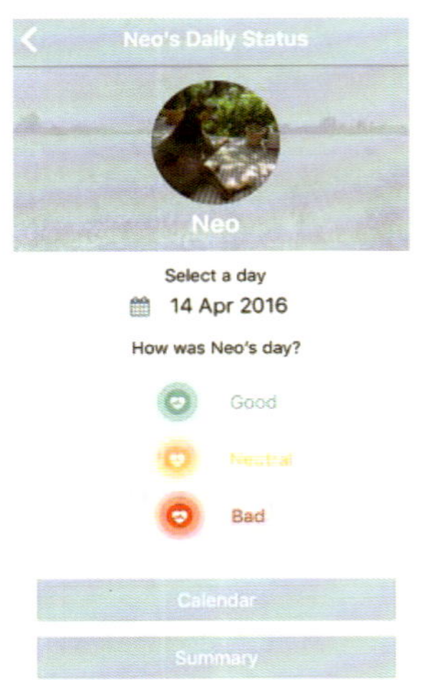

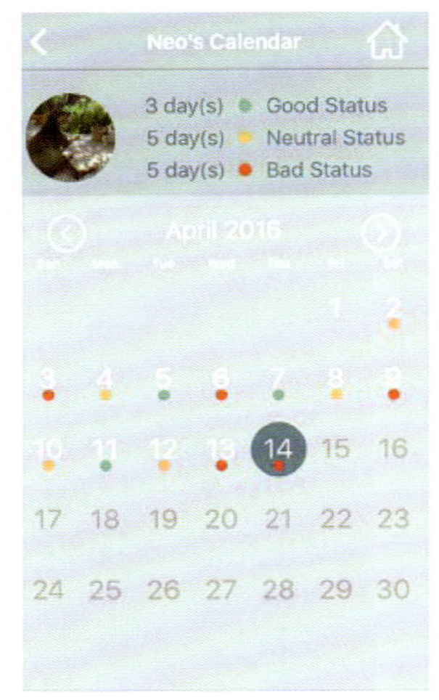

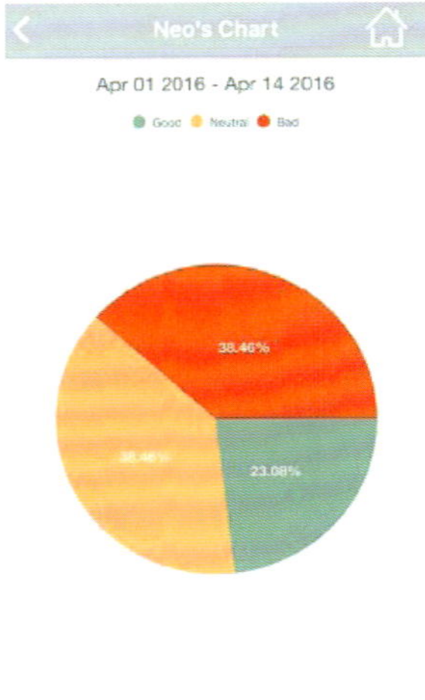

图 24.5 Grey Muzzle App 界面

相似，但有六个标准（活动性、营养、水合、互动 / 态度、排泄和最喜欢的事情）。它还有专门用于日常记录的空间，这样主人就可以记录下他们的宠物当天的任何重大变化。该评分表可以在 lapoflove.com/Pet_Quality_of_Life_Scale.pdf 上找到。

Lap of love 宠物的生活质量和家庭关怀

这个评分表是一种工具，它还会向家庭提问，以确保他们的需求得到满足（专栏 24.1）。

互动式生活质量评估

Pet Hospice Journal

Pet Hospice Journal 是一个免费的在线生活质量评分表。这是 Lap of love 开发的第一个互动评估工具。大多数生活质量评分表最令人担忧的是，它们没有考虑宠物患有的疾病，以及宠物将要经历的特定疾病的症状。患关节炎的犬在行动能力上可能得“0”分，但它们的进食能够得“3”分，做它们最喜欢做的事也是如此。这会错误地提高生活质量得分。宠物临终关怀日记的开发是为了让宠主可以为他们的宠物创建一个档案，根据他们选择的疾病，评估标准会改变，每个答案的“权重”也会改变。这个工具对兽医和宠主是免费的，可以在 pethospiceJoural.com 上找到。

专栏 24.1　宠物的生活质量

在 0 ~ 2 的范围内给每一项打分：

0 = 同意该说法（符合我的宠物）

1 = 有些不同

2 = 不同意该说法（不符合我的宠物）

（1）社会功能

a. 和家人在一起的愿望没有改变。

b. 与家人或其他宠物正常互动（即，攻击性没有增加或没有其他变化）。

（2）自然功能

a. 食欲没变。

b. 饮水没变。

c. 排尿习惯正常。

d. 排便习惯正常。

e. 行走（走动）的能力没变。

（3）精神健康

a. 享受正常的游戏活动。

b. 仍然不喜欢同样的东西（例如，仍然讨厌邮递员 = 0，或者不再对邮递员吠叫 = 2）。

c. 没有压力或焦虑的外在迹象。

d. 看起来不糊涂或冷漠。

e. 夜间活动正常。

（4）身体健康

a. 呼吸或喘气模式无变化。

b. 没有明显的疼痛迹象（见下面的参考资料）。

c. 不在家里走来走去。

d. 宠物最近整体状况没有变化。

结果：

0 ~ 8 = 生活质量很可能是良好的。目前还不需要医疗干预，但兽医的指导可能会帮助你识别未来需要寻找的迹象。

9 ~ 16 = 生活质量有问题，建议进行医疗干预。你的宠物肯定会从兽医的监督和指导中受益，以评估它正在经历的疾病过程。

17 ~ 36 = 生活质量无疑是一个令人担忧的问题。在不久的将来可能会变得更加激进和严重。兽医指导将帮助您更好地了解宠物疾病过程的最后阶段，以便在临终关怀或选择安乐死方面做出更明智的决定。

专栏 24.1 （续）

家庭的担忧

在 0 ~ 2 的范围内给每一项打分：

0 = 我现在不担心。

1 = 有一些担忧。

2 = 我对此感到担忧。

我对以下几点表示担忧：

（1）宠物的痛苦。

（2）照顾宠物的意愿。

（3）照顾宠物的能力。

（4）宠物独自死去。

（5）不知道何时实施安乐死。

（6）面对失去。

（7）关心其他家养动物。

（8）关心家庭其他成员（如儿童）。

结果：

0 ~ 4 = 目前,你的担忧微乎其微。你要么已经接受了失去宠物这个不可避免的事实，要么还没有想太多。如果你还没有考虑过这些事情，现在是时候开始评估你自己的担忧和局限性了。

5 ~ 9 = 你的担忧正在加剧。从了解宠物的情况开始搜索信息，这是确保你为未来的情绪变化做好准备的最好方法。

10 ~ 16 = 尽管你可能不太看重自己的生活质量，但你对宠物变化的担忧是确定的。现在是时候做好准备，在你周围建立一个支持系统了。兽医的指导将帮助你为宠物的临床变化做好准备，同时顾问和其他健康专业人员可以开始帮助你应对预期的悲痛。

使用任何生活质量评分表时的建议

（1）在一天的不同时间进行评分，注意幸福感的昼夜波动。（我们发现大多数宠物在晚上表现得更差，而在白天表现得更好。）

（2）要求多名家庭成员共同完成评分表，对比观察。

（3）定期给宠物拍照，帮助自己记住它们的外观。

（4）坚持做详细的笔记。

（5）为何时寻求干预设置一个节点。

（6）不要沮丧——这不是一段容易的时期，没有非黑即白的答案。

（7）选择最适合宠物疾病和家庭特色的工具的工具。并不是每个人都愿意使用交互式工具，但是有些人想要的不仅仅是一罐硬币。

其他需要探索的问题

跟宠主的交流对于帮助他们明确自己的想法、感受和界限，为他们的宠物做出关于生命终结的决定至关重要。我使用以下问题来帮助我衡量宠主的时间、情感、体力和经济预算：

（1）你以前经历过失去宠物的痛苦吗？如果是，你的经历是什么（好的还是不好的，为什么）？备注："你以前经历过这种情况吗？"通常是我问的第一件事。我发现，第一次经历生活质量评分的家庭，通常需要更多的指导和更直接的语言来说明未来的过程。他们倾向于等待宠物主动告诉自己："我现在准备好了，妈妈。"这不仅仅是我的观察，也是我一次又一次在宠主失去宠物后听到的："我不敢相信我等了那么长时间。"

（2）你希望你的宠物预期寿命是多少？你觉得会是多少呢？

（3）你希望你的宠物临终体验是什么样的（在家里、在她睡梦中去世等）？

（4）对于这些问题，你有没有感到压力或焦虑？（本节旨在帮助确定家庭的主要担忧）：

- 宠物遭受的痛苦。
- 照护宠物的意愿。
- 照护宠物的能力。
- 宠物独自离去。
- 不知道何时实施安乐死。
- 应对失去。
- 担忧其他家养动物。
- 担忧其他家庭成员（尤其孩子）。

理想情况下，每个家庭的预算和边界都应与目前的疾病进程保持一致。除了不惜一切代价避免紧急情况外，看重宠物幸福的家庭需要明白，在迫在眉睫的情况下等待太久会带来巨大的风险。每种疾病过程都有自己的一系列临床症状，应给予最大的重视。

如果宠物的健康状况每况愈下，而且没有额外的诊断或治疗，家人愿意或有能力去探索，则生活质量将会成为迫在眉睫的问题，或即将成为问题。如果家人的情感、时间、体力或经济预算正在耗尽，那么在某个主观的时间段内安乐死是一个合适的决定。这段时间可以是几小时、几天、几周甚至几个月。在这个特定的时间段之前，我会拒绝安乐死，因为动物显然有很好的生活质量。然而，在这段时间之后，我会坚持安乐死，因为宠物遭受了痛苦。然而，在这段较长的主观时间内，真正依赖于家庭在支持性医疗团队的指导下做出对他们最有利的决定（图 24.6）。一些宠主需要时间来接受宠物的衰弱，而另一些人则希望避免任何不必要的痛苦。每个人都不一样。毕竟，宠主比任何人，甚至兽医都更了解宠物的个性！

疼痛和焦虑

动物的疼痛是所有宠主都应该熟悉的另一个重要话题。这是我在居家临终关怀咨询期间讨论的主要话题。我和许多其他专业人士都认为，猫和犬等食肉动物不会隐藏它们的疼痛，相反，疼痛对它们的影响与对人类的影响不同。动物不像人一样对疼痛有情感联系。人类对癌症诊断的反应与 Fluffy 大不相同！Fluffy 不知道自己得了绝症，所以比起它自己，我们人类更烦恼。这与兔子或豚鼠等猎物截然不同，后者必须隐藏疼痛以防止食肉动物的攻击。如果你有兴趣了解更多关于宠物的疼痛和苦恼的信息，可以参阅 Temple Grandin（2005）编写的 *Animals in Translation* 中的第 5 章。

在讨论安乐死的决定时，我们应该像关注疼痛一样关注宠物的焦虑。就我个人而言，我觉得动物的焦虑比疼痛更糟糕。想想你的犬最后一次去就诊是什么时候。他的行为如何？他在诊室紧张吗？他有没有用那种“这太可怕了！”的眼神看着你？现在回想一下它最后一次伤害自己是什么时候。可能是因为跑得太用力导致爪子擦伤或肌肉拉伤。我的犬在疼痛时很少像焦虑时那样心烦意乱。对于濒临死亡的动物来说也是如此。终末期关节炎患者开始喘息、踱步、哀鸣和哭泣，尤其是在晚上。由于荷尔蒙波动和其他因素，症状通常

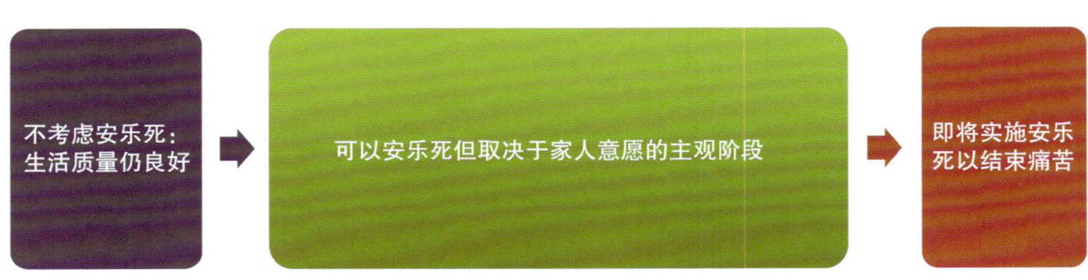

图 24.6　生活质量和干预的三个阶段

会在晚上变得更严重。身体正在告诉这只食肉的犬，它不再处于食物链的顶端，它已经被降级了，如果它躺下，它将成为别人的晚餐。抗焦虑药物有时会在一段时间内起作用，但对于处于这个阶段的宠物来说，终点已临近。

“宠物并不害怕或担忧死亡，但它们确实害怕和担忧疼痛。”

（兽医学博士 Robin Downing 在兽医会议上的演讲）

痛苦

疼痛是宠主和兽医都想要避免的一种情况。然而，痛苦也被提及，但并不容易被定义。就像疼痛一样，没有人希望他们的宠物受苦。我告诉宠主，对我来说，痛苦是指我不能思考或做任何事情，只能专注于我所处的身体或情感不适。我不能做真实的自己，也不能获得幸福。我觉得有些疾病会带来一定程度的不适，导致痛苦，对宠物来说，与疼痛（如关节炎）相比，情况可能更糟。

等待太久

一个有趣的趋势是，当我开始在临终关怀门诊接诊时，我没有预料到，家庭失去宠物的次数越多，他们就越早做出安乐死的决定。第一次经历宠物衰弱或绝症的宠主通常会等到最后才做出这个艰难的决定。他们害怕做得太早，没有好好斗争就放弃了。然而，后来大多数宠主都后悔等了太久。他们回想起过去的几天、几周或几个月，并为让自己的宠物经历了无数次就诊或不舒服的医疗程序而感到内疚，这些都没有提高宠物的生活质量。下次当他们目睹宠物的衰弱时，他们更有可能在衰弱的开始而不是结束时做出决定。

自然死亡

是的，有些宠物会安静地睡着，自己自然地死去，但就像人类一样，这是罕见的。许多宠主害怕他们的宠物“独自死去”，而其他人则不会。偶尔，我会被要求帮助一些家庭度过他们宠物的自然死亡过程。出于不同的原因，这些家庭反对安乐死。我尽我所能解释一切，包括自然死亡的样子，可能需要多长时间，他们的宠物可能会经历什么等。不可避免的是，几乎所有家庭都后悔这么做。他们中的大多数人事后评论说：“我希望我没有那样做，我希望她不必受苦。”自然死亡可能是难以旁视的，特别是对于非医学专业的人来说。大多数人看一个家庭成员痛苦比看他们的宠物痛苦要容易得多。在某种程度上，我们可以就身体上的疼痛或不适与他人交谈。人类可以感知痛苦的结束（通过药物甚至死亡），但我们几乎无法给正在受苦的宠物提供情感上的安慰，它们根本无法感知痛苦的结束。宠主很难接受这种内疚，我尽我所能，不仅随时准备在适当的时候建议安乐死，而且如果他们选择等待，我还会为最坏的情况做准备。

仔细权衡你的选择

如果对一个家庭来说，最重要的事情是等到最后一刻才和宠物说再见，那么他们很可能会面临一个紧急的、充满压力的、让宠物难以忍受的情况。这可能是不平静的，他们可能会后悔等待太久。如果他们希望自己的宠物能有一个宁静、平和、有爱、以家庭为导向的居家生活体验，那么这个决定就必须比期望的要早一点做出。做出这样的决定不应该是为了停止任何已经发生的痛苦，而是防止痛苦的发生。最重要的是，我们的宠物不应该受到伤害。

我听无数养宠物的人说，失去宠物的伤痛不亚于失去父母的伤痛。对某些人来说，这听起来像是一种亵渎，但对另一些人来说，这是冷酷的事实。决定对宠物实施安乐死可能会让人感到痛苦、残忍和不道德。是的，这些都是很严厉的话，但这就是我们养宠家庭的经历。他们觉得自己让宠物失望了，或者自己是朋友死亡的原因。他们忘记了安乐死是一份礼物，如果使用得当、及时，它可以防止宠物遭受进一步的身体痛苦，也可以防止家人遭受情感痛苦。做出实际决定是这段经历中最困难的部分，我每天都被问到这个问题。

使用任何方法来帮助评估宠物的生活质量，并结合家庭的生活质量，已经帮助许多宠主意识到自己有权做出决定——是继续治疗 / 护理还是让他们的宠物安乐死。我多么希望“什么时候该安乐死？”这个问题的答案简单明了。我认为，我们有责任帮助宠主做出生命终结的决定，帮助结束和避免动物的痛苦。有很多方法可以帮助宠主探讨生活质量问题，但有一种方法对我们的职业来说是不公平的，那就是简单地说一句，“时间到了打电话给我”。宠主需要的不仅仅是这些，宠物也应该得到更多照护。

回到 Bogey 的问题上

在与宠主进行了长时间的交谈，并对 Bogey 的病情进行了评估后，我们决定将 Bogey 纳入我们的临终关怀计划，提供姑息治疗，并每天评估他的生活质量。对于 Bogey 的家庭来说，最好在厨房的墙上贴一张大的贴纸（图 24.7）。这样家里的每个人都可以记录下 Bogey 过得怎么样，吃得怎么样，晚上睡得好不好等。

Bogey 有几周表现很好。他开始睡得踏实了，甚至整晚都睡得安稳。他很享受和家人在一起的时光，玩玩具，坐在沙发上，保持着食欲。他甚至活到了圣诞节（图 24.8）。

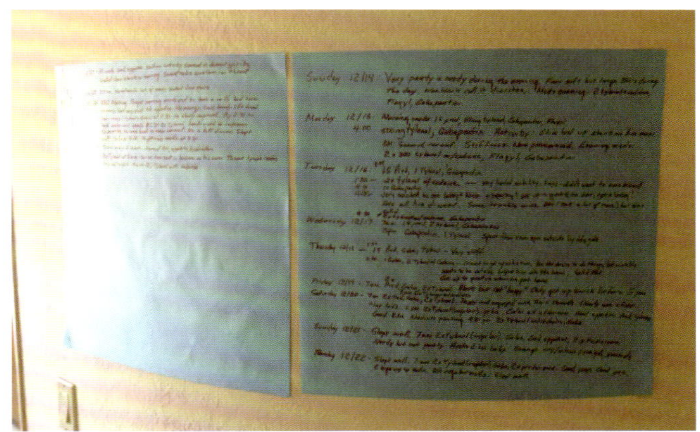

图 24.7　墙上 Bogey 的生活质量评分表

图 24.8　2014 年圣诞贺卡上的 Bogey

一周后，在新年前夜，Bogey 的家人决定“是时候了”。他在走下坡路，但仍有“好日子”。他们想让他在“好日子”里去世。因此，在所有爱他的人的陪伴下，Bogey 在他心爱的沙发上平静地去世了（图 24.9）。

图 24.9　Bogey 在他最喜欢的沙发上去世

延伸阅读

Grandin, T. and Johnson, C. (2005) Animals in Translation. New York, NY: Scribner.

Villalobos, A. (2011) “The “HHHHHMM” Quality of Life Scale. Pawspice. Available at http://pawspice.com/clients/17611/documents/QualityofLifeScale.pdf.

第 25 章　预期性悲伤和失去宠物的准备

Shea Cox

预期性悲伤

预期性悲伤指的是幸存者预演失去亲人的角色，并开始处理与死亡相关的情感变化的过程。临终关怀和姑息治疗的情况使家庭收到即将到来的死亡预警，使他们能够为即将到来的失去做好准备。预期性悲伤与死亡后经历的悲伤有许多相同之处，包括个人所感受到的所有思考、情感、文化和社会反应。一般认为，预期性悲伤减轻了实际死亡后悲伤反应的强度，使幸存者不那么容易受到适应不良反应的影响。然而，关于死亡即将发生的预警的适应价值的证据并不一致（Siegel 和 Weinstein, 1983）。一些调查表明，有机会体验预期性悲伤的丧亲者能更好地适应他们的离去，而其他研究并没有显示出任何好处（Parkes 和 Weiss, 1983）。

让家庭做好应对失去的准备

当家庭为即将到来的失去做好准备时，尽可能让所有家庭成员参与生命尽头的讨论，这可能是有帮助的。让所有照护人参与沟通，可以更好地评估家庭的整体认识，并有助于确定家庭的具体需求。此外，当每个人都参与沟通时，可以减少在生命末期提供护理的决定方面产生误解或分歧的可能性，防止不必要的内疚、愤怒或长期悲伤。重要的是要教育家庭成员，每个人的预期性悲伤是不同的，每个家庭成员可能以不同的方式经历或应对。

鼓励照护人照顾好自己。与预期性悲伤相关的压力影响着一个人的方方面面，包括身体、情感和精神状态。在短时间内，一个人可以耗尽大部分的能量资源，在悲伤的压力下变得不堪重负和筋疲力尽。重要的是，除了照顾他们垂死的宠物之外，还要让他们照顾好自己，以帮助他们度过悲伤的过程。

提供信息。个人获得的信息越多,他们就越能为即将到来的事情做好准备。了解宠物生命的尽头会发生什么，可以通过消除未知因素来减轻恐惧。因此，与即将到来的死亡有关的所有方面都应该讨论，包括随着疾病的发展预期情况是什么，有什么选择可以控制疾病，讨论什么可以使特定宠物的生活质量提高，安乐死的过程以及在死亡过程中预期会发生什么，仪式或纪念服务的选择，善后考虑和悲伤的常见方面。

如果宠主愿意的话，可以向他们提供机会纪念已故的宠物，并在之后与之共度时光。应为所有家庭成员提供参加追悼仪式或追悼会的机会，并允许他们尽可能久地陪伴已故宠物的身体（图 25.1 ）。这不仅让人们有机会适当地哀悼，而且给了人们以一种需要的方式说再见的情感自由，让人们完全接受死亡的终结。

需要强调，悲伤是正常的，并为表达悲伤提供一个安全的环境。人们常问的一个问题是，“宠物的死亡怎么能像一个家庭成员的死亡一样让人伤心呢？”人们可能会觉得他们不能，或者不应该为失去宠物而悲伤，这可能会阻止他们在宠物死亡时充分和适当地表达悲伤。讨论失去宠物时所感受到的强烈悲伤的“常态”，有助于确认即将失去宠物的感觉和这段时间可能经历的悲伤。

主动提供丧亲支持和咨询资源。人们可以从这些服务中受益，这些服务可以提供额外的倾听、安抚并帮助管理丧亲带来的所有变化。有越来越多的资源可以帮助人们度过悲伤的过程，包括当他们预计会失去宠物时。在每个生命周期结束时，都应主动提供当地、国家和在线支持服务信息。这些资源使人们在面对即将失去的宠物时，能够了解他们的感受、问题和想法。

图 25.1　所有家庭成员都应有机会参加追悼仪式或追悼会

如果家人不愿谈论悲痛怎么办?

人们可能会拒绝参与生命结束的讨论，一个普遍的原因是将否认作为一种应对机制。如果一个家庭成员不愿意谈论死亡和临终，探索这种不愿意背后的原因可能会让医疗服务人员找到一种更合适的方式来处理这个话题，并且可以间接地以一种更安全的方式获得关于他们偏好的额外信息。

特殊考虑：儿童和悲伤

成年人往往出于善意希望保护孩子不受痛苦事件的影响，但这样做往往会让孩子感到他们认为重要的事件被排除在外。

孩子们早在两三岁的时候就开始对死亡和丧失亲人方面有了理解。到 5 岁时，超过一半的儿童已经完全理解，几乎所有儿童在 8 岁时都能完全理解（图 25.2）。儿童多早形成这种理解主要取决于成年人是否在之前的丧亲经历中给出了真实而形象的解释（Sheldon, 1998）。

与父母讨论他们的孩子以前可能有过关于死亡的经历，以及他们已经被告知的情况和他们目前对这种情况的理解是有帮助的。当死亡即将发生时，

图 25.2 8 岁的孩子已经完全理解死亡和丧亲之痛

重要的是鼓励儿童询问有关死亡的问题，并在死亡发生后继续这样做。

父母是与孩子交谈的最佳人选，但他们可能需要专业人士的支持和建议来帮助他们这样做。父母也可能忙于照顾即将死去的宠物，或者被自己的悲伤所淹没。在这种情况下，求助于家人、朋友或老师可能会很有用。个性且独立的青少年可能会发现同龄人的建议很有帮助，特别是如果他们认识的人也经历过丧亲之痛（Relf, 2006）。

在悲伤的过程中，孩子们可以将珍贵的照片和纪念品保存起来，阅读故事书（专栏 25.1），或者使用关于死亡和丧亲之痛的记事簿。

专栏 25.1　有关失去宠物主题的图书资源

儿童

Cat Heaven; Dog Heaven, Cynthia Rylant

For Every Dog an Angel; For Every Cat an Angel, Christine Davis

I 'll Always Love You, Hans Wilhelm

The Kids Book About Pet Loss: Grieving and Healing After Loosing Your Pet, Vicky Taylor

When a Pet Dies, Fred Rogers

When Your Pet Dies: A Healing Handbook for Kids, Victoria Ryan

The Williams Family and Andy Cat: When the Loss of a Pet Really, Really Hurts, Jennifer Foreman de Grassi Williams

When You Have to Say Goodbye: Loving and Letting Go of Your Pet, Monica Mansfield

Saying Goodbye to Lulu, Corinne Demas

The Tenth Good Thing About Barney, Judith Viorst

I Miss You: A First Look at Death, Pat Thomas

Where the Red Fern Grows, Wilson Rawls

成人

How to ROAR: Pet Loss Grief Recovery, Robin Jean Brown

Parting Words/Parting Ways: Saying Good-Bye to Your Pet, Laura Ritter Carlson

Paw Prints in the Stars: A Farewell and Journal for a Beloved Pet, Warren Hanson

Goodbye, Friend: Healing Wisdom for Anyone Who Has Ever Lost a Pet, Gary Kowalski

When Your Pet Dies: A Guide to Mourning, Remembering and Healing, Alan D. Wolfelt

Saying Goodbye to Your Angel Animals: Finding Comfort after Losing Your Pet, Allen and Linda Anderson

专栏 25.1 （续）

成人帮助儿童

When Children Grieve: For Adults to Help Children Deal with Death, Divorce, Pet Loss, Moving and Other Losses, John W. James and Russell Friedman

Pet Loss: Thoughtful Guide for Adults and Children, Herbert A. Nieburg

The Grieving Child: A Parent's Guide, Helen Fitzgerald

Children and Pet Loss: A Guide for Helping, Marty Tousley

Remembering Candy: Helping Your Child Cope With the Loss of Their Own Pet, Amanda van der Gulik

When a Family Pet Dies: A Guide to Dealing with Children's Loss, Joann Tuzeo-Jarolmen

总结

宠物面临绝症的家庭通常在宠物真正死亡之前就开始感到悲伤。预期性悲伤有时是有帮助的，并可能减少悲伤并发症。重要的是要明白，每个人都会以自己独特的方式经历预期性悲伤，这是一个可以帮助人们为经历悲伤做好准备的过程，也是为改变做准备的一种方式。

延伸阅读

Parkes, C. M. and Weiss, R. S. (1983) Recovery From Bereavement. New York: Basic Books. Relf, M. (2006) "Bereavement." In Fallon, M. and Hanks, G. (eds.), ABC of Palliative Care (2nd ed.), pp. 74–77.

Sheldon F. (1998) "ABC of Palliative Care. Bereavement." BMJ, 316: 457. doi: https://doi.org/10.1136/bmj.316.7129.456.

Siegel, K. and Weinstein, L. (1983) "Anticipatory Grief Reconsidered." Journal of Psychosocial Oncology, 1(2): 61–73.

第 26 章　那个眼神

Faith Banks

编者注：这一章是由一位来自加拿大多伦多的朋友、同事和临终关怀兽医撰写的。Banks 医生也是本书的作者之一，但最重要的是，她是一位宠物家长，她经历过与一只衰老的宠物打交道，决定什么时候该安乐死，并评估她的爱犬 Smudge 的生活质量。

当朋友到我们家来时，我经常看到“那个眼神”。他们看着 Smudge 挣扎着从她放松的卧姿中站起来，看着她笔直地走到门口，然后当他们轻轻地向她打招呼时，摇着她的尾巴。“啊，可怜的小家伙”，经常是他们嘴里尖叫喊出的下一句话。

可怜的 Smudge。问题是，我不是那样认为的。她看起来像 7 岁时那样健壮、美丽吗？见鬼，不！（图 26.1）。Smudge 现在基本上是伯恩山犬平均寿命的 2 倍，她的体重和肌肉质量下降程度相当于一只中型犬的体重和肌肉质量。肌肉损失是衰老后常见的可怕的副作用。老年犬并不漂亮。它们凹凸不平、骨瘦如柴，有时甚至僵硬。它们经常在家里出现意外。它们站立不稳，由于某种程度的犬痴呆症，它们可能会显得很迷茫。快 14 岁的 Smudge 有以上所有的症状。

是该说再见的时候了吗？给她蓝色的“果汁”，让她从几乎破碎的身体中

图 26.1　Smudge 是一只健康的老年伯恩山犬

解脱出来？我不这样认为。我不愿意接受现实吗？我真希望不是这样。

当客户陷入同样的灰色地带，不想过早告别，也不想等到为时已晚，我们就会讨论并填写生活质量评分表。虽然我讨论的是一只深受宠爱的宠物的生活，并将它的生活从 0（非常低）到 5（正常）进行评分，这虽然不是完全正确的，但这似乎对宠主来说是一个非常有用的练习。它有助于人们正确看待事情。

Smudge 的食欲……5 分，呼吸困难……5 分，给予爱 / 接受爱……5 分，在家里发生意外……2 分，行动不便……2 ~ 3 分，按照列表继续。我经常发现，宠主们可以不动声色地完成这份问卷，直到我问他们："你觉得你的爱犬快乐吗？"他们开始流下泪水。他们回忆起爱犬在公园里追逐球，夏天从船上跳到水里游泳，在雪地里嬉戏（图 26.2），或打滚蹭肚子。当你的犬不再做它们最喜欢的事情时，这可能是它们不快乐的迹象，它们的生活中不再有快乐。Smudge 的得分大多平均在 3 ~ 4。仍然相当不错，但这个高分来之不易。她正在服用 6 种不同的药物来治疗疼痛、甲状腺功能减退和认知功能障碍。我每天晚上给她按摩，她已经做了几次脊椎按摩，刚刚做了第一次针灸。当她需要额外支持时，她有一个特殊的挽具。她需要人帮她爬两级台阶，从我们

图 26.2　Smudge, 14 岁，在家中，被她的妈妈 Faith Banks 医生在雪地里实施安乐死之前

的后露台进入我们的房子。我们的整个主楼都铺上了纵横交错的瑜伽垫，这样她行走时后腿不会张开，她的食碗和水碗现在都被抬高了，以防止她的脖子伸得离地面太远。我有没有提到过她有大便失禁？ Smudg 一生都没有在家里弄脏东西，而现在她已经无法控制自己的排便了。在粪便的气味中醒来现在是我们家的常态。

2001 年，我刚结婚时，我送给丈夫一个大的“毛球”，后来被叫作 Smudge（图 26.1）。她的鼻子看起来像是有人涂抹上了黑色颜料，就像是被弄脏了一样。这只犬将是我们的第一个（毛）孩子，她帮助我们为最终拥有自己的孩子做好准备。事实证明，Smudge 性格温和，有着圣人般的耐心，她是我们的孩子和所有其他孩子的玩伴。她一直是我们家不可或缺的一部分。

她的一生都很美好。被爱并回报给我们爱（图 26.2）。她应该宁静地去世。当我们决定是时候让她从日渐衰弱的身体中解脱时，她将离开这个世界，在家里，在家人的簇拥下，我们亲吻她，诉说着对她的爱。碰巧是一个温暖的天气，我 9 岁的儿子决定从当地的冰球馆拿来雪，让她躺在上面。这是她最喜欢的东西之一（图 26.2）。在她生命的最后时刻，她不会感到压力或焦虑，因为我亲手实施安乐死，确保她将平静且没有痛苦地离世。这是她应得的，她正朝着天空中被白雪覆盖的瑞士山脉飞去。所以下次你看到 Smudge 的时候，不要说“可怜的 Smudge”，也许可以拍拍她，说“幸运的 Smudge”（图 26.3）。

图 26.3 Faith Banks 医生和 Smudge

第 27 章　便利性与攻击性宠物安乐死

Dani McVety

介绍

当我们面对涉及道德底线安乐死请求时，作为兽医，我们必须要做出一个非常重要的决定。决定什么是对宠物（我们的患者）、客户（我们的顾客）以及我们自己最好的。决定如何能保障各方的利益，这即便有可能，也是很难做到的。以下是如何处理这些困难案例的概述，以及规则和定义，以帮助兽医识别、分类和处理，并最终做出具有“最佳”结果的决定。

兽医专业人员实施“便利性安乐死”的最常见原因围绕着两个词：可领养和可治疗。然而，这些完全是主观的描述。对一个人来说是可领养的，对另一个人来说却不是。对财力不受限制的人来说可以治疗的疾病，对预算紧张的人来说却是不可治疗的。消除像这样的判断和假设将使你更开放地倾听客户，了解他们的预算（每个人都不一样）以及可能的最佳结果。

一旦判断和假设暂停，我们就需要提出正确的问题。与其决定你是否愿意对这只宠物实施安乐死，不如问“这只宠物有哪些其他选择。”首先家属提出安乐死请求，实际上是在向你传达这样的信息：人与动物之间的情感纽带已经破裂。我们可以选择帮助他们改变这种情况（通过领养或安乐死让他们不再照顾宠物），或者什么也不做，把他们送回家，因为“我就是做不到”。在我看来，什么都不做是自毁职业，会破坏和那个家庭的融洽关系，这只是小小的损失，对我们在职业生涯上赢得信任和尊重不会产生太大影响。以任何方式帮助一个家庭都远比让他们带着一个破裂的人 - 宠关系回家要好得多。请记住，在兽医界，药物不是我们的产品，人与动物的纽带才是。如果没有这种纽带，他们就不会来到我们的诊所。当要求安乐死时，这个家庭在告诉我们，这个纽带出了问题，他们非常愿意告诉你这件事，而不是让犬或猫死在路边。

那么，在这些极端情况下，我们应该如何应对令人不舒服的安乐死请求？请允许我突破一下界限。在我看来，我们必须以某种方式对宠物负责。作为一名上门临终关怀兽医，如果我在一只宠物的家里，对它实施安乐死会让我感到不舒服，而且主人却无法继续照顾它，这只宠物就会和我一起回家。是的，这的确发生了。我是否对这样的宠物实施过安乐死？绝对的。如果是我的宠物，我可能不会对它们实施安乐死。我是否对其他兽医拒绝安乐死的宠物实施了安乐死？绝对的。我是否对那些宠主完全不知所措的宠物实施了安乐死？绝对的。这些宠物由于许多原因无法继续生活，每个人都热泪盈眶（包括我在内），我们都知道这是一个艰难但明智的决定。当那些家庭拥抱我时，他们知道我们一起做出了艰难的选择，我没有对他们进行道德评判，我没有把利他主义或理想主义的观点强加给他们，而是与他们一起选择了对宠物来说最佳的替代方案，这时我赢得了他们的尊重。

安乐死的定义

便利性安乐死

“便利性安乐死”是一个非常主观的术语。当安乐死被请求用于在大多数情况下被认为本可以被收养的宠物，而其家庭不愿意探索这些选择时，我们会使用这个短语。例如，“我的宠物与我家里的装饰不匹配”（是的，我听到过这个理由）。就我个人而言，在诊所中我不提供便利性安乐死，我们提供支持和资源来重新安置这些宠物（专栏 27.1）。

非医疗安乐死

非医疗安乐死是我在描述与宠物的医疗状况无关的安乐死请求时使用的术语。这是一个广义的术语，除了情感问题之外，还包括行为问题（如在家中表现出攻击性或出现不适当的排泄）或者家庭生活方式的改变使宠物无法享受高质量的生活（专栏 27.1）。

非紧急医疗安乐死

非紧急医疗安乐死用于描述类似 12 岁猫的状况。在适当的情况下，宠物的问题可能是可控的，甚至是可以治愈的，但无论出于何种原因，这些情形并不存在。这包括在重症监护下可以存活的细小病毒感染的幼犬，患有子宫积脓的5岁未绝育雌性犬，或腿骨折的年轻猫。如果没有合适的资源和条件（可能过于昂贵），这只宠物可能会遭受巨大的痛苦。我很少会拒绝这类安乐死的请求。

专栏 27.1 非医疗和便利性安乐死的规则

- 如果你对为某只宠物实施安乐死感到不舒服，则绝对不要执行安乐死，这是底线（但在说“不”时要小心，记住其他规则）。
- 在面对宠物安乐死的问题时，帮助宠主寻求其他可行选择，并思考这些选择将会如何影响宠主和宠物的未来。请记住，收容所对于宠物来说是最糟糕的地方。把这些选择写下来，讨论、思考这些选择对社会上其他动物的影响。
- 如果你愿意实施安乐死，即使你不完全同意，你也必须帮助宠主明白，虽然这对你（和他们）来说很艰难，但你非常关心他们及他们的宠物，这是在特定情况下可以做出的最佳决定。你不想让他们感到被评判，这可能会导致他们终身内疚。
- 如果你不打算帮忙，请不要介入这些案例。评判和责备客户，将会对我们的行业造成更多的伤害。还不如简单地给他们一个不同兽医的电话号码（最好），或者至少是当地收容所或救援组织的联系方式。

医疗安乐死

医疗安乐死常用于诊所中发生的大多数安乐死案例，当宠主和兽医都认为宠物的生活质量无法维持时做出的选择。

对攻击性宠物实施安乐死

我们都曾从朋友那里听说过被犬咬的故事，无论是幼年时还是成年后。很多时候，这些人从那以后就没有再与动物建立起联系。最理想的情况是他们对这些与我们共同生活在地球上的四条腿生物漠不关心，而最糟糕的情况是他们看到犬走进房间时会感到害怕。这就是不良犬类行为对我们的社会产生的影响。当我们看到警告信号却未干预时，就有可能发生这样的情况。我在这里列举了一些重要的问题，我希望你能记住一件事——这不是如何防止你的犬咬你或其他任何人（关于这一点有很多资源），这是关于当你束手无策时应该怎么办。这是根据我作为一名母亲的个人经验、作为一名兽医及动物爱好者的专业经验写成的。

多年来，我已经安乐死了数百只因各种行为问题导致它们与家人的生活质量无法维持的犬和猫。其中大多数是年轻、身体健康的犬（和猫，甚至鸟）。如果不是因为一些非常特殊的问题，它们本可以多活几年。这些家庭要么尝试过行为矫正但没有成功，要么试图为犬找到一个更安全的家，要么花了数年时间围绕宠物的特殊需求调整他们的个人生活（通常是在其他家庭成员的抱怨下）。我有一个客户为了阻止他的猫在猫砂盆外排尿，花了 3 万美元。另一个客户为了训练他那脾气暴躁的杜宾犬，花费了超过 1 万美元。这种训练一度有效，但两年后，这只杜宾犬在厨房呲牙，把他怀孕的妻子和 4 岁的女儿堵在角落。这些都是极端的例子，但我在这些案例中发现的有趣的现象是，这些家庭对安乐死有一种非常独特的态度，他们感到筋疲力尽，并且怀有强烈的内疚感。他们厌倦了担心，厌倦了根据犬的需求修改他们的日程，厌倦了不能请朋友来家里，厌倦了不能去散步等。他们在情感上被打败了，他们知道这只宠物是他们的责任，他们不想把它推给别人，别人可能没有意识到它的特殊需求，内疚感会吞噬他们。那时他们就会打电话给我，我总是希望他们能早点打电话给我。

站在注射器的这一侧，给予结束宠物生命的药物，迫使我必须充分意识到我所做的选择。我为什么做这些选择，不这么做的后果，以及对我所帮助的家庭和整个社会的影响。我的情感历程可以说是充满自我反省的。作为母亲，为了孩子，没有什么事情是我们不会去做的，包括确保他们的情感和人身安全，我们都知道这一点。作为一名兽医，我也有责任保护动物的安全和福祉。人与动物的纽带是它们的幸福来源之一，当宠物以任何身份对家庭构成威胁时，这种纽带就会永远断裂。

我知道很多处于这种情况的犬。我养过一只小母犬，当我的孩子和他们对动物的认知受到威胁时，我亲自对这只犬实施了安乐死。并非所有在一个家庭生活了一辈子的犬在收容所或被别人收养后会变得更好，有时它们的情况会更糟。这相当于把一个 50 岁的自闭症患者放在另一个国家，新环境、新床、新语言、新期望、新文化等一切都需要他适应。在我看来，这通常不是最好的做法。它们会紧张、害怕、不确定，这时行为问题如攻击性会变得更糟。我不愿意那样做。我知道以平静的方式和我的小女儿告别绝对是最好的选择，不仅对她，对我的家人也是如此。

这些家庭面临的最大挑战不是与他们的宠物相处，而是与自己内心斗争。在我的职业生涯中，我已经帮助了成千上万的家庭，但那些因宠物的攻击行为而来到我这里的家庭，他们在面对安乐死的决定时，感到最为内疚。他们想知道他们是否还能做些什么，为什么他们的犬会有这样的问题，他们是否放弃得太早等。一位女士告诉我，“自从 5 年前它第一次对我咆哮，我就开始为失去它而悲伤。”她知道她最终将不得不做出这个艰难的决定，在多年没有朋友或家人来访之后，在一次去兽医诊所的路上，她的母亲不幸被咬了一口，这是压垮她的最后一根稻草。正如她所说，在她联系我之前很久就开始感到内疚。这不是一种健康的生活方式，在我看来，这也不是她的犬希望她过的生活，她的犬不希望她生活在持续的压力之下。

虽然这是我们任何人都不想做的事情，包括兽医，但有时这是我们最好的选择。如果我们不这么做会怎么样？一个孩子被咬了，可能会终身受到身体或心理上的创伤（或更糟），一个不友好的陌生人被咬后提出投诉，导致你的犬被强制隔离。然后新主人收养了这只犬，因为可能没有与新主人建立牢固的情感纽带，当犬咬了孩子时，可能被殴打。或者几周后他们因为无法接受这种行为，而将犬带去收容所。这些只是直接的后果。更长期的后果包括那个 20 年前被咬伤的孩子，他错过了培养人与动物之间的亲密关系的机会。这个人本可以在有生之年收养很多只犬，但现在却害怕它们。我们做出的决策或缺乏这些决策的长期影响是多方面的。当我考虑什么对这只宠物最好时，需要同时考虑到人类、我们的孩子，以及每天因为无家可归而被安乐死的成千上万其他健康幼犬的更大需求，我知道为一只不可救药的攻击性宠物提供仁爱的安乐死是最好的，比在收容所安乐死好得多。这就是我在这次艰难的对话中，如何处理自己的情绪的，是通过让我自己认识到我正在做的事情是最善良的事情。更重要的是，我希望我的认知能帮助我提供服务的家庭处理他们自己的情感，也许还能帮助他们在某个时候敞开心扉和家门接纳另一只犬，因为这些家庭是任何一只犬（或猫）都会幸运地拥有的家庭。

下面是我给一个家庭写的电子邮件，此前我对他们好斗的犬实施了安乐死。请密切关注以下家属的反应（名字已经进行了修改）。

亲爱的 Randy 和 Anita：

关于我们为 Tita 做出的艰难决定，我想分享一下我的想法和感受，无论是从职业角度还是个人角度。我想现在你需要听到这是正确的事情，实际上是 100% 正确的。站在注射器的这一侧迫使我必须充分意识到我所做的选择，我为什么做这些选择，不做这些选择的后果，以及对我所帮助的家庭和整个社会的影响。我已经对数百只犬和猫实施了安乐死，因为行为问题导致它们与家人的生活不可持续。他们中的绝大多数都和 Tita 一样。

作为母亲，没有什么是你不会为孩子做的，包括每天确保他们的情感和人身安全，我们都知道这一点。作为一名兽医，确保我承诺保护的动物的安全和福祉也是我的职责。人与动物的纽带是他们的幸福来源之一，当宠物以任何身份对家庭构成威胁时，这种纽带就会永远断裂。一只 13 岁的犬在一个家庭度过了一生，它在收容所或被别人收养后并不会变得更好，而是更糟。这相当于把一个 50 岁的自闭症患者放在另一个国家，新环境、新床、新语言、新期望、新文化等一切都需要他适应。依我看，这样做是错误的。它们紧张、害怕、不确定，这时候攻击性等行为问题会变得更严重。我不愿意这样做，我知道平静地告别绝对是最好的方式，不仅是为了宠物，也是为了家人。

我希望你们内心的感受是，尽管这个选择很困难，极具挑战性，但它是最好的选择。如果我自己没有这种认知,我就不会进行这种治疗。更重要的是，我希望我的认知能帮助你们排解自己的情绪，或许还能减少你们可能有的任何负面感觉。我要给你的另一个建议是不要和别人谈论这件事。外界有太多的人觉得他们知道什么对你和你的家人是“正确的”（Tita 过去是，将来也永远是你的家人），实际上他们并不知道，只有你知道。所以，互相安慰，如果你需要额外的支持，打电话给我，要知道换作是我，我也会做出完全相同的决定……几周前我就会这么做。

亲切的问候

Dr. Dani

您好，Dr. Dani：

非常感谢您抽出时间给我们写信并问候我们。我真的很感激。是的，这是一个非常艰难的决定，但我非常感谢以这样一种和平而有尊严的方式处理这件事。正如您从与 Tita 相处的几分钟了解到的，她确实是一只非常特别、外向和爱玩的犬。直到大约一年前，当人们见到她时，听到她的年龄都会感到震惊！她一直是我的坚强后盾和伴侣，陪伴我度过了那么多艰难的时光，在所有美好的日子里，她都是我的啦啦队队长！

我知道这是一个正确的决定，我打心底里认为她在某种程度上遭受了痛苦——也许是精神上的、身体上的、情感上的，或者这三者兼而有之。多年来，Tita 都无法做她自己,我一直把这归因于搬家 / 天气 / 那天我找到的任何借口，因为我不想面对她正在慢慢走向生命终点的事实。我真的相信她过去几周的疯狂行为表明她已经准备好了，更糟糕的事情还在后面。我们互相了解对方，我想她是以自己的方式告诉我一些事情。

我无法告诉您当我知道像您这样的人陪在她身边，在她生命的最后时刻照顾她，我有多安定。Barrie 一直对您赞不绝口，我很感激您以最让我欣慰的方式处理了这种情况。

再次感谢您的善意。我们正在恢复中，我已经接受了这个决定。我希望将来在不同的情况下见到您，亲自向您表示感谢并给您一个拥抱，感谢您的所有帮助。

祝好

Anita

第 28 章　放手——在诊所中处理安乐死

Mary Gardner 和 Dani McVety

最困难的预约

我们没有被教导过如何善于执行安乐死。没有人教我们如何走进安乐死预约的检查室，对哭泣的青少年说些什么，或者是否拥抱刚刚失去宠物的老人，而这只宠物是他与已故妻子最后的联系。我们从来没有直接得到过关于正确的语言和非语言技巧的指导，这些技巧可以让这个“最困难的预约”对每个人来说都变得轻松一点，包括兽医专业人员。从与应届毕业生的多次讨论中，我们发现大约 75% 的兽医毕业时从未使用过结束生命的药物。因此，难怪关于这个主题的会议讲座座无虚席，也难怪我们的临终关怀诊所收到的实习申请超过了我们的处理能力。作为唯一获得安乐死许可的医疗行业，兽医有着令人难以置信的特权和责任来妥善处理这一程序。

当面临安乐死预约时，如果有一件事需要考虑，那就是“我会为我自己的宠物做些什么？”这是您应该给予患者及宠主的最低标准的关怀。

改善安乐死预约的 3 个最重要的事项如下：

（1）爱护宠物。

（2）通过告诉宠主“我们正在做对他来说最好的事情”，来确认安乐死的决定。

（3）通过肢体安抚主人。这比语言更能表达同理心。

整个安乐死过程可以分为以下 5 个阶段：

（1）安排安乐死预约。

（2）实施安乐死。

（3）制作纪念品。

（4）处理遗体。

（5）跟进和确保客户回访。

第一阶段：安排安乐死预约

首先提出“安乐死”这个词

客户讨厌成为第一个提出安乐死的人。他们认为你会评判他们不关心他们的宠物，或者你会对他们过早放弃感到愤怒。所以你需要第一个说出来。即使他们对这个建议感到不安。在凌晨 2 点，当客户因为一只老年犬整夜踱步或一只老年猫当天第 3 次在猫砂盆外排尿而感到压力时，他们会知道你已经允许他们考虑下一步该怎么做。

预约

许多客户觉得他们的预约将结束他们最好朋友的生命，因此，您的支持团队如何处理与客户的预约至关重要。前台人员除了帮助客户之外不应该有任何事情分散他的注意力，还应做到不让客户处于等待状态，前台人员不应该在同一时间接待另一位客户。如果可能的话，背景噪声应保持在最低水平。最重要的是，必须传达同理心。指示你的团队向客户表达，“我很抱歉您面临这种情况。”支持人员不应该害怕表现出一些情绪，客户想知道他们是在关心自己的。安排预约时，支持人员应该从客户那里获取尽可能多的信息。这通常是客户最有能力做出艰难决定的时候，从此刻起，情绪只会变得更加痛苦。

收集信息

1. 支持团队应询问宠物的名字并经常使用它。这里有一些关于如何表达这一重要对话的建议，请按以下顺序进行：

> “很抱歉您要面对这一切，我知道这很艰难。”
> “告诉我 Max 怎么了。”

2. 在这种微妙的对话中，使用开放式问题，因为它可以让宠主主动分享信息，而不对宠物的状况做出判断。最好提前获得这些信息，并记录客户的回应。然后，当兽医走进预约室对宠物实施安乐死时，他就能了解到宠主对宠物状况的解释（因为他们的感知就是他们面临的现实）。

> “您想什么时候带 Max 过来？”

3. 了解具体情况。“尽快”可能意味从几小时到几天不等。

"您知道之后怎么处理Max吗？"

请注意，这里避免了使用"尸体"一词。对家人来说，这不是Max的尸体，这仍然是Max。

4. 接下来你应该描述善后处理。

"处理Max的遗体有三种选择：单独火化，他将被独自火化，骨灰将交还给你们；集体火化，它将和其他宠物一起火化，它们的骨灰将被撒在一个蝴蝶园里（应了解火化场是如何处理集体骨灰的）；您也可以选择把他埋葬在家里。这是一个非常个人化的决定，没有正确的答案，只有适合的选择。或许这将有助于您做出决定，单独火化收费为200美元，集体火化为50美元。"

5. 如果宠主询问在家里埋葬是否合法，我们的回答如下。

"我把我的小家伙埋在我的后院了。您可以查阅您所在地的管理条例，做出您觉得最合适的决定。"

"如您所知，包括火化在内，预约的总费用是250美元。现在写张支票可能更容易些，这样您来的时候就不用操心这件事了。"

应该仔细考虑安乐死预约的定价，而不是逐项列出。请记住，这是一个诊所基础性预约，而不是一个营利性预约。对于支持团队来说，收款是安乐死预约中最困难的部分之一。通过提前向宠主提供总额，并温和地为他们准备付款，为每个人创造成功收款的基础。

关于家庭埋葬和其他宠物遗体处理选择的说明

宠物通常被视为财产。你不能要求宠主将宠物的遗体留在诊所。马和其他家畜经常用巴比妥类药物进行安乐死，并且被埋葬，被埋葬后它们的体内含有大量化学物质。客户有权选择以埋葬、火化或任何他们认为合适的方式来处理或纪念他们的宠物，并由他们自己承担风险。

实施安乐死前的实践建议

- 如果宠物还在吃东西，建议主人带一份宠物最喜欢的食物或一些特别的零食，如冰激凌或巧克力（或在检查室提供）。看到他们的宠物在告别时享受美食，宠主会很欣慰。

- 如果有性情温和的同伴动物，邀请宠主一起带来。许多犬和猫在失去朋友时都会有一定程度的悲伤，因此允许它们在场或至少能闻一闻已故宠物的气味，可能会帮助它们得到情感上的慰藉。这也为宠主提供了陪伴。
- 邀请主人带一个玩具或其他纪念品和他们的宠物一起火化。
- 询问宠主将驾驶什么类型的车辆，并引导他们将车停在诊所前专门为老年患者设立的“爱心车位”。如果犬体型较大，并且你知道宠主会把它埋在家里，可以提议在车内实施安乐死（图 28.1）。
- 不要给宠主太多选择。从一开始就提供最佳方案。
    - 不应该由宠主决定他们的宠物是否应该镇静（我们是做出医疗决定的人，而不是他们，应该始终提供镇静剂）。
    - 为所有单独火化动物选择一个精美的骨灰盒，并包含在总的价格中（火化场所可能会有标准骨灰盒选项）。只有宠主要求时，才给他们选择其他东西的选项。
    - 我们听到的最离谱的趋势是，如果宠主希望在场，一些诊所会收取更高的费用。我们理解这背后的思维模式，有家人在场，需要留置

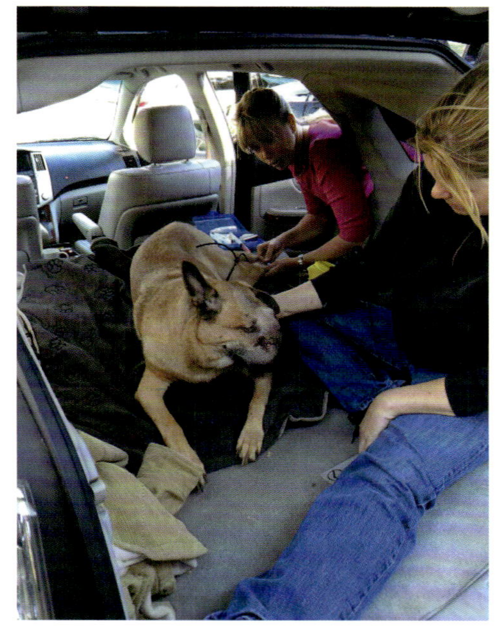

图 28.1 这只犬喜欢待在车里，主人询问安乐死是否可以在那里进行。没有理由不这样做。对于那些不能行走的大型犬来说，没有什么比让主人艰难地把它们带进诊所更糟糕了

导管并留出宠物与家人相处的时间，但想象一下宠主的感受，他们会想："如果我不在场，你会对我的宠物做什么？"如果宠主不想在场，他们会告诉你，所以应假设他们会在场。

第二阶段：实施安乐死

到达

当到了预约时间，准备好文件，注明日期，并放在房间里。确保房间布置妥当，并有专人做好协助客户的准备。让支持团队在车辆附近与他们会面并帮助他们进入诊所，立即将他们送到房间。此时最好完成文书工作。

房间

无论是单独的关怀室还是常规检查室，都要尽可能使其温暖舒适（它不应该是宠主害怕的冰冷、无菌的环境）。以下是一些建议：

- 将一大块蓬松的垫子（含橡胶底）放在桌子或地板上。应该使用柔软、漂亮的毯子和专门用于安乐死的毛巾来包裹宠物。
- 提供柔和的背景音，可以是水声，或者没有歌词的轻柔音乐。
- 准备一个篮子，放上纸巾、水壶（脱水是哭泣的常见副作用）、一面小镜子（女性在哭泣后喜欢检查她们的妆容）、一个小布袋用来装宠物的项圈、一个容器用来放置剪下来的被毛和制作爪印的材料。
- 如果可以的话，调暗灯光。如果不行，在房间里放一盏灯并关掉荧光灯。

支持团队的存在

兽医应该进入房间，最好在宠物离世之前不要离开（除非主人要求独处）。带着已经装在注射器里的镇静剂和安乐死用药进入房间，或者把它们交给你的技术员。与顾客交谈并对宠物进行视诊评估。除非你确定动物不应被安乐死，否则不要对这个决定做出评判或表现出不舒服的样子。你或你的支持团队的不适可能会让一个家庭内疚多年。如果你觉得安乐死是合适的，向宠主表示我们正在做出最好的决定。

解释流程

在解释安乐死过程时，让宠主安心。解释安乐死意味着善终，并且药物是过量的麻醉剂。宠物会进入睡眠状态并且不再醒来。不要描述死亡过程中可能出现的每一种恐惧。我们建议只对宠主说："我要让你做准备的两件事是她的眼睛不会一直闭着，她的膀胱可能会松弛。如果发生其他情况，我会在那时向你解释。"

给他们空间

给宠主一些时间和他们的宠物独处。如果他们想独处，就把无线门铃的"按铃"部分交给他们。将响铃部分放在治疗室或交给负责该病例的技术人员。这样，当宠主准备好时，就不必离开它的宠物去找工作人员了。人和动物的纽带永远不应该被打破（图 28.2）。

程序

镇静

肌肉或皮下给予镇静药对客户的体验至关重要，当我们了解到有很多兽医在宠物安乐死前不为其注射镇静剂，或者只提供静脉注射镇静剂（在这种情况下，他们的宠物会迅速从有意识变为无意识，看起来像死了一样）时，我总是感到沮丧。应该留 5 min 时间让宠物慢慢地放松，让宠主有时间看着他们的宠物逐渐变得舒适。

图 28.2　安乐死预约的每一刻都应该考虑到宠主和宠物之间的关系

安乐死

当到了最后一次用药的时候，让宠主知道你将要进行下一步。应该告知他们，他们的宠物将在 30 ～ 60 s 内离世。无论您使用留置针、蝶形针还是直针，都要尽力避开宠主的视线。让他们抱着他们的宠物，并指示他们“继续和她说话，她能听到你的声音。”给宠主安排一些事情做，让他们不要把注意力放在你身上，以及这一刻让人无法相信的时间点上。

替代给药途径

常用的外周静脉可能无法立即获得通路。侧卧的动物，作者使用过（血压良好）小腿内侧的附属分支静脉、舌下静脉、耳静脉甚至尾静脉。供应肿瘤的可见的、有灌注的皮肤血管，也是合适的。最重要的是，对自己的技能保持冷静和自信。备选通路总是可用的。

美国兽医协会（AVMA）安乐死指南（2013）允许使用其他途径给予戊巴比妥（仅限无意识镇静下）。

- 心脏内注射——如果有必要，轻轻地将你的手放在宠物胸腔上，并说“我将在中心静脉注射，这将直接把药物送达需要到达的地方。”用另一只手遮挡针头和注射器，以免被宠主看到。在比你想象的更靠头侧和腹侧的位置注射，并在注射器中为空气和 / 或血液留出空间。建议剂量为 1 mL/4.53 kg（Cooney et al., 2012）。
- 肾脏内注射——这是许多上门安乐死兽医为猫制定的标准方案。你可以对宠主说“我将通过腹腔向大血管进行第二次注射，通常需要几秒钟到几分钟的时间。”在你注射完所有药物之前，80% 的猫会离世。在肾皮质区域注射 3 mL/4.53 kg，即使是最小的肾脏（Cooney et al., 2012）。
- 肝脏内注射——如果需要，这是腹腔内途径的一个很好的替代方案，因为它会在 2 ～ 5 min 内导致死亡。需要向宠主解释“我将在一个高度灌注的器官附近注射，他将在几分钟内去世。”剂量通常为 2 mL/4.53 kg，并瞄准剑突下方稍靠前的位置（Cooney et al., 2012）。
- 腹腔内注射（此时不需要预先镇静）——有证据表明巴比妥类药物注射会引起腹部刺激，但腹腔内注射仍是一种不错的替代方法，尤其是对于脾气暴躁的猫，建议剂量为 3 mL/4.53 kg（Cooney et al., 2012）。

给药后

给药后，听诊患者的心跳，保持沉默，除非宠主说话。这是一个重要的时刻，必须得到尊重。当确认死亡时，我们喜欢用的说法是："她已经飞向了天堂。"在房间里待几分钟，收集注射器和用品。观察濒死呼吸、抽搐或任何其他动作，这通常发生在死后 1 ~ 5 min。由于我们不建议在用药前就对所有这些可能的副作用提出警告，因此在它们发生时，再向宠主解释（如果发生这种情况，请参见专栏 28.1 中的用语）。

专栏 28.1　安乐死实践建议

- 带着温和的微笑走进去。真诚地为见到这个家庭高兴，在这个重要的时刻和他们在一起。用积极的话语问候宠物，如"嗨，帅哥！"很长时间以来，人们一直告诉这位客户他们的宠物看起来有多糟糕，所以听到有人承认自己的宠物在他们眼里一样美，对他们来说是一个很好的改变。
- 为客户创造积极的体验。不要说"不疼"或"他不会痛苦"，这两种说法都使用了负面词汇，而应该给客户正面的词汇，如"这是一个非常平和的过程""他会感觉比他最近所体验的感觉好得多。"
- 如果你对宠物实施安乐死感到不舒服，你可以随时改变主意，但这很难弥补宠主可能会产生的内疚。在提供安乐死的替代方案时，要注意宠主的肢体语言，只有在你确定你会拒绝安乐死和 / 或客户明确咨询这些替代方案时才这样做。
- 处理书面文件的替代方案是在解释完安乐死过程后让客户签署同意书。
- 宠物还活着的最后 15 ~ 30 min 对宠主来说是宝贵的。你永远不会希望此时此刻你的宠物从你的怀里被夺走，所以不要打算将它们移出房间放置静脉导管。客户喜欢参与完整的过程，也不喜欢被单独留下。
- 对他们来说，知道何时保持沉默，让宠主沉浸在当下是体验中非常重要的一部分。正如 Gnandi 曾经说过的："只有在沉默有所改善时才说话。"
- 之后拥抱宠主。如果你不是一个喜欢拥抱的人，轻轻触摸宠主的手或肩膀会比语言更能表达你的情感。
- 以下是一些关于最常见的死后不良反应的解释：
    - 濒死呼吸："这只是膈肌的痉挛，就像打嗝一样。这很不常见，但这是正常的。"
    - 抽搐："死亡是一个阶段，而不是一瞬间，当身体的不同区域停止工作时这是正常的。"
    - 伸展："当宠物自然死亡时，这种情况经常发生，这表明 Max 非常接近自然死亡过程。"

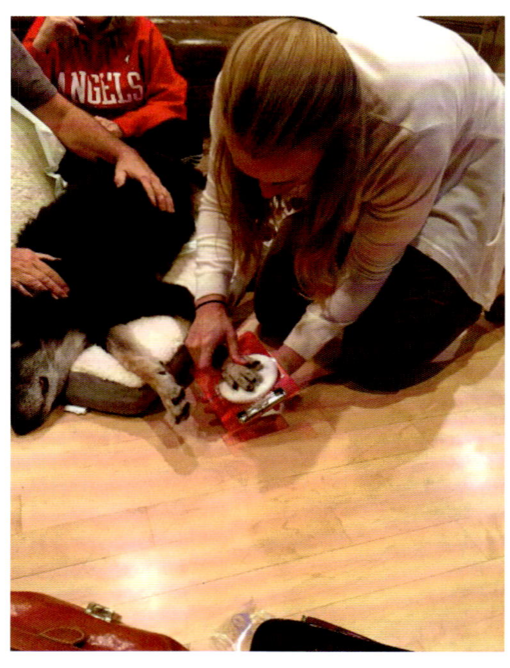

图 28.3 兽医可以帮助宠主为他们心爱的宠物留下宝贵的纪念品

第三阶段：制作纪念品

爪印是最传统、最受珍视的纪念品，有时甚至超过骨灰（图 28.3）。对于像 Crayola® Model Magic® 这样的风干黏土，这种方法不贵，而且耗时很短。许多诊所在顾客离开后才制作爪印，但你错过了一个让宠主感到一丝快乐的大好机会，因为你可以给他们一个爪印带回家（免费）。以下是我们提供爪印的建议。

- 一旦宠主听说他们的宠物去世了，悲伤就会涌上心头，他们通常会开始哭泣。给他们几分钟时间，你则安静地准备制作爪印。
- 在适当的时候，让他们知道你将为他们制作一个爪印以供保存。当你小心翼翼地将宠物的每个指节按入黏土中时，客户会专注于你在他们面前进行的创作。
- 小心翼翼地把这个新的珍宝交给他们，并告诉他们如何保存它。

安乐死后的诊所建议

许多宠主会希望保存他们宠物的项圈和牵引绳。准备一个漂亮的袋子，把这些放在里面，这样他们就不必用手拿着牵引绳穿过诊所了。一些宠主会感激得到一小撮宠物的被毛。我们为剪下的被毛提供专门的容器，在任何工艺品商店都可以买到。准备这些纪念品的兽医所投入的时间将换来无价的回报。鼓励诊所里的所有兽医都提供这几样表示尊重的东西。

支持团队如何处理遗体反映了对我们生命的尊重。每个人都应该像对待自己的宠物一样处理遗体。许多兽医用品供应商提供彩色遗体袋，避免黑色遗体袋看起来像“垃圾袋”。这是帮助兽医医疗团队更加尊重遗体，从而更加尊重安乐死这一过程的方式。

兽医第 2 天打电话给客户是超出客户期望的一种方式。不要回避安乐死的随访。这种同理心的表现会影响客户，使他们永远不会考虑换用其他兽医诊所。让宠主给你寄一张照片和 / 或纪念物，展示在办公室的墙面上。这是一个很好的方式用来纪念你治疗的宠物，并帮助维持你与宠主的联系。

第四阶段：处理遗体

如果宠主在安乐死后需要独处的时间，给他们留出时间，并再次递给他们无线门铃。这样，技术人员可以在他们离开时回到房间。一旦主人离开，团队就可以处理遗体了。如果是大型宠物，要尊重地对待它，给它盖上一条漂亮的毯子。小心地把宠物带到治疗室。任何其他客户都不应该对正在发生的事情知情，任何人都不应该看到塑料裹尸袋中的宠物。

第五阶段：跟进和确保客户的回访

慰问卡是一种礼物，值得我们花时间手写留言。每一个认识宠物及宠主的支持团队成员都应该有机会在卡片上留言，而不仅仅是兽医。宠主乐于看到他们的宠物受到兽医团队的喜爱。

总结

如果我们必须强调一件能改善宠物及其家人的临终关怀的事情，那就是从一开始就提供最好的服务。提供超出 95% 的人预期的医疗服务。例如，几乎每个人都喜欢爪印。是的，一两个人可能不想要它，但这没关系。提供你认为最好的服务，只有在客户要求时才调整你的程序。安乐死预约不应该是与客户关系的结束，而是你与他们建立下一段关系的开始。记住，如果它是你自己的宠物，你会想要什么？

关于同情疲劳

兽医行业经常会出现同情疲劳，但安乐死不必成为导致同情疲劳的原因之一。与你的团队谈谈在安乐死预约中导致他们产生压力或同情疲劳的触发因素，因为每个人的情况不同。看看你是否能找到避免这些触发点的方法。

- 如果前台人员很难为火化报价，那么就不要让他报价。
- 如果团队不喜欢火化场处理遗体的方式，请与火化场的老板沟通。
- 如果兽医很难对被留下的动物实施安乐死，那么让几名技术人员充当宠物的"家人"，甚至在关怀室里实施安乐死，就像宠主在那一样充满爱、关怀和尊严。

延伸阅读

American Veterinary Medical Association. (2013) AVMA Guidelines for the Euthanasia of Animals: 2013 Edition. Schaumberg, IL: AVMA.

Cooney, K. A., Chappell, J. R., Callan, R. J., Connally B. A. (2012). Veterinary Euthanasia Techniques: A Practical Guide. Ames, IA: Wiley-Blackwell.

第 29 章　最后的篇章

Mary Gardner

当一个家庭收养宠物时，他们最不想考虑的就是什么时候不得不说再见。但是随着宠物年龄的增长和表现出衰弱的迹象，这个问题会悄然进入他们的脑海。悲伤、焦虑和恐惧也会随之而来。作为宠物的兽医，我们的义务是在当下的情况下为宠物提供最好的护理，并在这段时间里为家庭提供他们需要的支持。一旦我们牢记这一概念并提供所需的教育和支持，我们就能够提供宠物应得的高水平服务和护理。随着时间的推移，家庭成员受伤的心灵有望痊愈，能够照顾另一只宠物并回到你身边，因为没有人能比你更好地从宠物出生到离世，一直很好地照顾他们。如果我们磨炼自己的沟通和医疗技能，并真正听取宠主的意见，则家庭成员在宠物生命终结时的体验实际上可以是一次美好的经历。

峰终定律

人们会以两种方式评估自己的经历——在经历的那一刻和之后的时刻。这两种观点可能截然相反。诺贝尔奖获得者 Daniel Kahneman（2011）在他的著作 *Thinking，Fast and Slow* 中解释了一种现象，他和 Donald Redelmeier 医生进行的一项实验证明了这一现象。他们研究了 287 名在清醒状态下接受肾结石和结肠镜检查的患者（检查持续时间从 4 min 到超过 1 h 不等）。他们要求患者每 60 s（通过电子设备）评估一次疼痛程度，以此来衡量他们每时每刻的痛苦经历。采用 1 ~ 10 分制，1 分表示“没有疼痛”，10 分表示“无法忍受”。

他们发现，患者报告了低度到中度的疼痛期，并强调了剧烈的疼痛期。从结果来看，大多数人会做出以下假设：①最终结果将代表所经历的疼痛时刻的总和；②具有较高平均水平的疼痛比具有较低平均水平的疼痛更糟糕；③疼痛持续时间长比持续时间短更差。令人惊讶的是，事实并非如此。疼痛的持续时间在很大程度上被忽略了。反而 Kahneman 的“峰终定律”很好地预测了结果：疼痛体验的平均值取决于两个时刻——手术过程中最糟糕的时刻和手术结束时，这意味着手术结束时的疼痛（或没有疼痛）与剧烈疼痛的时刻一样会被人们记住（Redelmeier 和 Kahneman, 1996）。

人医外科医生、畅销书作家 Atul Gawande 博士在他关于人类老年病和临终关怀的著作 *Being Mortal* 中提到了“峰终定律”。

> “人们似乎有两种不同的自我——一种是平等地忍受每一刻的体验自我；另一种是记忆自我，它把几乎所有的判断权重都给了两个时间点，最糟糕的时刻和最后的时刻。即使结尾是反常的情况，记忆自我似乎也会坚持峰终定律。即使他们经历了超过 30 min 的高度疼痛后，在医疗程序结束时只要最后几分钟没有疼痛，也会显著降低患者的整体疼痛等级。他们事后报告说‘那还没那么糟’。同样戏剧性的是，一个糟糕的结局使疼痛评分同样显著地上升。”
>
> （Gawande, 2014）

家庭经历了什么

如果我们考虑整个家庭在生命终结时的经历，我们就能理解他们的情感历程。从他们听到晚期诊断或首次出现衰老迹象的那一刻起，他们就开始遭受情感上的痛苦。我们如何处理这种情况可以在很大程度上决定他们的体验感，并使其“不那么糟糕”！

如果你在宏观层面上思考老年生命阶段，这就是峰终定律的“终点”。我们所做的事情是为了使它变得更好，提供客户教育、减轻疼痛、缓解焦虑、改变环境以提高生活质量，本书中提供的所有其他建议均可以将该家庭的体验感改变为更积极的体验。更深入地看待生命的终结，特别是安乐死，如果我们能让宠物和家人的最后时刻不那么痛苦，他们会记得更好的经历。在最后时刻，大多数家庭希望为他们的宠物做什么？让他们的宠物在临终前摆脱痛苦和焦虑，这就是安乐死前镇静剂所提供的。让家人见证他们心爱的宠物最终感受到舒适，对于确保积极的体验绝对至关重要。

结局很重要

我们不会用所有时刻的平均值来看待自己或宠物的生活。生活因为故事和重要时刻（好的和坏的）而变得有意义。我们的宠物是故事的一部分。他们出现在我们许多重要的时刻。老年生活阶段可能会有大量的障碍，最终会有痛苦的告别，但帮助家庭度过这段时间可能是你职业生涯中最有回报的一部分，对宠物及其家庭来说意义重大。虽然我们的宠物是我们故事的一部分（重要的一章），但它们自己的生活也是一个故事。而在故事中，结局最重要。所以充分利用最后的时光，让它变得美好。

为 Serissa 做好准备

2014 年夏天，Serissa 已经是一只老年宠物了。但她对我的爱从未老去。除了患有糖尿病 7 年、髋关节不好和白内障之外，她现在越来越瘦，被毛稀疏，叫声微弱，也没有了往日的活力。后来发现她还患有库欣综合征。遗憾的是，库欣综合征和糖尿病并不相容。要尽力去平衡她的饮食，保持血糖稳定，并尽力维持良好的生活质量。

9 月下旬，我知道她的生命即将走向尽头，我将不得不把这个借给我的天使还给天堂。我向 Serissa 保证不会让她受苦，我希望她最后一天过得愉快，那一天她微笑着、快乐着、吃着东西并享受着家人的爱。我不会让她孤独地死去，我当然不会让她死于除我之外的任何人之手。许多人问："你怎么能对自己的犬实施安乐死呢？"兽医在他们的职业生涯中安乐死了数百只宠物，但很难安乐死自己的宠物。我们知道这个过程是平和的，这可能是一种善意的行为。但是要结束我们自己宠物的生命，大多数人做不到。

由于我在目前的职业生涯中对许多宠物实施了安乐死，人们认为我对死亡已经免疫了。事实上恰恰相反。由于我对临终关怀的关注，我对药物和死亡过程变得更加适应，这使我能够更多地参与到家庭和他们心爱的宠物丰富多彩的故事中。我相信安乐死体现了同情心，因此我对它的看法与大多数人不同。

Serissa 总有一天会死去，而我要让她走得安详。这一天是计划好的——10 月 1 日星期三下午 4 点。我前一周刚旅行回来，所以我回来时有一些时间和她待在一起。我选择了下午 4 点，因为这样我就可以整天陪着她。整个过程不到 1 h。然后我会哭一晚上，在悲伤中入睡。这是我的计划。

嗯，我的焦虑在"这一天"的前一个星期三爆发了。我很难集中注意力，因为"这一天"一直萦绕在我的脑海和心中。每天，我都在想，这是我们的最后一个星期四，最后一个周末。……最后一个星期二。当星期二下午 4 点到来的时候，我满脑子想的都是“明天这个时候”。对即将到来的事件的焦虑令人麻木，我知道和我的女孩说再见会让我心碎。但是，我相信这对她来说是最好的。

星期三早上到来了，正如我所承诺的那样，我们这一天过得很愉快！她想吃什么就吃什么。我们散步、欢笑、玩耍，拍了无数张珍贵的照片和视频。我强忍着泪水。天哪，我会想念我的女孩吗？（图 29.1）。

我内心的兽医角色清楚地知道我要做什么。这是我每天都在做的事情。我打算给她第一种药物，这是一种美妙的混合物，包含止痛药和轻度镇静剂，这会让她感觉棒极了。第二种药物是过量的麻醉剂。这种药物首先使宠物进入良好的深度睡眠。然后，他们的呼吸和心脏功能减慢并停止——他们在睡梦中死去。这也是我对 Serrisa 的期望。让她在睡着前感觉良好。以及安乐死，这就是我能为她保证的。

第二种药物通常通过静脉给药，尽管也可以使用其他途径。对于 Serrisa 来说，我对这一步想了很多。我想在她离开这个世界时拥抱她。我想对她低语，告诉她，她有多可爱，我会有多想念她。但是我不能同时做两件事。

我不能一边给她腿部静脉注射药物，一边抱着她。所以我决定采用另一种方法，将第二种药物注入她的腹腔。这种途径的唯一区别是它需要更长的

图 29.1　2014 年 10 月 1 日下午 3 点 Serissa 玩得很开心

时间——30 ~ 45 min。但我想，“死亡不一定是瞬间的。死亡是一个阶段，所以她会睡得像公主一样，慢慢地飘走。”

4 点来得太快了！按照计划，我给了 Serissa 第一种药物，大约 5 min 后她开始犯困，她完美的巧克力棕色眼睛变得昏昏欲睡。她静静地躺下，开始平静地打鼾。我会多么想念这鼾声啊！她安静地躺在那里，而我只是简单地爱着她。然后我给了她第二种药物。奇怪的是，推注射器活塞的动作并没有我想象的那么难，因为我知道我在帮助她。我知道除了我之外不需要别人来做这件事。我知道她不再痛苦了。我知道她明白我有多爱她。我知道她无条件地爱我。所以那天帮助她获得天使之翼是我的荣幸。

我把注射器放好，在她身后躺下。我最后一次依偎着她。我只是闭上眼睛，感受着她的呼吸……然后呼吸开始变慢。在给她最后一次用药 30 min 后，她停止了呼吸。她的死亡再平静美丽不过了。她有着美好的一生，我也能给她一个美好的死亡（图 29.2）。

我做了一个爪印，剪了一些被毛。我为她做了一个小棺材，用一条漂亮的毯子裹着她，并用鲜花围绕着她。我还为她放了一些意大利面，因为她真的很喜欢意大利面！低头看着她，我意识到我不再哭了。实际上我在微笑。我知道她不再痛苦了，她现在解脱了。我心中的焦虑立刻烟消云散。我所能做的就是微笑，感谢生活长路中有这么一位了不起的副驾。

图 29.2　2014 年 10 月 1 日，我们最后的依偎

我知道她在天上守护着我，每当我看到自己的影子时，我就会想起她。2014 年 10 月 1 日，天堂因我的天使在那里而变得更加明亮。10 月 1 日是个美好的日子。

延伸阅读

Gawande, A. (2014) Being Mortal: Aging, Illness, Medicine and What Matters in the End. New York, NY: Metropolitan Books, Henry Holt.

Kahneman, D. (2011) Thinking, Fast and Slow. New York, NY: Allen Lane.

Redelmeier, D. A. and Kahneman, D. (1996) "Patients' Memories of Painful Treatments:Real-Time and Retrospective Evaluations of Two Minimally

术语表

数字

5- 羟色胺
5- 羟色胺综合征

字母

β – 淀粉样蛋白斑块
γ – 氨基丁酸
ω –3 脂肪酸

A

阿尔茨海默病
阿米替林
阿片类药物
阿普唑仑
阿司匹林
安乐死
氨基糖苷类
奥沙西泮

B

拔牙
白藜芦醇
白内障
膀胱
膀胱尿道固定术
本体感受
苯丙醇胺
苯二氮䓬类药物
鼻衄
变形性脊椎病
冰敷
丙咪嗪
病因
玻璃体变性
伯恩山犬
捕猎本能
不良反应
布托啡诺

C

超声波治疗
超声心动图
超氧化物歧化酶
痴呆
宠物肥胖预防协会
传导性失聪
喘气
椎间盘疾病
雌激素
雌三醇
促红细胞生成素
醋酸亮丙瑞林

D

DNA
D- 青霉胺
大便失禁
大脑老化护理
大脑皮层
大疱性角膜病变
代谢性脑病
丹诺仕
单胺氧化酶 B
单克隆抗体
胆管炎 / 胆管肝炎
胆囊
蛋白质
地芬诺酯
地洛瑞林
地西泮
低凝状态
低血糖
低压力
癫痫
电刺激
电解质
淀粉样变性
定向障碍
动物矫形基金会
短头气道阻塞综合征
对乙酰氨基酚
多巴胺
多硫酸化糖胺聚糖
多模式
多黏菌素 B
多尿
多饮
踱步

E

恶性黑色素瘤
儿茶酚胺
耳毒性
耳毒性药物
耳声发射
耳蜗
耳蜗神经
耳炎
耳硬化症

F

发热
非创伤性肋骨骨折
非紧急医疗安乐死
非医疗安乐死
非甾体抗炎药
肥大细胞瘤
肺动脉高压
费利威
分离焦虑
峰终定律
呋塞米
氟西汀